POR QUE PESSOAS INTELIGENTES COMETEM ERROS IDIOTAS?

David Robson

POR QUE PESSOAS INTELIGENTES COMETEM ERROS IDIOTAS?

Título original: *The Intelligence Trap*

Copyright © 2019 por David Robson
Copyright da tradução © 2021 por GMT Editores Ltda.

Todos os direitos reservados. Nenhuma parte deste livro pode ser utilizada ou reproduzida sob quaisquer meios existentes sem autorização por escrito dos editores.

tradução: Maria Cecilia Brandi
preparo de originais: Ângelo Lessa
revisão: Aline Canejo e Luis Américo Costa
diagramação: Valéria Teixeira
capa: Estúdio Insólito
imagem de capa: Nuthawut Somsuk/ iStock
impressão e acabamento: Bartira Gráfica

CIP-BRASIL. CATALOGAÇÃO NA PUBLICAÇÃO
SINDICATO NACIONAL DOS EDITORES DE LIVROS, RJ

R561p

Robson, David
  Por que pessoas inteligentes cometem erros idiotas? / David Robson ; [tradução Maria Cecilia Brandi]. - 1. ed. - Rio de Janeiro : Sextante, 2021.
    336 p. ; 23 cm.

  Tradução de: Intelligence trap : why smart people make dumb mistakes
  ISBN 978-65-5564-180-6

  1. Intelecto. 2. Falibilidade. I. Brandi, Maria Cecilia. II. Título.

21-70985   CDD: 153.9
                       CDU: 159.928.22

Leandra Felix da Cruz Candido - Bibliotecária - CRB-7/6135

Todos os direitos reservados, no Brasil, por
GMT Editores Ltda.
Rua Voluntários da Pátria, 45 – 14.º andar – Botafogo
22270-000 – Rio de Janeiro – RJ
Tel.: (21) 2538-4100
E-mail: atendimento@sextante.com.br
www.sextante.com.br

Para meus pais e para Robert

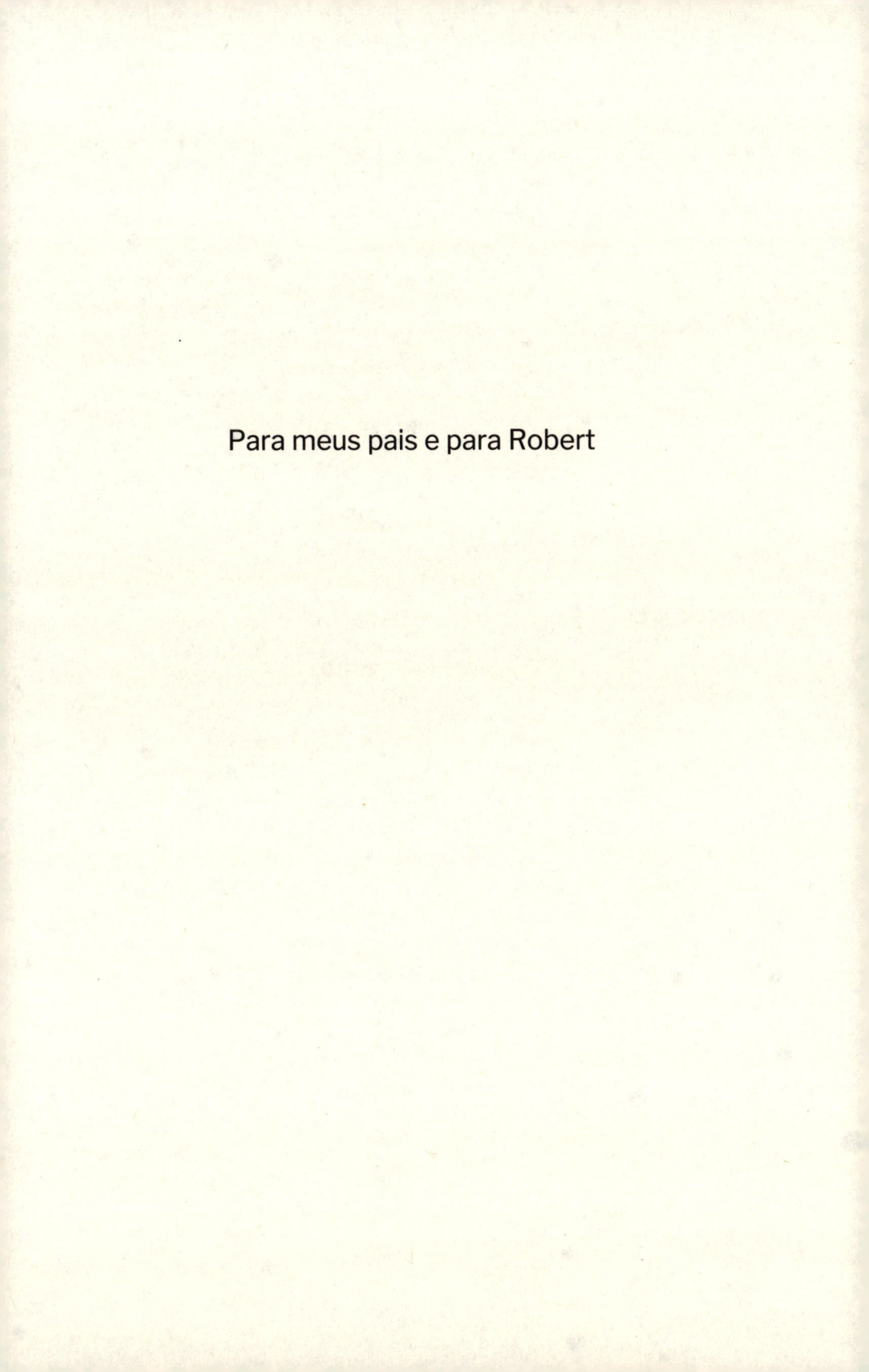

SUMÁRIO

INTRODUÇÃO 9

PARTE 1 As desvantagens da inteligência: como QI alto, educação e competência podem fomentar a estupidez 17

    1 Ascensão e queda dos Termites: o que a inteligência é e o que ela não é 18

    2 Argumentos confusos: os perigos da *dysrationalia* 46

    3 A maldição do conhecimento: a beleza e a fragilidade da mente dos especialistas 74

PARTE 2 Como escapar da armadilha da inteligência: ferramentas para raciocinar e tomar decisões 95

    4 Álgebra moral: rumo à ciência da sabedoria baseada em evidências 96

    5 Bússola emocional: o poder da autorreflexão 123

    6 Kit detector de bobagens: como reconhecer mentiras e desinformações 147

PARTE 3 A arte da aprendizagem bem-sucedida: como a sabedoria baseada em evidências pode melhorar a memória 175

    7 Lebres e tartarugas: por que pessoas inteligentes fracassam no processo de aprendizagem 176

    8 Os benefícios de "comer amargo": a educação no Leste Asiático e os três princípios da aprendizagem profunda 201

PARTE 4 A loucura e a sabedoria da multidão:
como equipes e organizações podem evitar
a armadilha da inteligência   225

    9 Os ingredientes de um "dream team": como
formar a equipe dos sonhos   226

    10 Quando a estupidez se espalha como fogo:
por que desastres acontecem e como evitá-los   249

EPÍLOGO   272
APÊNDICE Glossário da estupidez e da sabedoria   276
AGRADECIMENTOS   282
NOTAS   284

INTRODUÇÃO

Se você se aventurar pelos recantos mais sombrios da internet, talvez se depare com as ideias de um sujeito chamado Kary. Seu ponto de vista singular poderia mudar a ordem mundial.[1]

Só para dar um exemplo: Kary suspeita que foi abduzido por um alienígena perto do rio Navarro, na Califórnia, após ter encontrado um ser estranho que tomou a forma de um guaxinim radiante de "olhos negros e sagazes". Ele não consegue se lembrar do que aconteceu depois que "o desgraçado" o "cumprimentou educadamente" – na verdade, não se lembra de nada do que aconteceu pelo resto da noite. Mas tem a forte suspeita de que havia extraterrestres envolvidos. "Existem muitos mistérios no vale", escreve ele, enigmático.

Kary também se dedica à astrologia. "A maioria dos cientistas tem a falsa impressão de que esse assunto não é científico e não pode ser estudado seriamente", esbraveja. "Estão redondamente enganados." Ele acha que essa é a chave para melhores tratamentos de saúde mental e que todos que discordam "têm minhocas na cabeça". Além de crer em ETs e signos do zodíaco, Kary acredita que as pessoas podem viajar através do éter, no plano astral.

A coisa fica ainda mais bizarra quando Kary começa a falar de política. "Algumas grandes verdades em que os eleitores acreditam não têm nenhuma base científica", afirma. Entre elas, "a crença de que a aids é causada pelo vírus HIV" e "a crença de que a liberação de gás CFC na atmosfera criou um buraco na camada de ozônio".

Nem é preciso dizer que essas ideias são praticamente consensuais entre os cientistas. Ainda assim, Kary relata aos seus leitores que elas são motivadas pelo dinheiro.

Espero não ter que esclarecer para você que Kary está errado.

Como se sabe, a internet está repleta de pessoas com opiniões infundadas, mas não esperamos que astrólogos e negacionistas da aids representem o suprassumo da intelectualidade.

No entanto, o nome completo de Kary é Kary Mullis e, longe de preencher o estereótipo de teórico da conspiração mal informado, ele é um cientista ganhador do Prêmio Nobel. Isso o situa ao lado de nomes como Marie Curie, Albert Einstein e Francis Crick.

Mullis ganhou o prêmio por ter inventado a reação em cadeia da polimerase – técnica que permite aos cientistas clonar DNA em grandes quantidades. Aparentemente, a ideia surgiu num lampejo de inspiração que ele teve numa estrada no condado de Mendocino, na Califórnia. Muitas das maiores conquistas das últimas décadas, incluindo o Projeto Genoma Humano, decorreram desse momento singular de puro brilhantismo. A descoberta é tão importante que alguns cientistas chegam a dividir a pesquisa biológica em duas eras: antes e depois de Mullis.

Não resta dúvida de que Mullis, doutor pela Universidade da Califórnia, em Berkeley, é extraordinariamente inteligente. Sua invenção é resultado de uma vida inteira dedicada a entender processos incrivelmente complexos dentro de nossas células.

Mas será que o mesmo gênio que permitiu a Mullis fazer essa descoberta impressionante poderia explicar sua crença em alienígenas e seu negacionismo em relação à aids? Será que seu grande intelecto também pode tê-lo tornado incrivelmente estúpido?

Este livro é sobre por que pessoas inteligentes cometem erros idiotas – e por que em alguns casos elas são, inclusive, mais propensas a se enganar do que uma pessoa comum. É também sobre as estratégias que podemos adotar para evitar os mesmos erros: lições que vão ajudar qualquer um a pensar de forma mais sábia e racional neste mundo da pós-verdade.

Você não precisa ser um ganhador do Prêmio Nobel para se beneficiar deste livro. Embora aqui possamos descobrir histórias de personagens como Mullis e Paul Frampton (um físico brilhante que foi tapeado e tentou cruzar a fronteira da Argentina com dois quilos de cocaína) ou ainda como Arthur Conan Doyle (famoso escritor que se deixou enganar por duas adolescentes golpistas), veremos como as mesmas falhas do pensamento podem levar qualquer um com inteligência acima da média a se equivocar.

Assim como a maioria das pessoas, eu já acreditei que a inteligência fosse sinônimo de bom raciocínio. Desde o início do século XX, psicólogos mediram uma gama relativamente pequena de habilidades abstratas – memória factual, raciocínio analógico e vocabulário –, acreditando que elas refletem uma inteligência geral inata que seria a base de todos os tipos de aprendizado, criatividade, resolução de problemas e tomada de decisões. Dessa forma, a escolarização se desenvolve a partir da capacidade intelectual "bruta", nos fornecendo conhecimentos especializados em artes, ciências humanas e ciências biológicas ou exatas, que serão cruciais para diversas profissões. De acordo com esse critério, quanto mais inteligente você é, mais perspicaz será sua capacidade de julgamento.

Mas quando comecei a trabalhar como jornalista científico, especializado em psicologia e neurociência, percebi que as pesquisas mais recentes revelavam que essas suposições tinham sérios problemas. A inteligência geral e a instrução acadêmica não só são incapazes de impedir vários de nossos erros cognitivos como podem nos tornar até *mais* vulneráveis a certos tipos de pensamento estúpido.

As pessoas instruídas e inteligentes são menos inclinadas a aprender com seus erros ou a aceitar conselhos, por exemplo. E, quando erram, são mais capazes de criar argumentos elaborados que justifiquem seu raciocínio, tornando-se cada vez mais dogmáticas em seus pontos de vista. E o pior: elas parecem inclinadas a ter um maior "viés do ponto cego" – ou seja, são menos capazes de reconhecer os furos na própria lógica.

Intrigado com esses resultados, comecei a me aprofundar nessa área. Cientistas da administração, por exemplo, descobriram como culturas corporativas ruins, que enfatizam o aumento da produtividade, podem reproduzir tomadas de decisões irracionais que vemos em equipes esportivas, empresas e organizações governamentais. Como resultado, é possível haver equipes inteiras formadas por profissionais muito inteligentes que, no entanto, tomam decisões incrivelmente estúpidas.

As consequências são graves. No âmbito individual, esses erros podem afetar nossa saúde, nosso bem-estar e nosso sucesso profissional. Nos tribunais, podem conduzir a graves erros judiciários. Nos hospitais, podem ser o motivo de 15% de todos os diagnósticos estarem errados. Há mais gente morrendo por causa desses erros do que de doenças como câncer de mama. Nos negócios, podem levar à falência e à ruína.[2]

A maioria desses equívocos não pode ser explicada pela falta de experiência ou de conhecimento. Pelo contrário: eles parecem surgir de certos hábitos mentais falhos que nascem da inteligência, do estudo e da perícia profissional superiores. Erros semelhantes podem fazer aeronaves colidirem, o mercado de ações implodir e líderes mundiais ignorarem ameaças globais, como a mudança climática.

Embora esses fenômenos pareçam desconectados, descobri que alguns processos são comuns a todos eles: um padrão que vou chamar de armadilha da inteligência.[3]

Talvez a melhor analogia para isso seja com um carro. Um motor potente *pode* fazer você chegar mais rápido aos lugares, se souber usá-lo de forma correta, mas o simples fato de ter um motor com mais cavalos não garante que você chegará com segurança ao seu destino. Sem conhecimento e equipamento corretos (os freios, o volante, o velocímetro, uma bússola e um bom mapa), um motor potente pode simplesmente fazê-lo ficar rodando em círculos ou entrar num congestionamento. E, quanto mais rápido o motor, mais perigoso você é.

Da mesma maneira, a inteligência pode ajudá-lo a aprender e relembrar fatos, bem como processar informações complexas com agilidade; mas ao mesmo tempo você precisa de freios e contrapesos para que essa capacidade intelectual seja bem empregada. Sem esses elementos, uma inteligência maior pode tornar seu pensamento *mais enviesado*.

Felizmente, além de descrever em linhas gerais o que é essa armadilha da inteligência, pesquisas psicológicas recentes começaram a identificar qualidades mentais que podem nos manter no caminho certo. Como exemplo, veja a pergunta a seguir, que só é trivial na aparência.

Jack está olhando para Anne, mas Anne está olhando para George. Jack é casado, mas George não é. Uma pessoa casada está olhando para uma pessoa solteira? Sim, não ou é impossível determinar?

A resposta correta é "sim", mas a maioria das pessoas responde que "é impossível determinar".

Não desanime se você não acertou de imediato. Muitos alunos das mais importantes universidades americanas também erraram. Quando publiquei esse teste na revista *New Scientist*, recebemos um número sem precedentes de cartas afirmando que a resposta estava errada. (Se você não compreendeu a lógica, sugiro que desenhe um diagrama ou veja a resposta na página 281).

O teste mede uma característica conhecida como reflexo cognitivo, que é a tendência a questionarmos nossas pressuposições e intuições. As pessoas com pontuação baixa nesse teste são mais suscetíveis a teorias da conspiração enganosas, desinformação e notícias falsas. (Vamos nos aprofundar nesse ponto no Capítulo 6.)

Além do reflexo cognitivo, outras características importantes que podem nos proteger da armadilha da inteligência são a humildade intelectual, a mente aberta, a curiosidade, a consciência emocional refinada e o *mindset* de crescimento. Juntas, elas mantêm nossa mente em ordem e evitam que ela dê uma guinada para um penhasco.

Essa pesquisa provocou até o nascimento de uma nova disciplina: o estudo da "sabedoria baseada em evidências". Antes vista com ceticismo por outros cientistas, essa área floresceu nos últimos anos, com novos testes de raciocínio para prever a tomada de decisões na vida real melhor do que as medições tradicionais de inteligência geral. Aliás, hoje estamos testemunhando a fundação de instituições de fomento a essa pesquisa, como o Centro de Sabedoria Prática, na Universidade de Chicago, inaugurado em junho de 2016.

Embora nenhuma dessas qualidades seja mensurada em testes acadêmicos padrão, você não precisa sacrificar nenhum dos benefícios de ter uma inteligência geral alta para cultivar essas outras formas de pensamento e estratégias de raciocínio. O que elas fazem é simplesmente nos ajudar a usar a inteligência de maneira mais sábia. E, ao contrário da inteligência, essas qualidades podem ser treinadas. Isso significa que, qualquer que seja o seu QI, você pode aprender a pensar com mais sabedoria.

◆

Essa ciência de ponta tem um forte pedigree filosófico. Existe uma discussão inicial sobre a armadilha da inteligência no julgamento de Sócrates, em 399 a.C.

Segundo o relato de Platão, os acusadores de Sócrates alegavam que ele estaria corrompendo a juventude ateniense com ideias "ímpias" e maléficas. Sócrates negou as acusações e reagiu explicando as origens de sua reputação de sábio e afirmando que as acusações eram motivadas por ciúme. Tudo começou, disse ele, quando o Oráculo de Delfos declarou que ninguém em Atenas era mais sábio que ele. "O que o deus pode estar dizendo? É um enigma: o que será que significa?", perguntou-se Sócrates. "Não sei se sou um sábio em qualquer aspecto, seja ele grande ou pequeno."

A solução de Sócrates foi vagar pela cidade procurando os mais respeitados políticos, poetas e artesãos para provar que o oráculo estava errado, mas se decepcionava a cada tentativa. "Como eram talentosos na prática das suas habilidades, cada um deles alegava que também era o mais sábio em outras coisas: os mais importantes nisso e naquilo. E pareceu-me que esse erro deles obscurecia a sabedoria que tinham [...]. Na verdade, aqueles com mais reputação me pareciam os mais deficientes, enquanto outros supostamente inferiores pareciam mais dotados de bom senso."

A conclusão de Sócrates é paradoxal: ele é sábio precisamente porque reconheceu os limites de seu conhecimento. No entanto, o júri o considerou culpado e ele foi condenado à morte.[4]

Os paralelos com a pesquisa científica recente são impressionantes. Substitua os políticos, poetas e artesãos de Sócrates pelos engenheiros, banqueiros e médicos de hoje, e ficará claro que o julgamento do filósofo capta de forma quase perfeita os pontos cegos que os psicólogos estão descobrindo agora. (Assim como os acusadores de Sócrates, muitos especialistas modernos não gostam de ter suas falhas expostas.)

Por mais proféticas que sejam, no entanto, as descrições de Sócrates não fazem justiça às novas descobertas. Afinal, nenhum dos pesquisadores negaria que a inteligência e o estudo são essenciais para um bom raciocínio. O problema é que muitas vezes não usamos essa capacidade mental corretamente.

Por essa razão, René Descartes é quem mais se aproxima do entendimento moderno sobre a armadilha da inteligência. "Não basta ter uma mente boa; o mais importante é saber usá-la da maneira correta", escreveu ele em *Discurso sobre o método*, em 1673. "As maiores mentes são suscetíveis aos maiores vícios assim como às maiores virtudes. Caso sigam o caminho certo, aqueles que avançam muito lentamente podem ir mais longe do que aqueles que estão com muita pressa e se perdem."[5]

As mais recentes descobertas da ciência nos permitem ir muito além das contemplações filosóficas, com experimentos bem planejados que demonstram as razões exatas por que a inteligência pode ser, ao mesmo tempo, uma bênção e uma maldição, e as maneiras específicas de evitar as armadilhas.

Antes de começarmos esta jornada, permita-me avisar: muitas excelentes pesquisas científicas sobre o tema da inteligência não têm lugar aqui. Angela Duckworth, da Universidade da Pensilvânia, por exemplo, concluiu um trabalho inovador sobre o conceito de "determinação", que ela define como "perseverança e paixão por objetivos de longo prazo". Ela tem mostrado continuamente que a determinação muitas vezes prediz mais conquistas do que o QI. Essa é uma teoria muito importante, mas não está claro que ela resolva os vieses que parecem ser exacerbados pela inteligência, tampouco se enquadra no conhecimento mais geral da sabedoria baseada em evidências que orientará grande parte da minha discussão.

Ao escrever este livro, eu me limitei a três questões específicas. Por que pessoas inteligentes agem de forma estúpida e cometem erros idiotas? Que habilidades e propensões que faltam a elas podem explicar esses equívocos? E como podemos cultivar essas qualidades para nos proteger dessas falhas? Avaliei essas perguntas em todos os níveis da sociedade, começando com o individual e terminando com as falhas que afetam grandes organizações.

A Parte 1 do livro define o problema. Explora as falhas na nossa compreensão do que é a inteligência e as maneiras como até as mentes mais brilhantes dão tiros no pé – desde Arthur Conan Doyle, que acreditava em fadas, até o FBI, com sua investigação falha dos atentados em Madri em 2004 –, bem como os motivos por que o conhecimento e a competência ampliam esses erros.

A Parte 2 apresenta soluções para esses problemas introduzindo a nova disciplina da "sabedoria baseada em evidências", que delineia as formas de raciocínio e as habilidades cognitivas cruciais para um bom raciocínio, ao mesmo tempo que ensina técnicas práticas para cultivá-las. Ao longo do caminho, descobriremos por que nossas intuições frequentemente falham e como podemos corrigir esses erros para ajustar nossos instintos. Também vamos explorar estratégias para evitar desinformações e notícias falsas, as tão conhecidas *fake news*. Assim podemos ter certeza de que nossas escolhas serão baseadas em evidências sólidas, e não em fantasias.

A Parte 3 se volta para a ciência da aprendizagem e da memória. Apesar da grande capacidade intelectual, as pessoas inteligentes às vezes têm dificuldade para aprender bem, alcançando uma espécie de teto em suas habilidades que não reflete seu potencial. A sabedoria baseada em evidências pode ajudar a quebrar esse círculo vicioso, disponibilizando três regras para o aprendizado profundo. Além de nos ajudar a alcançar nossas metas pessoais, essa pesquisa de ponta explica por que os sistemas educacionais do Leste Asiático já são tão bem-sucedidos na aplicação desses princípios e enumera as lições que a educação ocidental pode assimilar deles para formar melhores aprendizes e pensadores mais sábios.

Por fim, a Parte 4 expande nosso foco para além do indivíduo, explorando as razões que levam grupos talentosos a agir estupidamente – desde os fracassos da seleção de futebol da Inglaterra até as crises de grandes organizações, como a British Petroleum, a Nokia e a Nasa.

William James, o grande psicólogo do século XIX, disse que "muitas pessoas acham que estão pensando, quando, na verdade, estão apenas reorganizando seus preconceitos". Este livro é para qualquer pessoa que, assim como eu, queira evitar esse erro. É um guia de usuário para a ciência e a arte da sabedoria.

PARTE 1

As desvantagens da inteligência: como QI alto, educação e competência podem fomentar a estupidez

1

Ascensão e queda dos Termites: o que a inteligência é e o que ela não é

Quando as crianças se sentaram ansiosas para fazer os testes do estudo de Lewis Terman, não podiam imaginar que aqueles resultados mudariam suas vidas para sempre (ou a história do mundo).[1] No entanto, cada uma, à sua maneira, passaria a ser definida por suas respostas, para o bem e para o mal, e suas trajetórias particulares mudariam definitivamente a maneira como entendemos a mente humana.

Uma das mais brilhantes foi Sara Ann, uma menina de 6 anos com um espaço entre os dentes da frente e óculos fundo de garrafa. Quando terminou de escrever as respostas, deixou casualmente uma balinha entre as folhas de papel – talvez um pequeno suborno para o examinador. Ela riu quando o cientista perguntou se foram as "fadas" que deixaram a balinha cair ali. "Ganhei duas de uma amiga", explicou ela com doçura. "Mas acho que duas poderiam me dar dor de barriga, porque acabei de melhorar de uma gripe." Sara Ann tinha um QI de 192 – estava no topo do espectro.[2]

Junto com ela na estratosfera intelectual estava Beatrice, uma menininha precoce que começou a andar e falar aos 7 meses. Aos 10 anos já tinha lido 1.400 livros. Também tinha escrito poemas aparentemente tão maduros que um jornal local de São Francisco afirmou que seus versos "haviam enganado uma turma da Faculdade de Letras de Stanford", pois foram confundidos com poemas de Tennyson. Assim como Sara Ann, seu QI era 192.³

E havia também Shelley Smith, de 8 anos, "uma criança encantadora, amada por todos", dona de um brilho no rosto que expressava um divertimento contido.⁴ E ainda Jess Oppenheimer, "um menino vaidoso e egocêntrico" com dificuldade para se comunicar e "sem nenhum senso de humor".⁵ O QI desses dois girava em torno de 140 – pouco acima do mínimo para entrar para o grupo de Terman, mas ainda assim muito acima da média. Certamente o destino lhes reservaria coisas incríveis.

Até aquele momento, o teste de QI, uma invenção ainda relativamente nova, havia sido usado sobretudo para identificar pessoas com dificuldades de aprendizagem. Mas Terman acreditava firmemente que esses poucos traços abstratos e acadêmicos – como a memória para fatos, o vocabulário e as habilidades de raciocínio espacial – representavam uma "inteligência geral" inata, subjacente a toda a capacidade de pensamento. Independentemente de sua origem ou formação, essa característica inata representava uma capacidade mental bruta que determinaria a facilidade para aprender, compreender conceitos complexos e resolver problemas.

"O QI é o que há de mais importante num indivíduo", declarou ele na época.⁶ "É entre os 25% das pessoas com QIs mais altos da nossa população, sobretudo entre os 5% mais altos, que devemos buscar líderes que promovam a ciência, a arte, o governo, a educação e o bem-estar social de maneira geral."

Seguindo o curso de suas vidas nas décadas seguintes, Terman esperava que Sara Ann, Beatrice, Jess, Shelley e os outros provassem que seu ponto de vista estava correto. O cientista previu o sucesso deles na escola e na universidade, na carreira e na questão financeira, na saúde e no bem-estar, e acreditava até que o QI predizia o caráter moral daquelas crianças.

Os resultados dos estudos de Terman levariam ao estabelecimento do uso de testes padronizados no mundo inteiro. Embora muitas escolas hoje não usem explicitamente o exame de Terman para testar os alunos, grande parte de nossa educação ainda gira em torno do cultivo dessa estreita faixa de habilidades representada em seu teste original.

Para explicar por que as pessoas inteligentes muitas vezes agem de forma estúpida, primeiro precisamos entender como chegamos a essa definição de inteligência, as habilidades englobadas em tal definição e alguns aspectos cruciais do pensamento que escapam a ela. Entre esses aspectos estão habilidades essenciais tanto para a criatividade quanto para a resolução pragmática de problemas que foram completamente negligenciadas em nosso sistema educacional. Só então poderemos começar a contemplar as origens da armadilha da inteligência e descobrir como desarmá-la.

Veremos que muitos desses pontos cegos já eram evidentes aos pesquisadores contemporâneos a Terman na época em que ele começou a aplicar os testes. Esses pontos cegos se tornariam ainda mais evidentes nos triunfos e fracassos de Beatrice, Shelley, Jess, Sara Ann e muitas outras crianças que participaram do experimento original, tendo em vista que a vida deles tomou caminhos, por vezes, dramaticamente inesperados. Mas, graças à resistência do QI, estamos apenas começando a entender o que isso significa e como atua nas nossas tomadas de decisão.

De fato, a história de vida do próprio Terman revela como um grande intelecto falhou catastroficamente graças à arrogância e ao preconceito.

︾

Assim como acontece com tantas grandes (e equivocadas) ideias, a semente desse entendimento do que é inteligência surgiu na infância do cientista.

Terman cresceu na zona rural de Indiana no início da década de 1880. Frequentando uma "pequena escola vermelha" – que não passava de uma única salinha de aula sem livros –, o garoto ruivo e quieto sentava-se e observava discretamente seus colegas de classe. Entre os que mereciam seu desprezo estavam um menino albino "atrasado" que só brincava com a irmã e um "débil mental" de 18 anos ainda tentando aprender o alfabeto. Outro colega, "um mentiroso cheio de imaginação", viria a se tornar um infame assassino em série. Terman afirmou isso mais tarde, mas nunca revelou quem era ele.[7]

Mas Terman sabia que era diferente das crianças apáticas que o cercavam. Tinha aprendido a ler antes de entrar naquela sala sem livros e, no primeiro semestre de aula, a professora permitiu que ele pulasse o ano e estudasse as lições da terceira série. Sua superioridade intelectual só foi confirmada quando um caixeiro-viajante visitou a fazenda da família. Encontrando um lar de estudiosos, decidiu tentar vender um livro sobre frenologia. Para demonstrar as teorias do livro, sentou-se com as crianças da casa em volta da lareira e começou a examinar o couro cabeludo delas. O formato do crânio, explicou o vendedor, poderia revelar as virtudes e os defeitos de cada uma. Os caroços e calombos sob as madeixas ruivas e espessas do então jovem Lewis deixaram o homem especialmente impressionado. Esse garoto, previu o caixeiro-viajante, alcançaria "feitos incríveis".

"Acho que a previsão aumentou um pouco minha autoconfiança e me levou a lutar por um objetivo mais ambicioso do que eu teria estabelecido", escreveu Terman posteriormente.[8]

Quando foi aceito para uma posição de prestígio na Universidade Stanford, em 1910, Terman já sabia havia tempo que a frenologia era uma pseudociência e que o formato de seu crânio não era capaz de revelar suas habilidades. No entanto, ainda tinha a forte suspeita de que a inteligência era algum tipo de característica inata que marcaria a trajetória de vida de cada um e havia encontrado um novo critério para medir a diferença entre os "débeis mentais" e os "talentosos".

O objeto do fascínio de Terman era um teste desenvolvido por Alfred Binet, um célebre psicólogo na Paris do *fin de siècle*. Alinhado com o princípio da República Francesa de igualdade para todos os cidadãos, o governo havia acabado de decretar que todas as crianças entre 6 e 13 anos de idade deviam estar na escola. No entanto, algumas crianças simplesmente não aproveitaram a oportunidade e o governo enfrentou um dilema. Esses "imbecis" deveriam ser educados separadamente dentro da escola ou deveriam ser colocados em hospícios? Junto com Théodore Simon, Binet inventou um teste que ajudaria os professores a medir o progresso de uma criança e, de acordo com o resultado, ajustar sua educação.[9]

Para um leitor moderno, algumas perguntas podem parecer um tanto absurdas. Como teste de vocabulário, Binet pedia que as crianças avaliassem desenhos de rostos de mulheres e julgassem qual era a "mais bonita" (veja a imagem na página a seguir). Mas muitas das tarefas certamente refletiam habilidades cruciais, que seriam indispensáveis para o sucesso delas na vida adulta. Por exemplo, Binet recitava uma série de palavras ou números e as crianças tinham que se lembrar deles na ordem correta para testar a memória de curto prazo. Ele também lhes pedia que formassem uma frase com três palavras selecionadas – um teste de suas capacidades verbais.

TESTE DE BINET-SIMON

Imagem cedida pela National Library of Medicine/NCBI

O próprio Binet não tinha ilusões de que seu teste refletisse toda a amplitude da "inteligência". Acreditando que nosso "valor mental" era simplesmente amorfo demais para ser medido por uma única escala, ele rejeitou a ideia de que uma pontuação baixa deveria definir as oportunidades futuras de uma criança. Binet presumia que essa pontuação podia variar ao longo da vida.[10] Escreveu que devemos "protestar e reagir contra esse pessimismo brutal" e "mostrar que isso não tem qualquer fundamento".[11]

Mas outros psicólogos, incluindo Terman, já estavam adotando o conceito de "inteligência geral", segundo o qual existe algum tipo de "energia" mental servindo ao cérebro, o que explicaria o desempenho de cada um na resolução de problemas de todos os tipos e no aprendizado acadêmico.[12] Se você é mais rápido na aritmética mental, por exemplo, também tem mais propensão a ler bem e se lembrar melhor dos fatos. Terman acreditava que o teste de QI refletia a inteligência bruta, predeterminada por nossa hereditariedade, e que, portanto, poderia prever o que um indivíduo seria capaz de realizar em diferentes áreas ao longo da vida.[13]

Então ele começou a revisar uma versão em inglês do teste de Binet, expandindo o exame para crianças mais velhas e para adultos e acrescentando perguntas como:

> *Se 2 lápis custam 5 centavos, quantos lápis você pode comprar com 50 centavos?*

E também:

> *Qual é a diferença entre preguiça e ociosidade?*

Além de reformular as perguntas, Terman mudou a maneira de apresentar o resultado, usando uma fórmula simples utilizada até hoje. Considerando que as crianças mais velhas se sairiam melhor do que as mais novas, primeiro Terman descobriu a pontuação média de cada idade. Com base nessa tabela era possível avaliar a "idade mental" de uma criança. Essa idade mental era dividida pela idade real e multiplicada por 100, revelando o "quociente de inteligência" da criança. Uma criança de 10 anos pensando como uma de 15 anos teria um QI de 150; já uma criança de 10 anos que pensasse como outra de 9 teria um QI de 90. Em todas as idades, a média seria 100.*

Muitas das motivações de Terman eram nobres: ele queria oferecer uma base empírica para o sistema educacional, de modo que o ensino

---

* No caso dos adultos, que pararam de se desenvolver intelectualmente (pelo menos é o que diz a teoria da inteligência geral), o QI é calculado de forma um pouco diferente. Nesse caso, a pontuação não reflete a "idade mental", mas sim a posição deles na famosa "curva do sino". Um QI de 145, por exemplo, sugere que você está entre os 2% mais inteligentes da população.

pudesse ser adaptado à capacidade de cada criança. Mas já na concepção do teste aparecia um lado repulsivo do pensamento de Terman, pois ele imaginava uma espécie de engenharia social baseada nas pontuações. Após traçar o perfil de um pequeno grupo de "sem-teto", por exemplo, ele acreditava que o teste de QI poderia ser usado para separar os delinquentes da sociedade antes mesmo que eles cometessem um crime.[14] "A moralidade não floresce nem frutifica se a inteligência permanece infantil", escreveu ele.[15]

Felizmente Terman nunca executou esses planos, mas durante a Primeira Guerra Mundial sua pesquisa chamou a atenção do Exército americano, que usou seus testes para avaliar 1,75 milhão de soldados. Os mais brilhantes foram enviados diretamente ao treinamento para se tornarem oficiais, enquanto os mais fracos foram dispensados do Exército ou relegados a serviços alternativos. Muitos observadores acharam que a estratégia melhorou muito o processo de recrutamento.

Nessa maré de sucesso, Terman iniciou o projeto que ocuparia o resto de sua vida: uma vasta pesquisa dos alunos mais talentosos da Califórnia. A partir de 1920, sua equipe começou a identificar a *crème de la crème* das maiores cidades californianas. Os professores locais eram encorajados a apresentar seus alunos mais brilhantes e, então, os assistentes de Terman testavam o QI dessas crianças, selecionando apenas as que alcançassem pontuação superior a 140 (embora mais tarde tenham reduzido o limite para 135). Presumindo que a inteligência era uma característica hereditária, a equipe também testava os irmãos dessas crianças, formando rapidamente uma grande coorte de mais de mil crianças superdotadas – incluindo Jess, Shelley, Beatrice e Sara Ann.

Nas décadas seguintes, a equipe de Terman continuou acompanhando o progresso dessas crianças, que afetuosamente se autodenominavam "Termites", e suas histórias viriam a definir a forma como julgamos a inteligência por quase um século. Entre os "Termites" que se destacaram estavam o físico nuclear Norris Bradbury; Douglas McGlashan Kelley, que atuou como psiquiatra carcerário durante os julgamentos de Nuremberg; e a dramaturga Lilith James. Até 1959, mais de 30 "Termites" já haviam chegado ao *Who's Who in America* (Quem é quem na América, série de livros contendo uma curta biografia de indivíduos de destaque) e cerca de 80 estavam na lista da *American Men of Science* (Homens americanos da Ciência, série de publicações sobre pessoas famosas na ciência).[16]

Nem todos os Termites tiveram grande êxito acadêmico, mas muitos brilharam em suas respectivas carreiras. Pense em Shelley Smith, "a criança encantadora, amada por todos". Depois de largar a Universidade Stanford, ela fez carreira como pesquisadora e repórter da revista *Life*, onde conheceu e se casou com o fotógrafo Carl Mydans.[17] Juntos eles viajaram por Europa e Ásia cobrindo as tensões políticas que antecederam a Segunda Guerra Mundial. Tempos depois, ela se recordaria dos dias que passou percorrendo ruas estrangeiras numa espécie de devaneio causado pelas visões e os sons que pôde captar.[18]

Jess Oppenheimer, o menino "vaidoso e egocêntrico" sem "nenhum senso de humor", virou roteirista do programa de rádio de Fred Astaire.[19] Em pouco tempo estava ganhando tanto dinheiro que tinha que se segurar para não rir ao mencionar o próprio salário.[20] Mas sua sorte melhorou mesmo quando conheceu a comediante Lucille Ball e juntos produziram o seriado de TV *I Love Lucy*. Nos intervalos da escrita de roteiros, ele mexia com a área de tecnologia de produção cinematográfica e decidiu registrar uma patente para o teleprompter, usado ainda hoje pelos âncoras de telejornais.

Esses triunfos certamente reforçam a ideia de uma inteligência geral. Talvez os testes de Terman tenham avaliado apenas habilidades acadêmicas, mas parece que eles de fato refletiam um tipo de capacidade mental "bruta" subjacente, que ajudou essas crianças a aprender novas ideias, resolver problemas e pensar de forma criativa, permitindo-lhes ter vidas plenas e bem-sucedidas, independentemente do caminho escolhido.

Os estudos de Terman logo convenceram outros educadores. Em 1930, ele argumentou que os testes mentais alcançariam uma "maturidade vigorosa no próximo meio século. Dentro de poucas décadas, crianças desde o jardim de infância até a universidade serão submetidas a muito mais horas de testes do que parece razoável hoje em dia".[21] Terman estava certo: muitos testes similares aos seus seguiriam existindo.

Além de avaliar o vocabulário e o raciocínio matemático, esses testes posteriores contariam com enigmas não verbais mais sofisticados, como o quadrante a seguir.

Que padrão completa este quadrante?

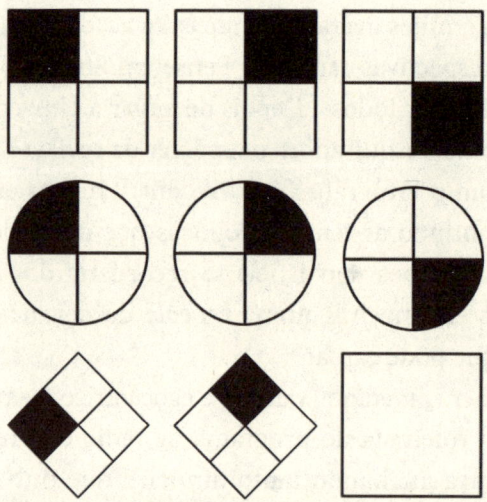

Fonte: Wikimedia/Life of Riley.CC BY-SA 3.0 https://creativecommons.org/licenses/by-sa/3.0/deed.en

A resposta depende de você ser capaz de usar o pensamento abstrato e de enxergar a regra comum implícita na progressão das formas – o que reflete uma capacidade de processamento avançada. Mais uma vez, com base na ideia de inteligência geral, esse tipo de raciocínio abstrato deve representar uma espécie de "capacidade mental bruta" que fundamenta todo o nosso pensamento, qualquer que seja nosso nível de escolarização.

A educação formal pode nos ensinar conhecimentos especializados em diferentes áreas, mas, em última instância, cada disciplina é fundamentada nas mais básicas habilidades do pensamento abstrato.

No auge da popularidade dos testes, nos Estados Unidos e no Reino Unido a maioria dos estudantes era classificada de acordo com o QI. Hoje, o uso desse teste para distinguir crianças em idade escolar está fora de moda, mas sua influência ainda é notada na vida acadêmica e no ambiente de trabalho.

Nos Estados Unidos, por exemplo, o Scholastic Aptitude Test (SAT, Teste de Aptidão Escolar), usado para a admissão em faculdades, foi diretamente inspirado no trabalho de Terman na década de 1920. Os tipos de questão usados nos testes podem ser diferentes hoje em dia, mas ainda captam as mesmas habilidades básicas para lembrar fatos, seguir regras abstratas, desenvolver o vocabulário e identificar padrões, levando alguns psicólogos a descrevê-los como substitutos dos testes de QI.

O mesmo vale para muitos exames de admissão em escolas ou universidades e para testes de recrutamento de funcionários – como os Graduate Record Examinations (GREs, testes de ingresso na pós-graduação) e o Wonderlic Personnel Test (Teste Wonderlic de Pessoal, usado para a seleção de profissionais). Um sinal da grande influência de Terman é que até atletas profissionais fazem o Wonderlic quando são recrutados nos Estados Unidos. A teoria é de que, quanto mais inteligentes, melhores as habilidades estratégicas dos jogadores em campo.

Esse não é apenas um fenômeno ocidental.[22] Testes padronizados, inspirados no QI, são encontrados em qualquer canto do mundo, e em alguns países (sobretudo na Índia, na Coreia do Sul, em Hong Kong, em Singapura e em Taiwan) surgiu toda uma indústria de "cursinhos" para treinar os alunos para exames semelhantes ao GRE, necessários para entrar nas universidades locais de mais prestígio.[23] (Para se ter uma ideia da importância desses cursinhos, só na Índia eles arrecadam cerca de 6,4 bilhões de dólares por ano).

Tão importante quanto os próprios exames, no entanto, é a influência persistente dessas teorias sobre nossas atitudes. Mesmo que você tenha um pé atrás com o teste de QI, muitas pessoas ainda acreditam que a aptidão para o raciocínio abstrato, crucial para o sucesso acadêmico, representa uma inteligência subjacente que automaticamente se traduz em melhores julgamentos e decisões ao longo da vida (no trabalho, em casa, nas finanças ou na política). Presumimos, por exemplo, que ter mais inteligência significa estar automaticamente mais bem equipado para avaliar os fatos antes de chegar a uma conclusão. É por isso que achamos que as bizarras teorias conspiratórias de alguém como Kary Mullis merecem ser comentadas.

Quando falamos da boca para fora sobre outros tipos de tomada de decisão que não são medidos em testes de inteligência, tendemos a usar conceitos confusos, como "habilidades para a vida", impossíveis de se medir com precisão, e supomos que elas são adquiridas por osmose, sem um treinamento deliberado. Durante os anos de estudo, a maioria de nós certamente não dedicou tanto tempo e esforço a desenvolvê-las quanto fizemos com o pensamento abstrato.

Como a maior parte dos testes acadêmicos é cronometrada e requer raciocínio rápido, também aprendemos que a velocidade do pensamento mede a qualidade da mente. Hesitação e indecisão são indesejáveis, e qualquer dificuldade cognitiva é sinal de fracasso. Em geral, respeitamos quem pensa e age rápido, e ser "lento" é sinônimo de ser estúpido.

Como veremos nos próximos capítulos, todas essas concepções estão erradas; corrigi-las será essencial para encontrarmos maneiras de escapar da armadilha da inteligência.

~

Antes de examinarmos os limites da teoria da inteligência geral, bem como os pensamentos e as habilidades de que ela não dá conta, sejamos claros: a maioria dos psicólogos concorda que essas medidas (sejam elas pontuações de testes de QI, SATs, GREs ou Wonderlic) refletem algo importante sobre a capacidade mental de aprender e processar informações complexas.

Tendo em vista que foram desenvolvidas com essa finalidade, não surpreende que essas pontuações sejam melhores em prever o desempenho escolar e universitário, mas também razoavelmente boas em prever carreiras. A capacidade de lidar com informações complexas significa que você tem mais facilidade para entender e lembrar conceitos matemáticos ou científicos complexos. Essa capacidade de compreender e lembrar conceitos difíceis também pode ajudá-lo a construir um argumento mais forte ao escrever uma redação, por exemplo.

Mais especificamente, se você quiser atuar na área do direito, da medicina ou da programação de computadores, atividades que exigem aprendizado avançado e raciocínio abstrato, ter uma boa inteligência geral será, sem dúvida, vantajoso. Talvez devido ao sucesso socioeconômico que acompanha carreiras administrativas, as pessoas que têm maior pontuação em testes de inteligência tendem a ser mais saudáveis e a viver mais.

Os neurocientistas também identificaram diferenças anatômicas que podem explicar uma inteligência geral maior.[24] O córtex cerebral, que lembra a casca de uma árvore, é mais espesso e enrugado em pessoas mais inteligentes, e além disso elas tendem a ter cérebros maiores.[25] E as conexões neurais de longa distância que ligam diferentes regiões cerebrais (chamadas de "substância branca", por serem revestidas por uma bainha gordurosa) também parecem conectadas de modo diferente, criando redes mais eficientes para a transmissão de sinais.[26] Juntas, essas diferenças podem contribuir para um processamento mais rápido e para uma maior capacidade de memória de curto ou longo prazo, o que facilita enxergar padrões e processar informações complexas.

Seria tolice negar o valor desses resultados e a importância do papel que a inteligência desempenha em nossa vida. Os problemas surgem quando passamos a acreditar cegamente que essas medições representam todo o potencial intelectual[27] de uma pessoa. Afinal, esses resultados não consideram variações de comportamento e de desempenho.[28]

Se você considerar levantamentos com advogados, contadores ou engenheiros, por exemplo, o QI médio pode estar em torno de 125 – o que mostra que a inteligência traz vantagens. Mas as pontuações cobrem uma faixa extensa, entre cerca de 95 (abaixo da média) e 157 (território dos Termites).[29] E, quando se compara o sucesso dos indivíduos nessas profissões, essas diferentes pontuações podem representar, no máximo, 29% da variação no desempenho, de acordo com uma pontuação dada por gerentes.[30] Sem dúvida, essa é uma porcentagem significativa, mas, mesmo levando em conta fatores como a motivação, grande parte do desempenho não pode ser explicada pela inteligência.[31]

Em qualquer carreira, há muitas pessoas de QI mais baixo com desempenho superior ao de outras com QI alto. Há também pessoas muito inteligentes, mas que não fazem o melhor uso do seu intelecto, confirmando que qualidades como criatividade ou sensatez não podem ser mensuradas apenas por esse número. "É um pouco como ser alto e jogar basquete", explicou-me David Perkins, do Programa de Pós-graduação da Universidade Harvard, acrescentando que, se você não alcançar um limite mínimo (no caso do basquete, a altura), não irá longe mas, além desse ponto (para quem tem a altura mínima necessária), outros fatores assumem o controle.

Binet havia nos alertado sobre isso e, olhando os dados com atenção, percebemos que era algo perceptível na vida dos Termites. Como um grupo, eles eram mais bem-sucedidos do que o americano médio, mas muitos deles não conseguiram satisfazer suas ambições. O psicólogo David Henry Feldman avaliou as carreiras dos 26 Termites mais brilhantes, todos eles com um QI estratosférico acima de 180 pontos. Feldman esperava confirmar que cada um desses gênios tinha superado seus pares, mas apenas quatro deles haviam alcançado um alto nível de distinção profissional (tornando-se, por exemplo, um juiz ou um arquiteto de renome). Como grupo, eles eram apenas um pouco mais bem-sucedidos do que aqueles que tinham entre 30 e 40 pontos de QI a menos.[32]

Vejamos os casos de Beatrice e Sara Ann, as duas jovens precoces com QI de 192 das quais falamos no início do capítulo. Beatrice sonhava ser escultora e escritora, mas acabou se metendo em encrencas no mercado imobiliário com o dinheiro do marido, o que contrasta brutalmente com a carreira seguida por Oppenheimer, que tinha uma das menores pontuações do grupo.[33] Sara Ann, enquanto isso, fez doutorado, mas parece ter tido dificuldade de se concentrar em sua carreira. Quando tinha cerca de 50 anos, estava vivendo como uma nômade, pulando da casa de um amigo para a de outro, e por um breve período viveu numa comunidade. "Acho que desde criança eu era muito autoconsciente do meu status [...] e fiz muito pouco para realmente usar esse dom mental", escreveu ela mais tarde.[34]

É claro que alguns Termites podem ter escolhido não seguir uma carreira promissora (e potencialmente estressante), mas, se a inteligência geral fosse realmente tão importante quanto Terman acreditava, era de esperar que mais deles tivessem alcançado um sucesso excepcional nas áreas científica, artística ou política.[35] "Quando lembramos o otimismo inicial de Terman sobre o potencial dos selecionados [...], fica uma sensação decepcionante de que eles poderiam ter feito mais com suas vidas", concluiu Feldman.

A interpretação de que a inteligência geral é uma habilidade superpoderosa para resolver problemas e para aprender também precisa lidar com o Efeito Flynn – um misterioso aumento do QI detectado nas últimas décadas.

Para entender melhor o assunto, marquei um encontro com o próprio Flynn em Oxford.[36] Ele, que mora na Nova Zelândia, estava visitando o filho e é hoje uma figura preeminente em pesquisas sobre a inteligência, área que era, para ele, apenas uma distração. "Sou um filósofo moral que incursiona pela psicologia. E essas incursões têm ocupado mais da metade do meu tempo nos últimos trinta anos."

O interesse de Flynn pelo QI começou quando ele se deparou com afirmações perturbadoras de que certos grupos étnicos seriam inerentemente menos inteligentes. Ele suspeitou que os efeitos ambientais explicariam as diferenças nas pontuações de QI: por exemplo, famílias mais ricas e com mais estudo têm um vocabulário mais amplo, o que significa que seus filhos terão um desempenho melhor nas questões verbais do teste.

No entanto, à medida que analisara os vários estudos, ele se deparava com algo ainda mais intrigante: a inteligência de todas as etnias parecia ter aumentado ao longo das décadas. Os psicólogos vinham, aos poucos, apontando essa mudança e subindo o nível dos testes: era preciso responder a mais perguntas corretamente para receber a mesma pontuação de QI. Mas, se compararmos os dados brutos, o salto é notável, equivalente a cerca de 30 pontos nos últimos oitenta anos. "Eu pensei: por que os psicólogos não estão dançando na rua por causa disso? Que diabos está acontecendo?", disse-me Flynn.

Psicólogos que acreditavam que a inteligência era, em grande parte, herdada ficaram perplexos. Comparando as notas de QI de irmãos e estranhos, eles estimaram que a genética poderia explicar cerca de 70% da variação entre pessoas. Mas a evolução genética é lenta: nossos genes não poderiam ter mudado com rapidez suficiente para produzir os grandes ganhos na pontuação de QI observados por Flynn.

Flynn alega que é preciso considerar as grandes mudanças na sociedade. Apesar de não sermos escolarizados nos testes de QI, fomos ensinados a enxergar padrões e pensar em símbolos e categorias desde pequenos. Basta pensar nas lições do ensino fundamental que nos levavam a considerar os diferentes galhos da árvore da vida, os diferentes elementos e forças da natureza. Quanto mais as crianças são expostas a esses "óculos científicos", mais facilidade elas têm para pensar em termos abstratos de maneira geral, sugere Flynn, o que leva a um aumento constante do QI ao longo do tempo. Nossas mentes foram modeladas com base na visão de Terman.[37]

Alguns psicólogos se mostraram céticos a princípio, mas o Efeito Flynn foi documentado em toda a Europa, na Ásia, no Oriente Médio e na América do Sul (veja os gráficos a seguir) – em todos os lugares em processo de industrialização e passando por reformas educacionais no estilo ocidental. Os resultados sugerem que a inteligência geral depende da maneira como nossos genes interagem com a cultura ao nosso redor. E vale notar que, em conformidade com a teoria dos "óculos científicos" de Flynn, as pontuações nas diferentes vertentes do teste de QI não subiram igualmente. O raciocínio não verbal melhorou muito mais do que o vocabulário ou o raciocínio matemático, por exemplo; e outras habilidades que não são medidas pelo QI se deterioraram, como a orientação espacial. Nós simplesmente refinamos algumas habilidades específicas que nos ajudam a pensar de maneira mais abstrata. "A sociedade exerce sobre nós demandas muito diferentes ao longo do tempo e as pessoas têm que responder." Dessa forma, o Efeito Flynn mostra que não podemos treinar apenas um tipo de raciocínio e supor que *todas* as habilidades úteis de resolução de problemas que passamos a associar a uma maior inteligência seguirão o exemplo, como preveem algumas teorias.[38]

Isso deveria ser óbvio na vida cotidiana. Se o aumento do QI realmente refletisse uma melhora profunda no pensamento geral, até o mais inteligente dos octogenários (como Flynn) pareceria um idiota em comparação com um *millennial* médio. Também não vemos um aumento no número de patentes, por exemplo, o que seria esperado se as habilidades medidas por testes gerais de inteligência fossem fundamentais para o tipo de inovação tecnológica em que Jess Oppenheimer se especializou.[39] Tampouco estamos testemunhando uma preponderância de líderes políticos sábios e racionais, o que seria de esperar se a inteligência geral, por si só, fosse fundamental para a tomada de decisões perspicazes. Não vivemos no futuro utópico que Terman poderia ter imaginado se tivesse vivido para ver o Efeito Flynn.[40]

O Efeito Flynn por região

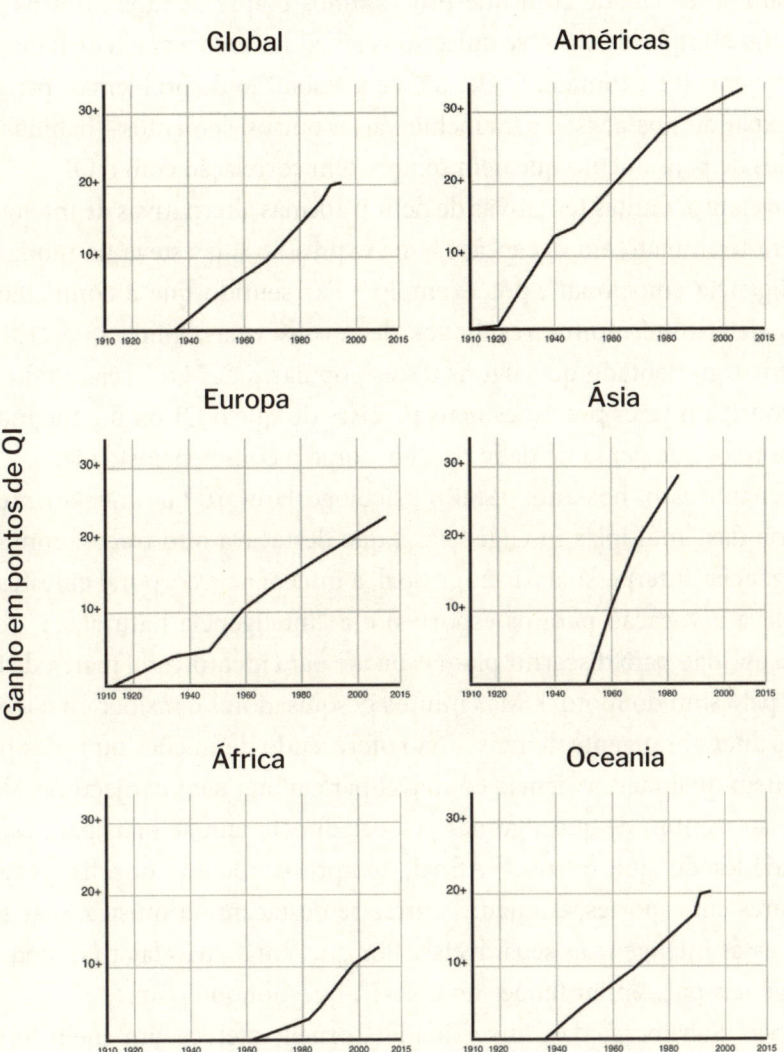

Fonte: OurWorldindata.org/Pietschnig J. e Voracek, M. One Century of Global IQ Gains: A Formal Meta-analysis of the Flynn Effect (1909-2013). *Perspectives on Psychological Science*. 2015; 10 (3): 282-306.

As habilidades verificadas pelos testes de inteligência geral são, claramente, um componente importante do nosso maquinário mental. Elas regulam a velocidade com que processamos e aprendemos informações abstratas complexas. Mas, se quisermos entender toda a gama de habilidades que envolve a tomada de decisões e a resolução de problemas, precisamos expandir nossa visão para incluir vários outros elementos – habilidades e estilos de pensamento que nem sempre têm correlação com o QI.

Entretanto, muitas tentativas de definir formas alternativas de inteligência têm terminado em decepção. Uma expressão que esteve na moda era "inteligência emocional", por exemplo.* Faz sentido que a competência social determine muitos resultados de nossas vidas, ainda que críticos tenham argumentado que alguns testes populares de "QE" sejam falhos e não consigam fazer previsões mais precisas do que o QI ou do que medidas de traços de personalidade padrão, como a conscienciosidade.[41]

Enquanto isso, nos anos 1980 o psicólogo Howard Gardner formulou a teoria das "múltiplas inteligências", que destacava oito traços, como as inteligências interpessoal e intrapessoal, a inteligência corporal cinestésica (que leva à vocação para os esportes) e a "inteligência naturalista" (que indica aptidão para discernir plantas ou até para identificar a marca de um carro pelo som do motor). Mas muitos pesquisadores consideram a teoria de Gardner abrangente demais – não oferecendo definições ou testes precisos nem qualquer evidência confiável para apoiar suas conjecturas além do senso comum de que algumas pessoas direcionam-se mais para certas habilidades do que outras.[42] Afinal, sempre soubemos que há pessoas melhores em esportes, enquanto outras se destacam na música, mas isso torna essas inteligências separáveis? "Por que, então, não falar também da inteligência para enfiar feijões no nariz?", questionou Flynn.

Robert Sternberg, da Universidade Cornell, oferece um meio-termo com sua Teoria Triárquica de Inteligência de Sucesso, que avalia três tipos de inteligência – prática, analítica e criativa – que podem, juntos, influenciar a tomada de decisão numa ampla faixa de culturas e situações.[43]

---

* Apesar dessas críticas, as teorias atuais de inteligência emocional são comprovadamente decisivas para nosso entendimento sobre raciocínio intuitivo e inteligência coletiva, como veremos nos Capítulos 5 e 9.

Quando liguei para ele numa tarde, ele se desculpou pelo barulho ao fundo, dos seus filhos brincando no quintal. Mas logo esqueceu o ruído enquanto descrevia sua frustração com a educação de hoje em dia e com as ferramentas desatualizadas que usamos para calcular o valor mental.

Ele compara a falta de progresso nos testes de inteligência aos enormes saltos feitos em outras áreas, como a da medicina: é como se os médicos ainda estivessem usando drogas ultrapassadas do século XIX para tratar doenças letais. "Estamos no nível de usar mercúrio para tratar a sífilis", comparou ele. "O SAT determina quem entra em uma boa universidade e quem consegue um bom emprego, mas tudo que se alcança são bons funcionários técnicos sem bom senso."

O interesse de Sternberg surgiu na infância, tal como ocorrera com Terman. Hoje, sua capacidade intelectual está fora de questão: a Associação Americana de Psicologia considerou Sternberg o sexagésimo maior psicólogo do século XX (doze lugares acima de Terman).[44] Mas quando criança, na segunda série, ele travou diante de seu primeiro teste de QI. Quando os resultados chegaram, parecia claro para todos – seus professores, seus pais e o próprio Sternberg – que ele era burro. A pontuação baixa logo se tornou uma profecia autorrealizável, e Sternberg tem certeza de que teria continuado nesse círculo vicioso se não fosse por sua professora da quarta série.[45] "Ela achava que uma criança era muito mais do que a pontuação de seu QI", disse ele. "Meu desempenho acadêmico disparou só porque ela acreditou em mim." Foi com o incentivo dela que a jovem mente de Sternberg começou a florescer. Os conceitos que antes lhe escapavam começaram a se fixar e ele acabou se tornando o melhor aluno da turma.

Como calouro em Yale, Sternberg decidiu fazer um curso introdutório de psicologia para entender por que havia sido considerado "tão estúpido" quando criança – um interesse que depois o levou à pesquisa de pós-graduação em Stanford, onde começou a estudar a psicologia do desenvolvimento. Sternberg se perguntou: se os testes de QI são tão pouco informativos, como podemos medir melhor as habilidades que ajudam as pessoas a serem bem-sucedidas?

Por sorte, as observações de seus alunos começaram a lhe fornecer a inspiração de que precisava. Ele se lembra de uma garota, Alice, que foi trabalhar em seu laboratório. "Ela tinha ótimas pontuações nos testes, era uma estudante-modelo, mas quando chegou aqui não tinha nenhuma ideia criativa", rememorou ele. Era o oposto de outra garota, Barbara, cuja pontuação tinha sido boa – embora não "espetacular" –, mas que estava cheia de ideias para testar no laboratório.[46] Outra, Celia, não tinha nem as notas incríveis de Alice nem as ideias brilhantes de Barbara, mas era incrivelmente pragmática – pensava em maneiras excepcionais de planejar e executar experimentos, de formar uma equipe eficiente e de publicar seus trabalhos.

Inspirado em Alice, Barbara e Celia, Sternberg começou a formular a teoria da inteligência humana, que definiu como "a habilidade de alcançar o sucesso na vida, de acordo com padrões pessoais, no contexto sociocultural de cada pessoa". Evitando as definições (talvez muito) extensas das inteligências múltiplas de Gardner, ele confinou sua teoria a três habilidades – analítica, criativa e prática – e averiguou como elas poderiam ser definidas, testadas e estimuladas.

A inteligência analítica é, essencialmente, o tipo de pensamento que Terman estava estudando. Inclui as habilidades que permitiram a Alice ter uma performance tão boa nos SATs. A inteligência criativa, por outro lado, avalia as habilidades "para inventar, imaginar e supor", como diz Sternberg. Embora certas escolas e universidades já encorajem esse tipo de pensamento em algumas disciplinas como redação, Sternberg aponta que disciplinas como história, ciências e línguas estrangeiras também podem incorporar exercícios desenvolvidos para medir e treinar a criatividade. O professor pode, por exemplo, perguntar a um aluno de história: "A Primeira Guerra Mundial teria ocorrido se Francisco Ferdinando nunca tivesse levado um tiro?" ou "Como seria o mundo hoje se a Alemanha tivesse vencido a Segunda Guerra Mundial?". Numa aula de ciência sobre a visão animal, pode-se estimular a criatividade imaginando uma cena a partir dos olhos de uma abelha: "Descreva o que uma abelha pode ver e você não pode."[47]

Respondendo a essas perguntas, os alunos teriam a oportunidade de mostrar seus conhecimentos factuais, mas também seriam forçados a exercitar o pensamento contrafactual e a imaginar situações que nunca ocorreram – aptidões úteis em muitas profissões criativas. Jess Oppenheimer exercitava esse tipo de pensamento nos seus roteiros e na direção técnica.

A inteligência prática, por sua vez, diz respeito a outro tipo de inovação:

a capacidade de planejar e executar uma ideia e de superar os problemas da vida da maneira mais pragmática possível. Inclui traços como "metacognição" – ou seja, se você é capaz de julgar seus pontos fortes e fracos e descobrir as melhores maneiras de superá-los e também o conhecimento tácito advindo da experiência, que lhe permite resolver problemas de imediato. Além disso, inclui algumas das habilidades que outros chamaram de inteligência emocional ou social – a capacidade de descobrir motivações e persuadir os outros a fazer o que você quer. Entre os Termites, o raciocínio rápido de Shelley Smith Mydans como repórter de guerra e sua capacidade de fugir de um campo de prisioneiros no Japão personificam bem esse tipo de inteligência.

Dos três estilos de pensamento, a inteligência prática talvez seja a mais difícil de testar ou ensinar explicitamente, mas Sternberg sugere que há maneiras de cultivá-la na escola e na universidade. Em um curso de gestão de negócios, o professor pode pedir ao aluno que avalie diferentes estratégias para lidar com a escassez de pessoal.[48] Numa aula de história sobre escravidão, você pode pedir a um aluno que considere os desafios de implementar um túnel subterrâneo para escravos fugitivos.[49] Qualquer que seja o assunto, a ideia central é exigir que os alunos pensem em soluções pragmáticas para uma questão com que talvez não tenham se deparado antes.

O importante é que desde então Sternberg conseguiu testar suas teorias em diversas situações. Na Universidade Yale, por exemplo, ele ajudou a criar um programa de estudos de verão em psicologia destinado a alunos superdotados do ensino médio. Os adolescentes foram testados de acordo com as diferentes formas de medição de inteligência por ele estabelecidas, depois divididos aleatoriamente em grupos e ensinados de acordo com os princípios de um tipo particular de inteligência. Após uma manhã estudando a psicologia da depressão, por exemplo, foi pedido que alguns formulassem as próprias teorias com base no que haviam aprendido – uma tarefa para treinar a inteligência criativa. Outros foram questionados sobre como aplicar esse conhecimento para ajudar um amigo que sofria de doença mental – tarefa que encorajava o pensamento prático. "A ideia era que eles aproveitassem seus pontos fortes e outros corrigissem os pontos fracos", explicou-me Sternberg.

Os resultados foram animadores. Mostraram que ensinar jovens de acordo com seu tipo particular de inteligência melhorou a pontuação geral deles em um exame final. Isso sugeria que a educação deveria atender a demandas de pessoas com um estilo de pensamento mais criativo ou mais prático. Além disso, Sternberg descobriu que os testes de inteligência prática e criativa identificaram uma gama muito maior de estudantes de diferentes origens étnicas e econômicas – uma diversidade animadora que ficou evidente assim que eles começaram o curso, disse Sternberg.

Num estudo posterior, Sternberg recrutou 110 escolas (com mais de 7.700 alunos no total) para aplicar os mesmos princípios ao ensino de matemática, ciências e língua inglesa. Mais uma vez, os resultados foram evidentes: as crianças ensinadas a aprimorar a inteligência prática e a inteligência criativa mostraram mais ganhos em geral e se saíram melhor até em questões analíticas e baseadas na memória, o que indica que a abordagem mais diversificada as ajudava a assimilar e interagir com a disciplina.

O Rainbow Project de Sternberg colaborou com os departamentos de admissão de várias universidades – como Yale, Brigham Young e a Universidade da Califórnia em Irvine –, criando um exame alternativo que combina as pontuações tradicionais do SAT com indicadores de inteligência prática e criativa. Sternberg descobriu que o novo teste foi aproximadamente duas vezes mais preciso na previsão da média das notas dos alunos no primeiro ano de faculdade em comparação com as pontuações do SAT sozinhas. Isso sugere que esse exame alternativo de fato mede diferentes maneiras de pensar e raciocinar, valiosas para o sucesso na formação acadêmica avançada.[50]

Fora da academia, Sternberg desenvolveu testes de inteligência prática para negócios e os testou em executivos e vendedores de vários setores, de corretores imobiliários locais a empresas entre as maiores do mundo. Uma pergunta pedia aos participantes que classificassem possíveis abordagens para diferentes situações – por exemplo, como lidar com um colega perfeccionista cujo progresso lento pode impedir o grupo de atingir a meta, usando técnicas de estímulo. Em outro cenário, eles precisavam explicar que mudanças fariam na estratégia de vendas quando os estoques estivessem em baixa.

Em cada caso, as perguntas testam a capacidade de priorizar tarefas e avaliar as diferentes opções, reconhecer as consequências de suas ações e antecipar possíveis desafios, além de convencer colegas da importância de compromissos pragmáticos necessários para manter o projeto em movimento, e não estagnado. Basicamente, Sternberg descobriu que esses testes previam medidas de sucesso, como os lucros anuais, a chance de ganhar um prêmio profissional e a satisfação geral no trabalho.

Nas Forças Armadas, Sternberg avaliou várias medidas de desempenho de liderança entre comandantes de pelotão, de batalhão e de regimento. Os pesquisadores perguntaram aos militares, por exemplo, como lidar com a insubordinação de soldados ou qual a melhor maneira de comunicar os objetivos de uma missão. Mais uma vez, a inteligência prática – e em especial o conhecimento tácito – previu a capacidade de liderança melhor do que as formas tradicionais de medir a inteligência geral.[51]

As medidas de Sternberg podem não ter o apuro de um QI – que é um teste de ampla aplicação, cujos resultados valem para todos igualmente –, porém estão mais perto de determinar o tipo de pensamento que permitiu que Jess Oppenheimer e Shelley Smith Mydans tivessem sucesso onde outros Termites falharam.[52] "Sternberg está no caminho certo", disse-me Flynn. "Ele foi excelente ao mostrar que era possível medir mais do que habilidades analíticas."

Infelizmente, a aceitação dessas medidas tem sido lenta. Elas até foram adotadas na Universidade Tufts e na Universidade Estadual de Oklahoma, mas ainda não são muito difundidas. "As pessoas dizem que as coisas vão mudar, mas logo depois elas voltam a ser como eram antes", disse Sternberg. Assim como quando ele era menino, os professores julgam rápido demais o potencial de uma criança com base em testes abstratos e limitados. Ele comprovou esse fato na educação dos próprios filhos, um deles hoje empresário de sucesso do Vale do Silício. "Eu tenho cinco filhos e todos eles, em algum momento, foram diagnosticados como perdedores em potencial", disse. "Mas todos se saíram bem."

Embora não tenha revolucionado a educação do modo como esperava, a pesquisa de Sternberg inspirou outros pesquisadores a aprofundar seu conceito de conhecimento tácito, incluindo algumas pesquisas novas e intrigantes sobre "inteligência cultural".

Soon Ang, professora de administração da Universidade Tecnológica de Nanyang, em Singapura, foi pioneira em grande parte desse trabalho. No fim dos anos 1990, ela atuava como consultora de várias multinacionais que tinham lhe pedido que reunisse equipes de programadores de vários países para ajudá-los a lidar com o "Bug do Milênio".

Sem dúvida, os programadores eram inteligentes e experientes, mas Ang percebeu, frustrada, como eles eram ineficientes para trabalharem juntos. Descobriu, por exemplo, que programadores indianos e filipinos pareciam concordar com uma solução para um problema, mas depois a implementavam de maneiras diferentes e incompatíveis. Embora os membros da equipe estivessem falando a mesma língua, Ang percebeu que estavam com dificuldade para superar as distâncias culturais e compreender as diferentes formas de trabalhar.

Inspirada, em parte, no trabalho de Robert Sternberg, ela desenvolveu uma medida de "inteligência cultural" (CQ) que avalia a sensibilidade geral a diferentes normas culturais. Um exemplo simples: um britânico ou americano pode se surpreender ao apresentar uma ideia a colegas japoneses e a resposta ser o silêncio. Alguém com baixa inteligência cultural interpretaria a reação como sinal de desinteresse; alguém com alta inteligência cultural perceberia que, no Japão, talvez se deva pedir explicitamente um feedback antes de recebê-lo, mesmo que a reação seja positiva. Ou considere o papel da conversa fiada na construção de um relacionamento. Em alguns países europeus, é muito melhor ir direto ao assunto em pauta, mas no Brasil é importante reservar um tempo para construir relacionamentos. Alguém com alta inteligência cultural reconheceria esse fato.

Ang descobriu que algumas pessoas são consistentemente melhores para interpretar esses sinais do que outras. É importante ressaltar que as medidas de inteligência cultural testam não apenas o conhecimento de uma cultura específica, mas também a sensibilidade geral a possíveis áreas de incompreensão em países desconhecidos e como cada um se adaptaria a elas. E, assim como as medidas de inteligência prática de Sternberg, essas habilidades tácitas não se correlacionam muito fortemente com o QI ou outros testes de potencial acadêmico, reafirmando a ideia de que estão medindo coisas diferentes. Como os programadores de Ang haviam mostrado, você pode ter alta inteligência geral mas baixa inteligência cultural.

Hoje em dia a "CQ" tem sido relacionada a muitas medidas de sucesso. Pode prever com que rapidez expatriados se adaptarão à nova vida, o desempenho de vendedores internacionais e a capacidade de negociação dos participantes testados.[53] Além dos negócios, a inteligência cultural pode determinar as experiências de estudantes no estrangeiro, de trabalhadores de ONGs em zonas de desastre e de professores em escolas internacionais – ou até mesmo a capacidade de aproveitar férias no exterior.

Minhas conversas com Flynn e Sternberg foram esclarecedoras. Apesar de ter tido um bom desempenho acadêmico, devo admitir que careço de várias outras habilidades medidas pelos testes de Sternberg, inclusive muitas formas de conhecimento tácito que podem ser óbvias para algumas pessoas.

Imagine, por exemplo, que seu chefe gosta de gerenciar cada detalhe e quer dar a palavra final em cada projeto, um problema que muitos de nós já vivemos. Após conversar com Sternberg, percebi que alguém com inteligência prática poderia habilmente massagear o ego do chefe propondo duas soluções para um problema: a resposta favorita e uma isca que o chefe poderia rejeitar e mesmo assim sentir que deixou sua marca no projeto. É uma estratégia que nunca me ocorrera.

Ou considere que você é professor e encontra um grupo de crianças brigando no pátio. Você as repreende ou tenta distraí-las para fazê-las esquecer a briga? Para minha amiga Emma, que leciona numa escola primária em Oxford, a segunda opção é algo instintivo; ela tem em mente uma série de truques e dicas sutis que estimulam o comportamento das crianças. Mas, um dia, quando tentei ajudá-la na sala de aula, eu não tinha noção de como fazer isso, e as crianças me enrolaram com a maior facilidade.

E não sou uma exceção nisso. Nos testes de inteligência prática de Sternberg, um número surpreendentemente alto de pessoas demonstrou falta de discernimento pragmático, mesmo que, como eu, tivessem pontuações acima da média em outras medidas de inteligência, e mesmo com anos de experiência no trabalho em questão. Os estudos, no entanto, não estão de acordo com a relação exata entre essas duas medidas. Na melhor das hipóteses, as medidas de conhecimento tácito estão só um pouco relacionadas às pontuações de QI; na pior das hipóteses, a correlação é negativa. Para algumas pessoas simplesmente parece ser mais fácil o aprendizado implícito das regras de resolução de problemas pragmáticos – e essa habilidade não tem muita relação com a inteligência geral.

Para nossos propósitos, também vale a pena prestar uma atenção especial no pensamento contrafactual – um elemento de inteligência criativa que nos permite pensar nos resultados alternativos de um evento ou nos imaginarmos momentaneamente numa situação diferente. É a capacidade de perguntar "E se...?". Sem ela, você pode se sentir impotente diante de um desafio inesperado. Sem poder reavaliar seu passado, você também terá dificuldade para aprender com os erros e encontrar soluções melhores no futuro. Isso também é negligenciado na maioria dos testes acadêmicos.

Nesse sentido, as teorias de Sternberg ajudam a entender as frustrações de pessoas inteligentes que, de algum modo, têm dificuldade em algumas tarefas básicas da vida profissional, como planejar projetos, imaginar as consequências de suas ações e antecipar problemas. Empreendedores fracassados podem ser um exemplo: cerca de nove entre dez novos empreendimentos não dão certo, muitas vezes porque o inovador teve uma boa ideia mas não é capaz de lidar com os desafios de implementá-la.

Se considerarmos que SATs ou testes de QI refletem uma energia mental subjacente e unitária – uma "capacidade intelectual bruta" – que comanda todos os tipos de resolução de problemas, esse comportamento não faz muito sentido; pessoas de grande inteligência geral deveriam ter aprendido essas habilidades. A teoria de Sternberg nos permite isolar esses outros componentes e depois defini-los e medi-los com rigor científico, mostrando que são, em grande parte, habilidades independentes.

Esses são importantes primeiros passos para entendermos por que algumas pessoas aparentemente inteligentes não têm capacidade de discernimento, algo que poderíamos esperar tendo em vista suas credenciais acadêmicas. Mas isso é apenas o começo. Nos próximos capítulos descobriremos muitos outros estilos de pensamento e habilidades cognitivas essenciais negligenciados pelos psicólogos, e as razões por que, em vez de nos proteger dos erros, às vezes ter mais inteligência pode nos levar a cometer erros ainda mais graves. As teorias de Sternberg só estão começando a arranhar a superfície.

~

Em retrospectiva, a vida de Lewis Terman exemplifica muitas dessas descobertas. Desde a infância ele sempre se destacou academicamente, ascendendo de sua humilde formação e tornando-se presidente da Associação Americana de Psicologia. Também não devemos esquecer o fato de que ele planejou um dos primeiros e mais ambiciosos estudos de coorte já conduzidos, coletando vários dados que cientistas seguiram estudando por quatro décadas após sua morte. Fica claro que ele era um homem altamente inventivo.

Ainda assim, hoje é fácil encontrar falhas evidentes em seu pensamento. Um bom cientista não deve poupar esforços antes de chegar a uma conclusão – mas Terman fechou os olhos para dados que poderiam ter desmentido seus preconceitos. Ele estava tão certo da natureza genética da inteligência que negligenciou a busca por crianças talentosas em bairros mais pobres. E certamente sabia que se intrometer na vida das crianças distorceria os resultados, mas muitas vezes ofereceu apoio financeiro e recomendações profissionais aos seus Termites, aumentando as chances de sucesso deles. Terman estava ignorando o conhecimento mais básico (tácito) do método científico, que até um estudante do primeiro período da faculdade de Psicologia saberia.

Isso sem mencionar suas preocupantes inclinações políticas. O interesse de Terman em engenharia social levou-o a se juntar à Fundação Human Betterment – um grupo que propunha a esterilização compulsória daqueles que tivessem qualidades indesejadas.[54] Além disso, lendo os primeiros artigos de Terman, é chocante observar a facilidade com que ele descartava o potencial intelectual de afro-americanos e hispânicos com base num pequeno número de estudos de caso. Descrevendo as pontuações baixas de apenas dois rapazes portugueses, ele escreveu: "O embotamento deles parece ser racial ou pelo menos inerente à ascendência familiar."[55] Segundo ele, pesquisas mais aprofundadas certamente revelariam "diferenças raciais muito significativas nas pontuações de inteligência geral".

Talvez seja injusto julgá-lo pelos padrões atuais. Certamente há psicólogos que pensam que devemos ser gentis com as falhas de Terman, pois ele foi o produto de outra época. Só que sabemos que Terman foi exposto a outros pontos de vista; ele deve ter lido as preocupações de Binet sobre o mau uso de seu teste de inteligência.

Um homem mais sábio poderia ter explorado essas críticas, mas, quando questionado sobre esses pontos, Terman respondia com irritação, e não com argumentos racionais. Em 1922, o jornalista e cronista político Walter Lippmann escreveu um artigo na revista *New Republic* questionando a confiabilidade do teste de QI. Segundo Lippmann: "Não é possível imaginar um procedimento mais desprezível do que confrontar uma criança com uma série de quebra-cabeças e, depois de uma hora manipulando-a, dizer à criança, ou aos pais dela, que se trata de um indivíduo inferior."[56]

O ceticismo de Lippmann era perfeitamente compreensível; já a resposta de Terman foi um ataque *ad hominem*: "Agora ficou evidente que o Sr. Lippmann está cego de raiva, e essa raiva o impede de enxergar com clareza." E acrescentou: "Nitidamente, algo atingiu em cheio um dos complexos emocionais do Sr. Lippmann."[57]

Com o passar dos anos, até os Termites começaram a questionar os resultados dos testes. Sara Ann – a menina encantadora com QI de 192 que tinha "subornado" um pesquisador com uma balinha – certamente se ressentia por não ter cultivado outras habilidades cognitivas que não haviam sido medidas em seu teste. "Meu grande lamento é que meus pais, que têm o lado esquerdo do cérebro predominante, incentivados pela minha experiência no grupo de Terman, ignoraram completamente o estímulo a qualquer talento criativo que eu pudesse ter", escreveu. "Hoje em dia compreendo que a criatividade é mais importante e a inteligência é acessória. Lamento não ter percebido isso cinquenta anos atrás."[58]

As opiniões de Terman se abrandaram um pouco ao longo dos anos e mais tarde ele admitiria que "o intelecto e a realização estão longe de ser perfeitamente correlacionados", ainda que as pontuações nos seus testes continuassem a dominar sua opinião sobre as pessoas que o rodeavam. Aliás, até sua relação com a família ficou estremecida. De acordo com o biógrafo de Terman, Henry Minton, todos os seus filhos e netos fizeram o teste de QI e seu amor por eles pareceu variar de acordo com os resultados. Suas cartas eram cheias de orgulho de seu filho Fred, um talentoso engenheiro e pioneiro no Vale do Silício; já sua filha Helen quase não era mencionada.

Talvez o mais revelador sejam as lembranças de sua neta Doris dos jantares de família, em que os lugares eram organizados em ordem de inteligência: Fred sentava-se à cabeceira da mesa ao lado de Lewis; Helen e sua filha, a própria Doris, sentavam-se no outro extremo, onde podiam ajudar a empregada.[59] Cada membro da família era alocado de acordo com um teste que havia feito anos antes – talvez um pequeno vislumbre da maneira como Terman gostaria de organizar toda a humanidade.

2

Argumentos confusos: os perigos da *dysrationalia*

É dia 17 de junho de 1922 e dois homens de meia-idade – um pequeno e atarracado, o outro alto e pesadão com um bigode de morsa – estão sentados numa praia em Atlantic City, Nova Jersey. Eles são Harry Houdini e Arthur Conan Doyle,[1] e até o fim da tarde a amizade deles nunca mais será a mesma.

Terminou como começou – com uma sessão espírita. O espiritismo era a última moda da elite rica londrina e Conan Doyle era um forte adepto, participando de cinco ou seis encontros por semana. Ele até alegava que sua esposa, Jean, tinha algum talento psíquico e que ela havia começado a canalizar um guia espiritual, Phineas, que ditava onde deviam morar e quando viajar.

Houdini, por outro lado, era cético, mas alegava ter mente aberta e, em visita à Inglaterra dois anos antes, havia contatado Conan Doyle para discutir seu recente livro sobre o assunto. Apesar das diferenças, os dois rapidamente começaram uma frágil amizade e Houdini até concordou em visitar a médium favorita de Conan Doyle, que afirmava canalizar ectoplasma através da boca e da vagina. Houdini logo desmascarou os "poderes" dela, dizendo que eram simples truques de palco. (Pouparei você dos detalhes.)

Voltando a 1922, Conan Doyle estava no meio de uma turnê pelos Estados Unidos e convidou Houdini para se juntar a ele em Atlantic City.

A visita começara amigavelmente. Houdini ensinou os filhos de Conan Doyle a mergulhar e o grupo estava descansando à beira-mar quando Doyle decidiu convidar Houdini a seu quarto de hotel para uma sessão improvisada, com Jean como médium. Ele sabia que Houdini estava de luto pela perda da mãe e esperava que sua esposa fizesse contato com o outro lado.

Eles voltaram para o Ambassador Hotel, fecharam as cortinas e esperaram a inspiração baixar. Numa espécie de transe, Jean sentou-se segurando um lápis, enquanto os homens se sentavam em volta e observavam. Em seguida ela começou a bater violentamente na mesa com as mãos – sinal de que o espírito havia descido.

"Você acredita em Deus?", perguntou ela ao espírito, que respondeu movendo a mão para bater de novo na mesa. "Então farei o sinal da cruz."

Ela estava sentada, com a caneta apoiada no bloco de anotações, antes de sua mão começar a correr descontroladamente pela página.

"Ah, minha querida, graças a Deus finalmente atravessei", escreveu o espírito. "Tentei tantas vezes... agora estou feliz. Porque, claro, quero conversar com meu filho, meu menino amado. Amigos, obrigada, de todo o meu coração, por isso. Vocês responderam ao clamor do meu coração e do dele. Que Deus os abençoe."

Ao final da sessão, Jean havia escrito cerca de vinte páginas de um "roteiro desajeitado e errático". Seu marido estava totalmente encantado. "Foi uma cena singular – minha esposa com a mão correndo desenfreada, batendo na mesa enquanto escrevia furiosamente, e eu sentado do lado oposto, arrancando uma folha do bloco atrás de outra, à medida que eram preenchidas."

Mas Houdini resolveu dar um basta na farsa fazendo várias perguntas. Por que sua mãe, judia, se declarara cristã? Como uma imigrante húngara escreveu suas mensagens em inglês perfeito, "uma língua que ela nunca aprendeu"? E por que sua mãe não se preocupou em mencionar que era o aniversário dela?

Tempos depois, Houdini escreveu sobre seu ceticismo num artigo para o *New York Sun*. Foi o início de uma disputa cada vez mais pública entre os dois, que nunca mais voltaram a ser amigos. Até que Houdini faleceu quatro anos depois.²

Mesmo então, Conan Doyle não virou a página. Instigado, talvez, por seu "guia espiritual", Phineas, tentou abordar e descartar todas as dúvidas de Houdini num artigo para a revista *The Strand*. Seu raciocínio era mais fantasioso do que qualquer de suas obras ficcionais, particularmente ao afirmar que o próprio Houdini estava no comando de uma "força de desmaterialização e reconstrução" que lhe permitia entrar e sair de correntes.

"É possível que um homem seja um médium muito poderoso durante toda a vida, use esse poder continuamente e, ainda assim, nunca perceba que os dons que está usando são aqueles que o mundo chama de mediunidade?", questionou. "Se isso for realmente possível, então temos uma solução para o enigma de Houdini."

❦

Logo ao conhecer esses dois homens, você teria sido perdoado por imaginar que Conan Doyle fosse o pensador mais crítico. Médico e escritor de sucesso, ele exemplificou o raciocínio abstrato que Terman estava começando a mensurar com seus testes de inteligência. Mas, ainda que fosse um ilusionista profissional, Houdini, o imigrante húngaro que só estudou até os 12 anos de idade, não se deixava iludir por fraudes.

Alguns cronistas se perguntaram se Conan Doyle estava sofrendo de algum tipo de loucura. Mas não esqueçamos que muitos de seus contemporâneos acreditavam no espiritismo – inclusive cientistas como o físico Oliver Lodge, cujo trabalho sobre eletromagnetismo nos proporcionou o rádio, e o naturalista Alfred Russel Wallace, contemporâneo de Charles Darwin que concebera independentemente a Teoria da Seleção Natural. Ambos eram figuras intelectuais formidáveis, mas não enxergavam qualquer evidência que desmascarasse a paranormalidade.

Já vimos como nossa definição de inteligência pode ser expandida de modo a incluir o raciocínio prático e o raciocínio criativo. Mas essas teorias não avaliam explicitamente nossa *racionalidade*, definida como a capacidade de tomar as decisões *ideais*, necessárias para atingirmos nossos objetivos com os recursos que temos, e de formar opiniões com base em evidências, lógica e raciocínio sólido.*

Embora décadas de pesquisas psicológicas tenham documentado as mais irracionais tendências da humanidade, só recentemente cientistas começaram a avaliar até que ponto essa irracionalidade e sua variação estão relacionadas a medidas de inteligência. Segundo as descobertas, a correlação está longe de ser perfeita: é possível ter uma pontuação SAT muito alta, que demonstre, por exemplo, bom pensamento abstrato, e ainda assim sair-se mal nesses novos testes de racionalidade – um desequilíbrio conhecido como *dysrationalia*.

A história de vida de Conan Doyle – e em particular de sua amizade com Houdini – funciona como uma lente perfeita para enxergarmos essa pesquisa de ponta.[3] Eu jamais diria que qualquer tipo de fé é sempre irracional, mas estou interessado no fato de picaretas conseguirem explorar as crenças de Conan Doyle e enganá-lo repetidas vezes. Ele não enxergava as evidências, entre as quais os testemunhos de Houdini. Por mais que você acredite em paranormalidade, a ingenuidade de Conan Doyle não precisava ter lhe custado tanto.

Conan Doyle é fascinante porque sabemos, pelos seus escritos, que ele estava perfeitamente ciente das leis da dedução lógica. Na verdade, ele começou a se interessar pelo espiritismo na mesma época em que criou Sherlock Holmes:[4] imaginava a maior mente científica da literatura durante o dia, mas não aplicava essas habilidades dedutivas à noite. No mínimo, sua inteligência parece ter lhe permitido criar argumentos cada vez mais criativos para refutar os céticos e justificar suas crenças. Ele estava mais preso do que Houdini em suas correntes.

Além de Doyle, muitos outros pensadores influentes dos últimos cem

---

* Cientistas cognitivos como Keith Stanovich descrevem dois tipos de racionalidade. A racionalidade instrumental é definida como "a otimização do cumprimento de metas" ou, em termos menos técnicos, como "comportar-se de modo a obter exatamente o que você deseja, tendo em vista os recursos disponíveis". A racionalidade epistêmica, por sua vez, diz respeito a "quão bem suas crenças mapeiam a verdadeira estrutura do mundo". Essa racionalidade claramente faltou a Conan Doyle, tendo em vista sua crença em médiuns farsantes.

anos também podem ter sido vítimas dessa forma da armadilha da inteligência. Até Einstein – cujas teorias são muitas vezes consideradas o suprassumo da inteligência humana – pode ter sofrido desse raciocínio limitante, que o levou a desperdiçar os últimos 25 anos de carreira com uma série de fracassos vergonhosos.

Quaisquer que sejam sua situação e seus interesses, esta pesquisa explicará por que tantos de nós cometemos erros que são óbvios para todos ao nosso redor – e seguimos cometendo esses erros até bem depois de a verdade ter sido desvendada.

O próprio Houdini parece ter entendido intuitivamente a vulnerabilidade da mente inteligente. "Como regra geral, percebo que, quanto maior o cérebro de um homem e quanto mais ele estudou, mais fácil é enganá-lo", disse ele certa vez a Conan Doyle.[5]

Demorou décadas para surgir um verdadeiro reconhecimento da *dysrationalia* – e do seu potencial danoso –, mas as raízes da ideia podem ser encontradas no lendário trabalho de dois pesquisadores israelenses, Daniel Kahneman e Amos Tversky, que identificaram muitos vieses cognitivos e heurísticos (regras gerais rápidas e fáceis de entender) que podem distorcer nosso raciocínio.

Em um de seus experimentos mais impressionantes, eles pediam aos participantes que girassem uma "roda da fortuna", que caía em um número entre 1 e 100. Só depois faziam perguntas de conhecimento geral, como estimar o número de países africanos representados na ONU. A roda da fortuna não deveria ter influenciado suas respostas, mas teve um efeito enorme. Quanto menor o valor na roda, menor a estimativa dos participantes. Um valor arbitrário havia sido introduzido na mente dos participantes, "ancorando" a resposta deles.[6]

Você provavelmente já se excedeu muitas vezes ao fazer compras em promoção. Suponha que esteja procurando uma nova TV. Você queria pagar cerca de mil reais, mas depois descobre uma verdadeira pechincha: uma TV de 2 mil reais saindo por 1,5 mil reais. Ver o valor original ancora sua percepção de qual é o preço aceitável a pagar, o que significa que você ultrapassará seu orçamento inicial. Se, por outro lado, você não tivesse visto o preço original de 2 mil reais, provavelmente teria considerado a TV muito cara e escolhido outra.

Nesse caso, você também pode ter sido vítima da heurística da disponibilidade, que nos leva a superestimar certos riscos com base na facilidade com que os perigos, sempre vívidos, vêm à mente. É a razão por que muitas pessoas se preocupam mais em entrar num avião do que em dirigir um automóvel: os relatos de acidentes de avião costumam ser muito mais emotivos, apesar de ser muito mais perigoso entrar num carro.

Há também o enquadramento: o fato de que você pode mudar de opinião com base na maneira como a informação lhe é exposta. Suponha que você esteja considerando um tratamento médico para 600 pessoas com uma doença letal e que tenha uma taxa de sucesso de 1 a cada 3 pacientes. Pode-se dizer que "200 pessoas serão salvas usando esse tratamento" (com foco no ganho) ou que "400 pessoas morrerão usando esse tratamento" (com foco na perda). As frases significam exatamente a mesma coisa, porém é mais provável que as pessoas a endossem quando é enquadrada como um ganho; elas aceitam passivamente os fatos tal como lhes são apresentados, sem pensar no que realmente significam. Os anunciantes sabem disso há muito tempo: é por isso que nos informam que os alimentos são 95% "livres de gordura" (em vez de dizer que "têm 5% de gordura").

Entres outros vieses notáveis estão a falácia dos custos irrecuperáveis (a relutância em desistir de um investimento fracassado mesmo vendo que vamos perder mais tentando mantê-lo) e a falácia do jogador (a crença de que, se a roleta parou no preto agora, é mais provável que pare no vermelho na próxima vez). A probabilidade, é claro, permanece exatamente a mesma. Um caso extremo de falácia do jogador teria sido observado em Monte Carlo em 1913. Na ocasião, a roleta caiu 26 vezes seguidas no preto e pessoas perderam milhões aumentando as apostas no vermelho. Mas isso não acontece apenas nos cassinos; pode também influenciar o planejamento familiar. Muitos pais acreditam equivocadamente que, se tiveram filhos homens em sequência, é mais provável que venha uma filha em seguida. Com essa lógica, podem acabar com um time inteiro de futebol masculino.

Devido a essas descobertas, muitos cientistas cognitivos dividem nosso pensamento em duas categorias: "sistema 1", intuitivo, automático, do "pensamento rápido", que pode ser influenciado por vieses inconscientes; e "sistema 2", do pensamento reflexivo, "lento", mais analítico. De acordo com essa visão, chamada Teoria do Sistema Dual, muitas de nossas decisões irracionais ocorrem quando nos baseamos demais no sistema 1, permitindo que vieses confundam nosso julgamento.

No entanto, nenhum dos primeiros estudos de Kahneman e Tversky havia testado se a irracionalidade varia de pessoa para pessoa. Algumas pessoas são mais suscetíveis a esses preconceitos, enquanto outras são imunes, por exemplo? E como essas tendências se relacionam com nossa inteligência geral? A história de Conan Doyle é surpreendente porque esperamos intuitivamente que pessoas mais inteligentes, com mentes mais analíticas, ajam de maneira mais racional. No entanto, conforme Tversky e Kahneman mostraram, nossas intuições podem enganar.

Se queremos entender por que pessoas inteligentes fazem coisas idiotas, essas são perguntas imprescindíveis.

Durante um período sabático na Universidade de Cambridge em 1991, um psicólogo canadense chamado Keith Stanovich decidiu abordar essas questões. Sendo sua esposa especializada em dificuldades de aprendizado, há tempos ele se interessava pelas formas como certas habilidades mentais podem ficar para trás em relação a outras e suspeitava que com a racionalidade não seria diferente. O resultado foi um artigo influente, que apresentava a ideia de que existe um paralelo direto entre a *dysrationalia* e outros distúrbios, como a dislexia e a acalculia.

Era um conceito polêmico, com o objetivo de provocar pesquisadores que estudavam o tema com outros vieses. "Eu queria fazer com que os pesquisadores da área percebessem que estavam ignorando diferenças individuais", disse-me Stanovich.

Stanovich enfatiza que a *dysrationalia* não se limita ao pensamento do sistema 1. Mesmo se refletirmos o suficiente para detectar quando nossas intuições estão erradas e as substituirmos, podemos deixar de usar as ferramentas mentais – o conhecimento e as atitudes que deveriam nos permitir raciocinar de forma eficaz.[7] Se você cresceu entre pessoas que desconfiam de cientistas, por exemplo, poderá desenvolver a tendência a ignorar evidências empíricas e a acreditar em teorias não comprovadas.[8] Mais inteligência não necessariamente o impediria de tomar essa atitude, e é até possível que sua maior capacidade de aprendizado o levasse a produzir mais argumentos para sustentar esse ponto de vista.[9]

Evidências circunstanciais sugerem que a *dysrationalia* é comum. Um estudo da Mensa, maior sociedade de pessoas de alto QI do mundo, mostrou que 44% de seus membros acreditavam em astrologia e 56% acreditavam que extraterrestres tinham visitado a Terra.[10] Mas faltavam experimentos rigorosos que explorassem especificamente a ligação entre inteligência e racionalidade.

Stanovich passou mais de duas décadas fundamentando suas ideias com uma série de experimentos cuidadosamente controlados.

Para entender seus resultados, precisamos conhecer uma teoria estatística básica. Em psicologia e outras ciências, a relação entre duas variáveis é geralmente expressa como um coeficiente de correlação entre 0 e 1. Uma correlação perfeita teria valor 1 – os dois parâmetros estariam essencialmente medindo a mesma coisa; isso não é realista para a maioria dos estudos sobre saúde e comportamento humanos (determinados por muitas variáveis), mas muitos cientistas considerariam que existe uma correlação "moderada" se encontrassem resultados entre 0,40 e 0,59.[11]

Usando essas medidas, Stanovich descobriu que as relações entre racionalidade e inteligência eram, em geral, muito fracas. Os resultados do SAT revelaram uma correlação de apenas 0,10 e 0,19 para medidas do viés de enquadramento e de ancoragem, por exemplo.[12] A inteligência também pareceu desempenhar um papel pequeno na nossa disposição a adiar ou não uma recompensa imediata em prol de uma recompensa maior no futuro, ou, se preferíssemos (irracionalmente), uma recompensa menor mais cedo – tendência conhecida como "desconto temporal". Num teste, a correlação com a pontuação do SAT foi de apenas 0,02, extremamente baixa para uma característica que, para muitos, anda de mãos dadas com uma mente analítica privilegiada. A falácia dos custos irrecuperáveis também não mostrou quase nenhuma relação com os resultados do SAT em outro estudo.[13]

Enquanto isso, Gui Xue e seus colaboradores da Universidade Normal de Pequim seguiram o exemplo de Stanovich, descobrindo que a falácia do apostador é um pouco mais comum entre os participantes com mais sucesso acadêmico.[14] Vale lembrar: ao jogar roleta, não pense que você é mais esperto que a roda.

Até filósofos com diploma são vulneráveis às falácias e aos vieses. Os participantes com doutorado em filosofia têm tanta probabilidade de sofrer efeitos de enquadramento, por exemplo, quanto todos os outros, apesar de terem estudado raciocínio lógico.[15]

Esperava-se, pelo menos, que pessoas mais inteligentes aprendessem a reconhecer essas falhas, mas a maioria supõe ser menos vulnerável do que outras, e isso também vale para os mais "inteligentes". Na verdade, em um conjunto de experimentos que estudam alguns dos vieses cognitivos clássicos, Stanovich descobriu que pessoas com pontuações mais altas de SAT eram um pouco menos propensas a enxergar essas falhas do que aquelas com menos talento acadêmico.[16] "Adultos com mais capacidade cognitiva estão cientes de seu status intelectual e imaginam que vão superar os outros na maioria das tarefas desse tipo", explicou-me ele. "Como esses vieses cognitivos lhes são apresentados basicamente como tarefas cognitivas, eles esperam ter um desempenho superior também."

Com base no meu convívio com Stanovich, fiquei com a impressão de que ele é extremamente cauteloso ao promover suas descobertas, o que significa que não alcançou a mesma fama que Daniel Kahneman, digamos – mas colegas da sua área acreditam que essas teorias podem ter um impacto revolucionário. "As pesquisas dele estão entre as mais importantes em psicologia cognitiva, mas às vezes são subestimadas", concordou Gordon Pennycook, professor da Universidade de Regina, no Canadá, que também se especializou em explorar a racionalidade humana.

Stanovich refinou e combinou muitas dessas medidas em um único teste, informalmente chamado de "quociente de racionalidade" (QR). Ele enfatiza que não quer desvalorizar os testes de inteligência, que "funcionam muito bem para o que fazem", mas, sim, melhorar nossa compreensão das outras habilidades cognitivas que também podem determinar nossas tomadas de decisão e colocá-las em pé de igualdade com as medidas existentes de capacidade cognitiva.

"Nosso objetivo sempre foi dar ao conceito de racionalidade uma atenção justa. É quase como se esse conceito tivesse sido proposto antes da inteligência", escreveu Stanovich em seu livro acadêmico sobre o tema.[17] Ele diz que é uma "grande ironia" que as habilidades de pensamento exploradas no trabalho de Kahneman, vencedor do Prêmio Nobel, ainda sejam negligenciadas em nossa avaliação mais conhecida da habilidade cognitiva.[18]

Após anos desenvolvendo e checando vários subtestes com todo o cuidado, a primeira iteração da "Avaliação abrangente do pensamento racional" foi publicada ao final de 2016. Além de medir os vieses cognitivos e heurísticos mais comuns, a avaliação incluiu habilidades de raciocínio probabilístico e estatístico (por exemplo, a capacidade de avaliar riscos) que podem aprimorar nossa racionalidade. Contou também com questionários sobre o pensamento contaminado – por exemplo, atitudes anticientíficas.

Só para dar uma palinha, reflita sobre a proposição seguinte, que testa o "viés da crença". Sua tarefa consiste em considerar se a conclusão é lógica com base *apenas* nas duas premissas iniciais.

Todos os seres vivos precisam de água.
Rosas precisam de água.
Portanto, rosas são seres vivos.

O que você respondeu? Segundo o trabalho de Stanovich, 70% dos universitários acreditam que esse é um argumento válido. Mas não é, já que a primeira premissa diz apenas que "todos os seres vivos precisam de água", e não que "tudo que precisa de água é um ser vivo".

Se você ainda não entendeu por que isso faz sentido, compare o teste com as seguintes afirmações:

Todos os insetos precisam de oxigênio.
Os ratos precisam de oxigênio.
Portanto, os ratos são insetos.

A lógica das duas afirmações é exatamente a mesma, mas é muito mais fácil perceber a falha no raciocínio quando a conclusão entra em conflito com seu conhecimento prévio. No primeiro exemplo, você precisa deixar de lado seus preconceitos e pensar, cuidadosa e criticamente, nas frases que está lendo. Assim, evitará pensar que o argumento está correto só porque a conclusão é coerente com o que você já sabe.[19] Essa é uma habilidade importante sempre que você precisa avaliar uma nova afirmação.

Ao combinar todos esses subtestes, Stanovich descobriu que a correlação com medidas de inteligência geral, como as pontuações do SAT, era moderada: cerca de 0,47 em um teste. Alguma sobreposição era de se esperar, especialmente porque várias dessas medidas, como o raciocínio probabilístico, seriam auxiliadas pela capacidade matemática e por outros aspectos da cognição medidos pelos testes de QI e SATs. "Ainda assim resta muita discrepância entre racionalidade e inteligência, e é essa discrepância que leva pessoas inteligentes a agir de maneira tola", disse Stanovich.

Mais desenvolvido, o QR poderia ser usado em recrutamentos, avaliando a qualidade da tomada de decisões de um possível funcionário. Stanovich me contou que escritórios de advocacia, instituições financeiras e *headhunters* já demonstraram grande interesse em seu teste. Ele espera que seu teste também seja uma ferramenta útil para avaliar como o raciocínio dos alunos muda ao longo dos anos de escola ou de faculdade. "Para mim, esse seria um dos usos mais empolgantes", revelou. Com esses dados, seria possível investigar quais as melhores intervenções que estimulariam formas de pensamento mais racionais.

Enquanto esperamos para ver esse trabalho em ação, os céticos podem questionar se o QR realmente reflete nosso comportamento na vida real. Afinal, às vezes o teste de QI é acusado de ser abstrato demais. Assim, eles questionam: o QR, que se baseia em cenários artificiais e imaginários, é diferente?

Algumas respostas iniciais vêm do trabalho de Wändi Bruine de Bruin na Universidade de Leeds. Inspirada na pesquisa de Stanovich, sua equipe primeiro criou uma escala de "competência na tomada de decisões de adultos", consistindo em sete tarefas que medem vieses como enquadramento, percepção de risco e tendência a cair na falácia dos custos irrecuperáveis (se você é propenso a continuar com um investimento ruim ou não). A equipe também avaliou o excesso de autoconfiança, fazendo algumas perguntas de conhecimento geral aos participantes e, em seguida, solicitando que avaliassem quão certos estavam de suas respostas.

Ao contrário de muitos estudos psicológicos, que costumam usar estudantes universitários como porquinhos-da-índia, o experimento de Bruine de Bruin avaliou uma amostra diversa de pessoas de 18 a 88 anos com os mais diferentes níveis de instrução. Assim a pesquisadora poderia ter certeza de que os resultados refletiriam a população como um todo.

Nos testes, Stanovich descobriu que as habilidades dos participantes na tomada de decisões tinham uma ligação fraca com a inteligência. O sucesso acadêmico não necessariamente os tornou pessoas mais competentes na tomada de decisões.

Mas depois Bruine de Bruin decidiu conferir como as duas medidas estavam relacionadas ao comportamento dos participantes na vida real. Para fazer isso, pediu-lhes que revelassem com que frequência haviam passado por eventos estressantes na vida, desde os relativamente triviais (ficar muito queimado de sol ou perder um voo) até os mais graves (pegar uma DST ou trair o parceiro) e os terríveis (ser preso).[20] Embora as medidas de inteligência geral parecessem ter pouco efeito sobre os resultados, a pontuação da racionalidade dos participantes foi cerca de três vezes mais determinante no comportamento deles.

Esses testes claramente captam uma tendência mais geral a pensar de forma cuidadosa e ponderada, algo que não aparecia em medidas-padrão de capacidade cognitiva. Ou seja, você pode ser inteligente e irracional, como Stanovich descobrira, e isso tem consequências graves na sua vida.

As descobertas de Bruine de Bruin podem nos oferecer alguns insights sobre outros hábitos peculiares de pessoas inteligentes. Um estudo da London School of Economics publicado em 2010 mostrou que pessoas com QI mais alto têm mais probabilidade de beber, fumar e usar drogas ilegais, respaldando a ideia de que a inteligência não necessariamente nos ajuda a comparar e contrastar os benefícios a curto prazo com as consequências a longo prazo.[21]

Pessoas com QI alto também têm a mesma probabilidade de enfrentar problemas financeiros, como falta de pagamento de hipotecas, falência ou dívidas no cartão de crédito. Cerca de 14% das pessoas com QI 140 atingiram seu limite de crédito, em comparação com 8,3% das pessoas com QI médio 100. Elas também não eram mais propensas a guardar dinheiro na poupança ou em investimentos de longo prazo; a riqueza acumulada por elas a cada ano era só um pouco maior do que a dos demais. Esses fatos são particularmente surpreendentes, dado que pessoas mais inteligentes (e mais escolarizadas) costumam ter empregos mais estáveis, com salários mais altos, o que sugere que seus problemas financeiros vêm de suas tomadas de decisão, e não, digamos, de remunerações baixas.[22]

Com base nesses resultados, os pesquisadores sugeriram que as pessoas mais inteligentes se aproximam do "precipício financeiro" acreditando que serão capazes de lidar com as consequências depois. Seja qual for o motivo, os resultados sugerem que elas não investem o dinheiro da maneira mais racional, algo que era imaginado pelos economistas. Esse é outro sinal de que a inteligência não necessariamente leva a uma melhor tomada de decisão.

Como exemplo vívido, veja a história de Paul Frampton, um físico brilhante da Universidade da Carolina do Norte. Seu trabalho abrangeu desde uma nova teoria da matéria escura (a massa misteriosa e invisível que mantém nosso universo unido) até a previsão de uma partícula subatômica chamada "axigluon", que tem inspirado experimentos no Grande Colisor de Hádrons.

Em 2011, Frampton começou a marcar encontros on-line e logo fez amizade com uma ex-modelo de biquínis chamada Denise Milani. Em janeiro do ano seguinte, ela o convidou para acompanhar uma sessão de fotos que faria em La Paz, Bolívia. Quando Frampton chegou, no entanto, encontrou uma mensagem: Denise tinha precisado partir para a Argentina, mas deixara a mala. Será que ele podia levá-la para ela?

Infelizmente, ele chegou à Argentina, mas não encontrou Milani. Perdendo a paciência, decidiu voltar para os Estados Unidos, para onde despachou a mala de Milani com a própria bagagem. Minutos depois, ouviu o alto-falante pedindo que ele se dirigisse à equipe do aeroporto em seu portão de embarque. Qualquer um que não sofra de grave *dysrationalia* provavelmente já adivinhou o que aconteceu depois. Ele foi acusado de transportar dois quilos de cocaína.

Ao que parece, criminosos estavam se passando por Milani, que é de fato uma modelo mas não sabia nada sobre o esquema e nunca havia tido contato com Frampton. Presume-se que eles interceptariam a bagagem depois que ele cruzasse a fronteira.

Frampton tinha sido alertado sobre o relacionamento. "Achei que ele estava louco e disse isso a ele", relatou John Dixon, um amigo, também físico, ao *The New York Times*. "Mas Frampton realmente acreditava que uma bela jovem queria se casar com ele."[23]

Não dá para ter certeza do realmente se passava na cabeça de Frampton. Talvez ele suspeitasse de que "Milani" estivesse envolvida em algum tipo de tráfico de drogas, mas achasse que essa era uma boa maneira de provar seu valor. O amor de Frampton por ela parece ter sido real. Ele chegou a tentar mandar uma mensagem para ela da prisão, depois que o golpe foi descoberto. Por alguma razão, no entanto, o físico não foi capaz de avaliar os riscos e se deixou influenciar por pensamentos impulsivos e fantasiosos.

Voltando à sessão espírita em Atlantic City, o comportamento de Arthur Conan Doyle parece se encaixar perfeitamente nas teorias da *dysrationalia*, como prova convincente de que crenças paranormais e superstições são surpreendentemente comuns entre pessoas muito inteligentes.

De acordo com uma pesquisa com mais de 1.200 participantes, pessoas com diploma universitário têm a mesma probabilidade de acreditar na existência de óvnis que outras e acreditam ainda mais em percepção extrassensorial e em "cura psíquica" do que pessoas menos escolarizadas.[24] (O nível educacional aqui é uma medida imperfeita de inteligência, mas fornece uma ideia geral de que pensamento e conhecimento abstratos necessários para ingressar na universidade não se traduzem em crenças mais racionais.)

Nem é preciso dizer que todos esses fenômenos foram repetidamente refutados por cientistas confiáveis, mas mesmo assim muitas pessoas inteligentes continuam acreditando neles. De acordo com as teorias de duplo processo (pensamento rápido/devagar), isso pode ser apenas uma avareza cognitiva. As pessoas que acreditam na paranormalidade confiam em seus sentimentos e intuições para pensar na origem de suas crenças em vez de raciocinar de modo analítico e crítico.[25]

Isso pode ser verdade para muitas pessoas com crenças mais vagas e indefinidas, mas existem elementos da biografia de Conan Doyle que sugerem que seu comportamento não pode ser explicado de maneira tão simples. Muitas vezes o escritor parecia usar o raciocínio analítico do sistema 2 para desenvolver suas opiniões e descartar evidências contrárias. Em vez de pensar *muito pouco*, ele estava pensando *demais*.

Veja como Conan Doyle foi ridiculamente enganado por duas garotas. Em 1917, anos antes de ele conhecer Houdini, Elsie Wright (16 anos) e Frances Griffiths (9 anos) afirmaram ter fotografado um grupo de fadas brincando num riacho em Cottingley, West Yorkshire. Por meio de um contato na Sociedade Teosófica local, as fotos acabaram caindo nas mãos de Conan Doyle.

Muitos de seus conhecidos estavam com os dois pés atrás, mas ele caiu na história das meninas.[26] "Para a mente, é difícil entender o que pode acontecer se realmente provarmos a existência de uma população que pode ser tão numerosa quanto a raça humana", escreveu Conan Doyle em *O mistério das fadas*.[27] Na verdade, as fadas não passavam de recortes de papelão, retirados do *Princess Mary's Giftbook* (Livro de presentes da princesa Mary)[28] – um volume que, aliás, tinha alguns textos do próprio Conan Doyle.[29]

O mais fascinante não é o fato de ele ter se encantado com as fadas, mas toda a ginástica mental que fez para refutar qualquer dúvida de que elas eram reais. Se você olhar as fotografias com cuidado, verá alfinetes segurando um dos recortes. Porém, onde outros viram alfinetes, ele via um umbigo, prova de que as fadas são ligadas às mães no útero por um cordão umbilical. Conan Doyle foi atrás de descobertas científicas modernas para explicar a existência das fadas: recorreu à teoria eletromagnética para afirmar que elas foram "criadas num material que emitia vibrações mais curtas ou mais longas", o que as tornava invisíveis para os seres humanos.

Conforme argumenta Ray Hyman, professor de psicologia da Universidade do Oregon: "Conan Doyle usou a inteligência para refutar todos os contra-argumentos [...]. Ele foi capaz de usar sua inteligência para enganar a si mesmo."[30]

O uso do "pensamento lento" do sistema 2 para racionalizar nossas crenças, mesmo quando erradas, nos leva a desvendar a forma mais importante e difundida de armadilha da inteligência, que gera consequências desastrosas. Ela pode explicar não só as ideias estúpidas de pessoas como Conan Doyle, mas também os enormes rachas na opinião política sobre questões como crimes com armas de fogo e mudanças climáticas.

⚘

Então, qual é a evidência científica?

As primeiras pistas vieram de uma série de estudos clássicos das décadas de 1970 e 1980, quando David Perkins, da Universidade Harvard, pediu aos alunos que refletissem sobre uma série de perguntas da atualidade, como: "Um tratado de desarmamento nuclear reduziria a probabilidade de guerra mundial?" Um pensador verdadeiramente racional deveria considerar os dois lados do argumento, mas Perkins descobriu que estudantes mais inteligentes não eram mais propensos a levar em conta qualquer ponto de vista alternativo. Alguém a favor do desarmamento nuclear, por exemplo, não explora a questão da confiança: se seria possível ter certeza de que todos os países honrariam o acordo. Em vez disso, simplesmente usa suas habilidades de raciocínio abstrato e seu conhecimento factual para justificar seu ponto de vista de maneira mais elaborada.[31]

Às vezes, essa tendência é chamada de viés de confirmação, embora vários psicólogos, incluindo Perkins, prefiram usar o termo mais geral "viés do meu lado" para descrever as táticas que usamos para defender nosso ponto de vista e desprezar opiniões diferentes. Até estudantes de direito, claramente treinados para considerar o outro lado de uma disputa legal, tiveram um desempenho bastante ruim.

Posteriormente, Perkins considerou essa uma das suas descobertas mais importantes.³² "Pensar no outro lado do caso é um exemplo perfeito de boa prática de raciocínio", explicou. "Por que, então, estudantes de direito, com alto QI e raciocínio treinado para antecipar argumentos da oposição, se mostram tão sujeitos ao viés de confirmação (ou 'viés do meu lado') quanto qualquer outra pessoa? Perguntas como essa trazem à tona questões fundamentais sobre as concepções de inteligência."³³

Estudos posteriores replicaram esse resultado. O pensamento unilateral parece ser um problema específico para as questões que falam do nosso senso de identidade. Hoje os cientistas usam a expressão "raciocínio motivado" para descrever esse tipo de uso da mente autoprotetor e emocionalmente carregado. Além do viés de confirmação (viés em que buscamos e nos lembramos de informações que confirmam nosso ponto de vista), Perkins descobriu que o raciocínio motivado pode assumir a forma de um viés de *desconfirmação* – um tipo de ceticismo preferencial que destrói argumentos opostos aos nossos. Juntos, esses dois vieses podem nos tornar cada vez mais aferrados às nossas opiniões.

Veja um experimento de Dan Kahan, da Faculdade de Direito de Yale, que examinou pontos de vista relacionados ao controle de armas. Ele disse aos participantes de seu estudo que um governo local estava tentando decidir se proibia armas de fogo em locais públicos e que não tinha certeza se isso aumentaria ou diminuiria as taxas de criminalidade. Então foram coletados dados sobre cidades com e sem essas proibições e sobre as mudanças nos índices de criminalidade ao longo de um ano:

	Queda da criminalidade	Aumento da criminalidade
Cidades que proibiram o porte de armas em locais públicos	223	75
Cidades que não proibiram o porte de armas em locais públicos	107	21

Kahan também deu aos participantes um teste de habilidades matemáticas e os questionou sobre suas crenças políticas: "Considerando esses dados, as proibições funcionam?"

Kahan deliberadamente projetou os números de forma enganosa à primeira vista, sugerindo uma enorme diminuição dos crimes nas cidades que proibiram as armas. Para chegar à resposta correta, é necessário considerar as proporções, mostrando que cerca de 25% das cidades onde houve proibição testemunharam um aumento na criminalidade, em comparação com 16% daquelas onde não houve. Em outras palavras, a proibição não funcionou.

Como era de esperar, a maioria dos participantes chegava a essa conclusão, mas *apenas quando eram republicanos, conservadores, já propensos a se opor ao controle de armas*. Os liberais, democratas, pulavam a parte do cálculo e tendiam a ficar com o palpite inicial (incorreto) de que a proibição havia funcionado, independentemente da inteligência deles.

Para ser justo, Kahan conduziu o mesmo experimento, mas com os dados invertidos, de modo que apoiassem a proibição. Dessa vez foram os liberais com noções básicas de aritmética que deram a resposta certa, enquanto até os conservadores, com mais capacidade matemática, tenderam a errar. Os participantes tinham cerca de 45% mais chances de interpretar os dados corretamente se estivessem em conformidade com suas expectativas.

O resultado, de acordo com Kahan e outros cientistas que estudam o raciocínio motivado, é que as pessoas com inteligência superior não a aplicam de maneira justa, mas de maneira "oportunista", para promover os próprios interesses e proteger as crenças mais importantes para suas identidades. A inteligência pode ser uma ferramenta de propaganda, e não de busca da verdade.[34]

Essa é uma descoberta fundamental, capaz de explicar a enorme polarização em relação a questões como as mudanças climáticas (veja o gráfico a seguir).[35] O consenso científico é de que as emissões de carbono de fontes humanas estão levando ao aquecimento global, e os liberais tendem a aceitar essa mensagem se tiverem melhores habilidades matemáticas e conhecimento científico básico.[36] Faz sentido, uma vez que eles também têm mais chance de entender as evidências. Porém, entre os defensores do livre mercado, o oposto é verdadeiro: quanto mais conhecimento eles têm das ciências e da matemática, maior a probabilidade de rejeitarem o consenso científico e acreditarem que as afirmações sobre as mudanças climáticas são exageradas.

"Existem provas sólidas de que o recente aquecimento global decorre de atividades humanas como a queima de combustíveis fósseis."
Verdadeiro ou falso?

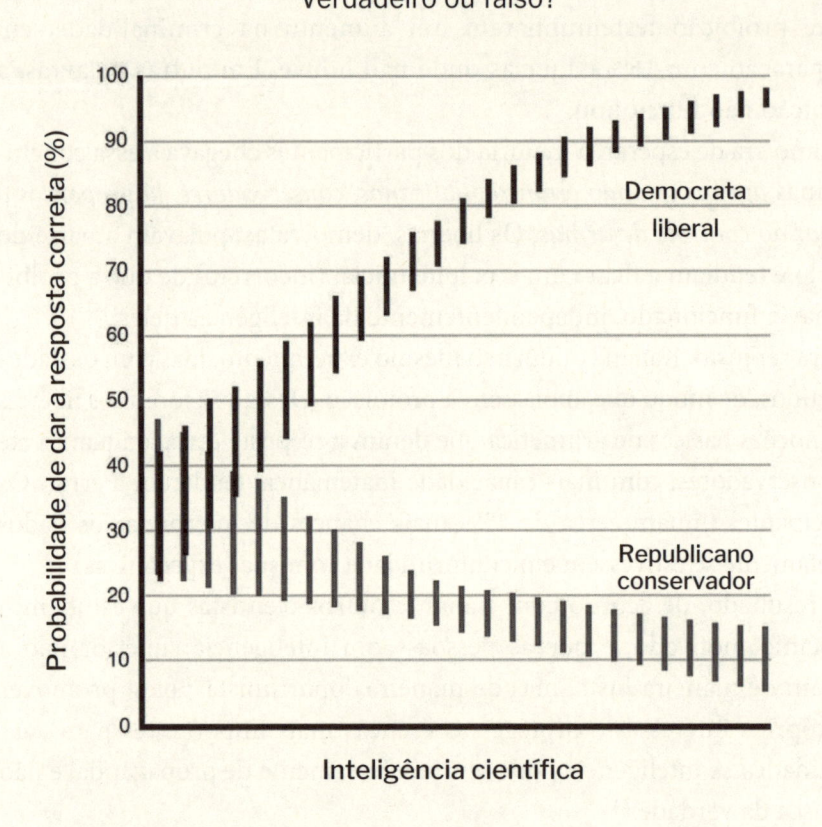

Gráfico: Probabilidade de dar a resposta correta (%) versus Inteligência científica, mostrando duas curvas divergentes — "Democrata liberal" (subindo de ~30% a ~95%) e "Republicano conservador" (descendo de ~35% a ~10%).

Fonte: Kahan, D. M. Ordinary science intelligence: a science-comprehension measure for study of risk and science communication, with notes on evolution and climate change. Journal of Risk Research. 2017; 20 (8): 995-1.016.

A mesma polarização é vista nas opiniões sobre vacinação,[37] fraturamento hidráulico (método de extração de gás e petróleo do subsolo)[38] e evolução.[39] Em cada caso, nível de escolarização e inteligência só ajudam as pessoas a justificar as crenças correspondentes às suas identidades políticas, sociais ou religiosas. (Só para que fique claro, existem inúmeras provas de que as vacinas são seguras e eficazes, as emissões de carbono estão mudando o clima e a evolução é real.)

Existem até evidências de que, graças ao raciocínio motivado, a exposição ao ponto de vista contrário seja um tiro pela culatra. Não só as pessoas rejeitam os contra-argumentos como seus pontos de vista se tornam ainda mais arraigados. Em outras palavras, uma pessoa inteligente com um sistema de crenças equivocado pode se tornar *mais* ignorante depois de ouvir os fatos reais. Vimos isso com as opiniões dos republicanos sobre o Obamacare (programa de reforma do sistema de saúde americano) em 2009 e 2010: pessoas mais inteligentes tendiam a acreditar em alegações de que o novo sistema criaria "comitês da morte", no melhor estilo de Orwell, para decidir quem viveria e quem morreria, e esse ponto de vista ganhou força quando lhes foram apresentadas evidências que desmascaravam esses mitos.[40]

A pesquisa de Kahan avaliou principalmente o papel do raciocínio motivado na tomada de decisões políticas (em que pode não haver resposta certa ou errada), mas, segundo o cientista, ele pode ser utilizado para examinar outras crenças. Ele aponta um estudo de Jonathan Koehler, então da Universidade do Texas, em Austin, que apresentou a parapsicólogos e cientistas céticos dados de dois experimentos (fictícios) sobre percepção extrassensorial.

Os participantes deveriam ter medido objetivamente a qualidade dos trabalhos e o formato dos experimentos. Mas Koehler descobriu que os dois grupos chegaram a conclusões muito distintas, dependendo se os resultados dos estudos estavam ou não de acordo com suas próprias crenças na paranormalidade.[41]

Quando consideramos o poder do raciocínio motivado, a crença de Conan Doyle em médiuns picaretas parece menos paradoxal. Sua identidade era fundada em suas experiências com o paranormal. O espiritualismo foi a base de seu relacionamento com a esposa e de muitas de suas amizades. Ele investiu quantias substanciais numa igreja espiritualista[42] e escreveu mais de vinte livros e panfletos sobre o assunto. Ao se aproximar da velhice, suas crenças também lhe deram a certeza reconfortante da vida após a morte. "Isso elimina totalmente o medo da morte", explicou Conan Doyle, e a crença o conectava àqueles que ele já havia perdido[43] – certamente, duas das motivações mais fortes que se possa imaginar.

Tudo isso parece coincidir com pesquisas que mostram que as crenças podem surgir, primeiro, de necessidades emocionais e que só depois o intelecto entra em ação para racionalizar os sentimentos, por mais bizarros que sejam.

Conan Doyle se achava um indivíduo objetivo. "Nesses 41 anos, nunca perdi uma oportunidade de ler, estudar e fazer experimentos sobre esse assunto",[44] vangloriou-se no fim da vida. Mas ele estava apenas procurando provas que sustentassem seu ponto de vista, enquanto descartava todas as outras.[45]

Pouco importava que se tratasse da mesma mente que havia criado Sherlock Holmes, a "máquina de raciocínio e observação mais perfeita que o mundo já viu". Graças ao raciocínio motivado, Conan Doyle usou essa mesma criatividade para explicar o ceticismo de Houdini. Quando viu as fotos das fadas de Cottingley, sentiu ter encontrado a prova que convenceria o mundo de outros fenômenos psíquicos. Na empolgação, sua mente projetou explicações científicas mirabolantes, sem questionar seriamente se aquilo não era apenas uma piada de duas garotas.

Quando as meninas confessaram a verdade décadas após a morte de Conan Doyle, revelaram que não esperavam que os adultos fossem querer se fazer de bobos. "Nunca pensei nisso como uma fraude", disse uma delas, Frances Griffiths, em entrevista de 1985. "Elsie e eu estávamos apenas brincando, e até hoje não consigo entender por que eles caíram naquilo. Acho que eles *queriam ser enganados*."[46]

Após as crescentes divergências públicas, Houdini perdeu todo o respeito por Conan Doyle. Começara a amizade acreditando que o escritor era um "gigante intelectual" e terminou escrevendo: "É preciso ser imbecil para acreditar em algumas dessas coisas." Mas, considerando o que sabemos sobre o raciocínio motivado, o contrário pode ser verdade: apenas um gigante intelectual poderia ser capaz de acreditar nessas coisas.*

---

* No livro *The Rationality Quotient* (O quociente de racionalidade), Keith Stanovich aponta que George Orwell chegou à mesma conclusão ao descrever várias formas de nacionalismo. Orwell escreve: "Não há limite para as loucuras que alguém pode engolir se estiver influenciado por esse tipo de sentimento [...]. É preciso pertencer à intelligentsia para acreditar em coisas assim: nenhum homem comum poderia ser tão tolo."

Muitos outros grandes intelectuais podem ter perdido a cabeça graças ao pensamento míope. Seus erros talvez não envolvam fantasmas e fadas, mas resultaram em anos de esforços desperdiçados e de decepções trabalhando para defender o indefensável.

Vejamos o exemplo de Albert Einstein, nome que se tornou sinônimo de gênio. Enquanto ainda trabalhava como jovem funcionário num escritório de patentes, em 1905, ele delineou os fundamentos da mecânica quântica, da relatividade especial e da equação da equivalência entre massa e energia ($E = MC^2$), conceito pelo qual ficou famoso.[47] Uma década depois ele anunciaria sua Teoria da Relatividade Geral, dilacerando a lei da gravidade de Isaac Newton.

Mas suas ambições não pararam por aí. Pelo resto da vida ele planejou desenvolver uma compreensão ainda mais grandiosa e abrangente do universo que fundisse as forças do eletromagnetismo e da gravidade em uma teoria unificada. "Quero saber como Deus criou este mundo. Não estou interessado neste ou naquele fenômeno, no espectro deste ou daquele elemento – quero conhecer os pensamentos Dele", disse Einstein anteriormente, na tentativa de capturar esses pensamentos em sua totalidade.

Após um período doente em 1928, Einstein achou que tinha conseguido. "Botei um ovo maravilhoso [...]. Veremos se o pássaro que emergir disso será viável e terá vida longa no colo dos deuses", escreveu. Mas os deuses logo mataram aquele pássaro, e muitas outras esperanças frustradas se perpetuariam nos 25 anos seguintes com outras versões de uma nova teoria unificada, que cairiam, uma após outra, como pesos mortos. Pouco antes de sua morte, Einstein admitiu: "A maior parte da minha prole morreu muito jovem, no cemitério das esperanças frustradas."

Os fracassos de Einstein não foram surpresa para aqueles que o cercavam. Como seu biógrafo, o físico Hans Ohanian, escreveu no livro *Os erros de Einstein*: "Todo o programa de Einstein foi um exercício de futilidade [...]. Era obsoleto desde o início." Quanto mais ele investia numa teoria, mais relutava em deixá-la para trás. Consta que Freeman Dyson, um colega de Princeton, tinha tanta vergonha alheia do pensamento confuso de Einstein que passou oito anos evitando o colega no campus universitário.

O problema foi que a famosa intuição de Einstein – que o serviu tão bem em 1905 – o levou a um grave desvio e ele ficou cego e surdo para qualquer argumento que refutasse suas teorias. Ele ignorou evidências de forças nucleares incompatíveis com sua grande ideia, por exemplo, e desprezou os resultados da teoria quântica, um campo que ele próprio ajudara a estabelecer.[48] Nos encontros científicos, passava o dia tentando inventar contraexemplos cada vez mais intricados para refutar seus rivais, mas logo depois ele mesmo era refutado de volta.[49] Einstein simplesmente "deu as costas aos experimentos" e tentou "se livrar dos fatos", segundo Robert Oppenheimer, seu colega de Princeton.[50]

O próprio Einstein percebeu isso ao final de sua vida. "Devo parecer um avestruz que enterra a cabeça para sempre na areia relativista para não enfrentar os *quanta* maus", escreveu certa vez a um amigo, o físico quântico Louis de Broglie. Mas Einstein seguiu em frente com sua visão equivocada e, mesmo no leito de morte, rabiscou páginas de equações para defender suas teorias errôneas, à medida que as últimas brasas de seu gênio desapareciam. Tudo isso lembra bastante a falácia dos custos irrecuperáveis, exacerbada pelo raciocínio motivado.

A mesma teimosia pode ser encontrada em muitas de suas outras ideias. Por exemplo, tendo apoiado o comunismo, ele continuamente ignorava as falhas da União Soviética.[51]

Einstein pelo menos não abandonou sua área de especialização. Mas a teimosia de provar que está certo pode ser particularmente prejudicial quando os cientistas saem de seu território habitual, fato observado pelo psicólogo Hans Eysenck. "Os cientistas, especialmente quando deixam a área de sua especialidade, são tão cabeças-duras, comuns e irracionais quanto todo mundo", escreveu ele na década de 1950. "E a inteligência superior apenas torna seus preconceitos ainda mais perigosos."[52] A ironia é que o próprio Eysenck passou a acreditar nas teorias da paranormalidade, exemplificando ele próprio a análise estreita das evidências que considerava lastimável.

Alguns escritores científicos chegaram a cunhar um termo – doença do Nobel – para descrever o infeliz hábito que alguns ganhadores do prêmio tinham de adotar pontos de vista duvidosos em várias questões. O caso mais notável, claro, é o de Kary Mullis, o famoso bioquímico com as estranhas teorias da conspiração relatadas na introdução. Sua autobiografia, *Dancing Naked in the Mind Field* (Dançando nu pelo campo da mente), é quase um livro didático sobre as explicações distorcidas que a mente inteligente pode criar para justificar seus preconceitos.[53]

Outros exemplos são Linus Pauling, que descobriu a natureza das ligações químicas entre os átomos, mas passou décadas alegando erroneamente que os suplementos vitamínicos poderiam curar o câncer,[54] e Luc Montagnier, que ajudou a descobrir o vírus HIV, mas desde então adotou algumas teorias bizarras, como a de que até o DNA superdiluído pode causar alterações estruturais na água, levando-a a emitir radiação eletromagnética. Montagnier acredita que esse fenômeno pode estar ligado ao autismo, ao mal de Alzheimer e a várias condições graves. Porém muitos outros cientistas rejeitaram essas afirmações, o que culminou numa petição de outros 35 ganhadores do Prêmio Nobel pedindo que ele fosse destituído de sua posição num centro de pesquisa sobre a aids.[55]

Embora não trabalhemos numa Grande Teoria Unificada, existe aqui uma lição que serve a todos nós. Qualquer que seja a nossa profissão, a combinação tóxica de raciocínio motivado com viés do ponto cego pode nos levar a justificar opiniões preconceituosas sobre os que estão à nossa volta, a insistir em projetos fadados ao fracasso ou a elucubrar um caso de amor impossível.

Para finalizar os exemplos, vamos olhar para dois dos maiores inovadores da história: Thomas Edison e Steve Jobs.

Com mais de mil patentes em seu nome, era claro que Thomas Edison tinha uma mente extraordinariamente fértil. Mas, uma vez que concebia algo, ele tinha dificuldade para mudar de ideia, conforme mostra a "batalha das correntes".

No fim da década de 1880, após criar a primeira lâmpada elétrica que funcionou, Edison buscou uma maneira de levar energia para as casas dos Estados Unidos. Sua ideia era montar uma rede elétrica usando a "corrente contínua" (CC), mas seu rival George Westinghouse tinha encontrado uma forma mais barata de transmitir eletricidade com a "corrente alternada" (CA) que usamos hoje. Enquanto a CC é uma linha de uma única voltagem, a CA oscila rapidamente entre duas voltagens, o que impede a perda de energia a distância.

Edison alegou que a CA era muito perigosa, pois poderia levar à morte por eletrocussão. Embora a preocupação fosse legítima, o risco poderia ser reduzido com isolamento adequado e regulação, e além disso os argumentos econômicos eram fortes demais serem para ignorados: a CA era a única maneira viável de fornecer eletricidade ao mercado de massa.

A reação racional teria sido tentar capitalizar sobre a nova tecnologia e melhorar sua segurança em vez de continuar dedicando-se à CC. Um dos engenheiros de Edison, Nikola Tesla, já havia lhe dito isso. Mas, em vez de seguir o conselho, Edison descartou as ideias de Tesla e até se recusou a pagar por sua pesquisa em CA, levando Tesla a apresentar suas ideias a Westinghouse.[56]

Recusando-se a admitir a derrota, Edison se envolveu numa guerra de narrativas cada vez mais amarga para tentar virar a opinião pública contra a CA. Começou com demonstrações macabras, eletrocutando cães e cavalos sem dono. E, quando soube que um tribunal de Nova York estava investigando a possibilidade de usar eletricidade para execuções, Edison viu mais uma oportunidade de defender seu ponto de vista. Aconselhou o tribunal sobre o desenvolvimento da cadeira elétrica, na esperança de que a CA fosse para sempre associada à morte. Foi um sacrifício moral chocante para alguém que uma vez declarara que se "uniria de coração no esforço de abolir totalmente a pena de morte".[57]

Você pode até pensar que essas são apenas atitudes de um empresário cruel, mas essa batalha foi inútil. Como disse um jornal em 1889: "É impossível agora que qualquer homem, ou grupo de homens, se oponha ao curso natural do desenvolvimento da corrente alternada [...]. Josué pode ordenar que o Sol fique parado, mas o Sr. Edison não é Josué."[58] Na década de 1890, ele teve que admitir a derrota e voltou sua atenção para outros projetos.

Segundo o historiador da ciência Mark Essig: "A questão não é tanto por que a campanha de Edison falhou, mas, sim, por que ele pensou que poderia ter êxito."[59] Quando compreendemos as falhas cognitivas – como a falácia dos custos irrecuperáveis, o viés do ponto cego e o raciocínio motivado –, entendemos por que uma mente tão brilhante pode se convencer a seguir um caminho tão desastroso.

O cofundador da Apple Steve Jobs também era um homem de enorme inteligência e criatividade, mas às vezes sofria de uma percepção perigosamente distorcida do mundo. De acordo com a biografia oficial de Walter Isaacson, seus conhecidos enxergavam nele algo que descreveram como um "campo de distorção da realidade", uma espécie de "mistura confusa de estilo retórico carismático, desejo indomável e vontade de distorcer qualquer fato que se adequasse à sua meta", nas palavras de seu ex-colega Andy Hertzfeld.

Essa determinação ajudou Jobs a revolucionar a tecnologia, mas prejudicou sua vida pessoal, principalmente depois de ser diagnosticado com câncer de pâncreas em 2003. Ignorando o conselho de seu médico, ele optou por tratamentos de charlatões, com remédios à base de ervas, cura espiritual e uma dieta rigorosa à base de sucos de frutas. Segundo todos que o cercavam, Jobs havia se convencido de que o câncer era algo que ele poderia curar sozinho, e a impressão de todos era de que sua incrível inteligência o autorizava a rejeitar qualquer opinião contrária.[60]

Quando ele finalmente foi submetido a cirurgia, o câncer já havia progredido demais para ser tratável. Alguns médicos acreditam que Jobs poderia estar vivo hoje se simplesmente tivesse seguido os conselhos médicos. Tanto nesse caso quanto no de Edison, vemos grandes intelectos sendo mais usados para racionalizações e justificações do que para a lógica e a razão.

Vimos três razões gerais para uma pessoa inteligente agir de forma estúpida. Ela pode não ter elementos de inteligência criativa ou prática, essenciais para lidar com os desafios da vida; pode sofrer de *dysrationalia*, tomando decisões com base em julgamentos intuitivos e tendenciosos; e pode usar a inteligência para descartar qualquer evidência que contradiga o que ela já pensava, graças ao raciocínio motivado.

David Perkins, da Universidade Harvard, me explicou melhor essa última forma de armadilha da inteligência ao dizer que ela é como "colocar um fosso ao redor de um castelo". O escritor Michael Shermer, por sua vez, diz que é como se criássemos "compartimentos à prova de lógica" em nosso pensamento. Mas eu, pessoalmente, prefiro pensar nela como um carro em fuga, sem direção, incapaz de corrigir seu curso. Como Descartes disse originalmente: "Caso sigam o caminho certo, aqueles que avançam muito lentamente podem ir mais longe do que aqueles que estão com muita pressa e se perdem."

Qualquer que seja a metáfora escolhida, a razão para evoluirmos dessa maneira é um grande enigma para os psicólogos evolucionistas. Quando constroem suas teorias da natureza humana, eles presumem que comportamentos comuns tenham favorecido nossa sobrevivência. Mas de que modo ser inteligente e ao mesmo tempo irracional poderia se mostrar uma vantagem?

Uma resposta convincente vem do recente trabalho de Hugo Mercier, no Centro Nacional Francês de Pesquisa Científica, e de Dan Sperber, na Universidade da Europa Central em Budapeste. "Hoje em dia o viés do meu lado é algo tão óbvio que os psicólogos esqueceram quão estranho ele é", explicou-me Mercier numa entrevista. "Do ponto de vista da evolução, de fato essa é uma característica mal adaptada."

Hoje é amplamente aceita a ideia de que a inteligência humana evoluiu, pelo menos em parte, para lidar com as demandas cognitivas da administração de sociedades mais complexas. As evidências vêm de registros arqueológicos, que mostram que o tamanho do crânio cresceu quando nossos ancestrais começaram a viver em grupos maiores.[61] Precisamos da capacidade intelectual para entender os sentimentos dos outros e para saber em quem podemos confiar, quem vai querer tirar vantagem de nós e de quem precisamos por perto. Uma vez que a linguagem evoluiu, precisávamos ser eloquentes, capazes de criar apoio dentro do grupo e fazer outras pessoas pensarem como nós. Esses argumentos não precisavam ser lógicos. Só tinham que ser persuasivos. E essa diferença sutil pode explicar por que a irracionalidade e a inteligência andam frequentemente de mãos dadas.[62]

Considere o raciocínio motivado e o viés do meu lado. Se o pensamento humano se preocupa principalmente com a busca da verdade, devemos ponderar com cuidado os dois lados de uma discussão. Mas, se quisermos apenas convencer os outros de que estamos certos, seremos mais convincentes reunindo provas que favoreçam nosso ponto de vista. Além disso, para não ficar para trás, precisamos ser especialmente céticos em relação aos argumentos contrários e, portanto, devemos prestar atenção extra ao interrogar e contestar qualquer evidência em desacordo com nossas crenças, exatamente como Kahan apontou.

O raciocínio enviesado não é apenas um infeliz efeito colateral do aumento de nossa capacidade intelectual. Pode ter sido, em outras palavras, o *motivo* desse aumento.

Nos encontros cara a cara de nossos ancestrais, bons argumentos deveriam ter neutralizado os maus, aprimorando a solução geral de problemas para alcançar um objetivo comum. Nossos vieses poderiam sofrer influência de outros. Mas Mercier e Sperber dizem que esses mecanismos podem ser um tiro no pé se vivemos numa bolha tecnológica e social e deixamos de descobrir os argumentos e contra-argumentos que poderiam corrigir nossos vieses. O resultado é que simplesmente acumulamos mais informações que acomodem nossos pontos de vista.

Antes de aprendermos a nos proteger desses erros, precisamos explorar mais uma forma de armadilha da inteligência, a "maldição da expertise", que descreve as maneiras como o conhecimento adquirido e a experiência profissional (em oposição à nossa inteligência geral, ampla e inata) também podem funcionar como tiros no pé. Como veremos numa das mais notórias confusões da história do FBI, saber demais pode ser um problema.

3

A maldição do conhecimento: a beleza e a fragilidade da mente dos especialistas

Numa noite de sexta-feira, em abril de 2004, o advogado Brandon Mayfield ligou em pânico para a mãe. "Se nós desaparecermos de repente... Se agentes do governo chegarem de repente e nos prenderem, eu quero que venha a Portland no primeiro voo e leve as crianças com você para o Kansas", disse ele.[1]

Advogado e oficial reformado do Exército dos Estados Unidos, Mayfield não costumava ser paranoico, mas os Estados Unidos ainda estavam se recuperando dos efeitos adversos do 11 de Setembro. Sendo um muçulmano convertido e casado com uma egípcia, Mayfield sentiu uma atmosfera de "histeria e islamofobia", e uma série de eventos estranhos o levou a suspeitar de que estava sendo investigado.

Certo dia, sua esposa, Mona, voltou para casa do trabalho e viu que a porta da frente estava trancada com trinco, uma precaução extra que a família nunca tomava. Outro dia, Mayfield entrou em seu escritório e viu uma pegada empoeirada em sua mesa, sob um ladrilho solto no teto, embora provavelmente ninguém tivesse entrado na sala na madrugada anterior. Nesse meio-tempo, um carro misterioso dirigido por um cinquentão atarracado parecia tê-lo seguido enquanto ele ia e voltava da mesquita.

Dado o clima político, Mayfield temia estar sendo vigiado. "Senti que podia ser o serviço secreto do governo", contou-me ele em entrevista. Quando ele telefonou exaltado para a mãe, disse que estava começando a sentir uma "desgraça iminente" pairando sobre seu destino. Tinha medo do que isso significaria para seus três filhos.

Por volta das 21h45 de 6 de maio, esses medos foram concretizados com três batidas fortes na porta de seu escritório. Dois agentes do FBI chegaram para prender Mayfield, ligando-o aos horrendos atentados em Madri que mataram 192 pessoas e feriram cerca de 2 mil em 11 de março de 2004. Ele foi algemado com as mãos para trás, jogado numa viatura e levado ao tribunal local.

Ele alegou que não sabia nada dos ataques e que, quando ouviu a notícia, ficou chocado com a "violência sem sentido". Mas os agentes do FBI afirmaram ter encontrado sua impressão digital numa sacola azul com detonadores deixada numa van em Madri. O FBI declarou que a digital "batia 100%" com a dele e que não havia a menor chance de erro.

Em seu livro, *Improbable Cause* (Causa improvável), Mayfield descreve como foi mantido numa cela enquanto o FBI montava um caso para apresentar ao júri de acusação. Ele teve as mãos algemadas, as pernas e a barriga acorrentadas e foi submetido a revistas íntimas frequentes.

Para seus advogados, o panorama era sombrio: se o júri de acusação concluísse que Mayfield estava envolvido nos ataques, ele poderia ser enviado para a prisão na baía de Guantánamo. Como o juiz declarou na primeira audiência, as impressões digitais são consideradas o padrão--ouro da evidência forense: pessoas já haviam sido condenadas por homicídio com base em pouco mais do que uma única impressão digital. As chances de duas pessoas terem a mesma impressão digital são de um em bilhões.[2]

Mayfield tentou imaginar como sua impressão digital poderia ter aparecido numa sacola plástica a mais de 8 mil quilômetros de distância – do outro lado do oceano Atlântico, após cruzar todos os Estados Unidos. Mas não havia como. Seus advogados alertaram que o próprio ato de negar uma evidência tão forte poderia significar que ele seria indiciado por perjúrio. "Eu imediatamente pensei que estava sendo enquadrado por funcionários anônimos", disse Mayfield.

Por fim, seus advogados convenceram o tribunal a pedir a um examinador independente, Kenneth Moses, que reanalisasse as impressões digitais. Assim como as dos especialistas do FBI, as credenciais de Moses eram impecáveis. Ele tinha trabalhado no Departamento de Polícia de São Francisco por 27 anos e recebera muitos prêmios e honrarias durante o tempo de serviço.[3] Era a última chance de Mayfield e, em 19 de maio, depois de quase duas semanas na prisão, ele voltou para o décimo andar do tribunal para ouvir Moses dar seu testemunho por videoconferência. E ali os piores temores de Mayfield foram confirmados. "Comparei as impressões latentes com as impressões atribuídas a Brandon Mayfield", disse Moses ao tribunal, "e concluí que a impressão latente é do dedo indicador esquerdo do Sr. Mayfield."[4]

Mas mal sabia Mayfield que uma reviravolta espetacular que ocorria do outro lado do Atlântico em breve o salvaria. Naquela mesma manhã, a Polícia Nacional da Espanha identificou um homem argelino, Ouhnane Daoud, ligado aos atentados. Eles não só mostraram que o dedo deste se encaixava melhor na impressão anteriormente atribuída a Mayfield – incluindo algumas áreas ambíguas descartadas pelo FBI –, mas que o polegar também correspondia a uma outra impressão encontrada na bolsa. Ele era, sem dúvida, o cara que buscavam.

Mayfield foi libertado no dia seguinte e, no fim do mês, o FBI teria que fazer um humilhante pedido de desculpas público.

O que deu errado? De todas as possíveis explicações, uma simples falta de habilidade não pode ser a resposta: as equipes forenses do FBI são consideradas as melhores do mundo.[5] Na verdade, uma análise mais aprofundada revela que os erros do FBI não ocorreram *apesar do* conhecimento dos especialistas, mas que podem ter ocorrido *por causa* desse conhecimento.

Os capítulos anteriores explicaram como a inteligência geral – a capacidade de raciocínio abstrato medida pelo QI ou pelos SATs – pode ser um tiro no pé. A ênfase aqui deve estar na palavra *geral*, e é de esperar que esses erros sejam mitigados por conhecimentos mais especializados e da prática profissional, cultivados por anos de experiência. No entanto, infelizmente as mais recentes pesquisas mostram que a expertise também pode nos levar a equívocos inesperados.

Essas descobertas não devem ser confundidas com críticas vagas, como as de que acadêmicos (como Paul Frampton) vivem numa "torre de marfim", isolados da "vida real". Em vez disso, as mais recentes pesquisas destacam os perigos que existem precisamente nas situações em que se espera que a experiência nos proteja de erros.

Se alguém vai passar por uma cirurgia cardíaca, pegar um voo para o outro lado do mundo ou investir na bolsa, vai querer estar sob os cuidados de um médico cirurgião, um piloto ou um corretor, profissionais com longas e bem-sucedidas carreiras. Se alguém quer que uma testemunha independente verifique se duas impressões digitais pertencem à mesma pessoa num caso importante, deve escolher Moses. No entanto, hoje em dia existem vários motivos psicológicos, sociais e neurológicos para explicar como o julgamento de especialistas às vezes falha nos momentos cruciais. A origem desses erros está intimamente ligada aos mesmos processos que em geral permitem que os especialistas tenham um desempenho tão bom.

"Muitas das pedras angulares, dos alicerces que fazem do especialista um especialista, permitindo que ele realize seu trabalho com eficiência e rapidez, também envolvem vulnerabilidades, e não se pode ter uma parte sem a outra", explica o neurocientista cognitivo Itiel Dror, da University College London, que esteve na vanguarda de muitas dessas pesquisas. "Quanto mais especialista você é, mais vulnerável fica, e de diversas maneiras."

É claro que na maioria das vezes os especialistas continuam com a razão, mas, quando cometem erros, pode ser desastroso. Para evitar essas falhas, é fundamental ter uma noção clara do potencial de erros de especialistas, algo que costuma ser negligenciado.

Como descobriremos em breve, essas fragilidades cegaram o julgamento dos peritos do FBI, provocando uma série de más decisões que levaram à prisão de Mayfield. Na aviação, levaram a mortes desnecessárias de pilotos e civis e, na economia, contribuíram para a crise financeira de 2008.

Antes de examinar essa pesquisa, precisamos considerar algumas suposições fundamentais. Uma possível fonte de erros de especialistas pode ser a autoconfiança exacerbada. Será que eles passam dos limites, acreditando que seus poderes são infalíveis? A ideia parece se encaixar nas descrições do viés do ponto cego que exploramos no Capítulo 2.

Até recentemente, porém, a maior parte da pesquisa científica sugeria que o contrário era verdade: eram os incompetentes que tinham uma visão inflada de suas habilidades. Considere um estudo clássico de David Dunning, na Universidade de Michigan, e de Justin Kruger, na Universidade de Nova York. Dunning e Kruger aparentemente foram inspirados pelo infeliz caso de McArthur Wheeler, que tentou assaltar dois bancos em Pittsburgh em 1995. Ele cometeu os crimes em plena luz do dia e a polícia o prendeu horas depois. Wheeler estava genuinamente perplexo. "Mas eu usei o suco!", teria exclamado. Wheeler, ao que parece, acreditava que besuntar-se com uma camada de suco de limão (a base da tinta invisível) o tornaria invisível nas filmagens de circuito interno de televisão.[6]

A partir dessa história, Dunning e Kruger se perguntaram se a ignorância geralmente anda de mãos dadas com o excesso de confiança e começaram a testar a ideia em uma série de experimentos. Deram aos alunos testes de gramática e raciocínio lógico e, em seguida, pediram que avaliassem como tinham se saído. Quase todos julgaram mal as próprias habilidades, mas isso foi especialmente verdadeiro entre os que tiveram o pior desempenho. Em termos técnicos, a confiança deles era mal calibrada – eles simplesmente não tinham ideia de que eram tão ruins. Dunning e Kruger descobriram que poderiam reduzir esse excesso de confiança oferecendo treinamento nas habilidades relevantes. Os participantes não só melhoraram no que faziam como o maior conhecimento os ajudou a entender suas limitações.[7]

Desde que Dunning e Kruger publicaram o estudo em 1999, a descoberta foi replicada várias vezes, nas mais diferentes culturas.[8] Uma pesquisa em 34 países – da Austrália à Alemanha, do Brasil à Coreia do Sul – avaliou as habilidades matemáticas de estudantes de 15 anos. Mais uma vez, os menos capazes foram frequentemente os mais confiantes.[9]

Conforme era previsto, a imprensa logo abraçou o "Efeito Dunning-Kruger", declarando que é a razão pela qual "perdedores têm ilusões de grandeza" e "incompetentes pensam que são impressionantes", e citando-o como a causa das declarações mais egocêntricas do presidente Donald Trump.[10]

No entanto, o Efeito Dunning-Kruger tem uma vantagem. Embora possa ser alarmante ver alguém muito incompetente, porém confiante, alcançar uma posição de poder, pelo menos isso nos garante que o estudo e o treinamento funcionam como esperávamos, aprimorando não apenas nosso conhecimento, mas também nossas metacognição e autoconsciência. Aliás, esse foi o pensamento de Bertrand Russell num ensaio chamado "O triunfo da estupidez", no qual ele afirma: "A causa fundamental do problema é que, no mundo moderno, os estúpidos estão convencidos, enquanto os inteligentes estão cheios de dúvidas."

Infelizmente, essas descobertas não mostram o quadro completo. Ao traçar a instável relação entre competência percebida e real, esses experimentos se concentraram em habilidades e conhecimentos gerais em vez do estudo mais formal e extenso que vem com um diploma universitário, por exemplo.[11] Quando avaliamos pessoas com alto nível de instrução, temos uma visão mais perturbadora do cérebro de especialistas.

Em 2010, um grupo de matemáticos, historiadores e atletas foi incumbido de identificar certos nomes importantes em cada disciplina. Eles tiveram que dizer se Johannes de Groot ou Benoit Theron eram matemáticos famosos, por exemplo, e podiam responder "Sim", "Não" ou "Não sei". Como era de esperar, os especialistas foram melhores na escolha das pessoas certas (como Johannes de Groot, que realmente era matemático) se elas se enquadrassem na sua disciplina. Mas também foram mais propensos a dizer que reconheciam pessoas inventadas (nesse caso, Benoit Theron).[12] Quando a autopercepção que tinham da própria expertise estava em questão, eles preferiam adivinhar e "exagerar" a extensão de seu conhecimento a admitir ignorância respondendo "Não sei".

Enquanto isso, Matthew Fisher, da Universidade Yale, testou alunos formados na graduação em um estudo publicado em 2016. Seu objetivo era verificar o conhecimento deles dos tópicos principais do curso, então começou pedindo que os participantes estimassem quanto entendiam alguns princípios fundamentais de suas disciplinas. Por exemplo, ele pedia que físicos respondessem se compreendiam os princípios da termodinâmica e que biólogos dissessem se sabiam o que era o ciclo de Krebs.

Em seguida, sem o conhecimento prévio dos participantes, Fisher fez um teste surpresa: os ex-alunos de Yale tinham que descrever detalhadamente os princípios que alegavam conhecer. Apesar de terem declarado um alto nível de conhecimento, muitos titubearam e tiverem dificuldade para escrever uma explicação coerente. Isso ocorria no tópico ligado aos cursos que tinham feito. Quando os graduados também consideravam temas fora de suas especialidades ou assuntos do cotidiano, suas estimativas iniciais tendiam a ser muito mais realistas.[13]

Uma razão provável é que os participantes simplesmente não tinham se dado conta de quanto podiam ter esquecido desde que tinham terminado o curso – fenômeno que Fisher chama de metaesquecimento. "As pessoas confundem seu nível atual de entendimento com seu nível máximo de conhecimento", explicou-me Fisher. E isso pode sugerir um problema sério com a nossa educação. "A leitura mais cínica disso é que não estamos dando aos alunos conhecimentos que vão permanecer com eles", completou. "Estamos apenas dando a eles a sensação de que sabem coisas, quando na verdade não sabem. E isso parece ser contraproducente."

A ilusão de conhecimento especializado também pode tornar as pessoas mais bitoladas. Victor Ottati, da Universidade Loyola de Chicago, mostrou que pessoas estimuladas a se sentirem sábias são menos propensas a procurar ou ouvir opiniões alheias das quais discordem.* Ottati diz que isso faz sentido se considerarmos as normas sociais que cercam a ideia de especialização. Supomos que um especialista tenha credenciais para defender e manter suas opiniões, algo que ele chama de "dogmatismo adquirido".[14]

É claro que muitas vezes os especialistas realmente podem ter justificativas melhores para o que fazem. Mas se superestimarem o próprio conhecimento, como sugere o trabalho de Fisher, e depois se recusarem a buscar ou aceitar a opinião de outras pessoas, poderão rapidamente perder o controle da situação.

---

* Aliás, os japoneses codificaram essas ideias na palavra *shoshin*, que significa a fertilidade da mente do iniciante e sua disposição a aceitar novas ideias. Como disse o monge zen Shunryu Suzuki na década de 1970: "Na mente do iniciante existem muitas possibilidades; na do especialista, poucas."

Ottati especula se esse fato explica por que alguns políticos ficam mais arraigados às próprias opiniões e não conseguem atualizar seus conhecimentos ou fazer acordos. É um estado de espírito que ele descreve como "excesso de autoconfiança míope".

O dogmatismo adquirido também pode explicar as alegações bizarras dos cientistas com a doença do Nobel, como Kary Mullis. Subrahmanyan Chandrasekhar, astrofísico indo-americano e vencedor do prêmio, observou essa tendência em seus colegas. "Essas pessoas tiveram ideias brilhantes e fizeram grandes descobertas. Elas imaginam que, por triunfarem em uma área, têm uma maneira especial de encarar a ciência que deve estar certa. Mas a ciência não autoriza esse tipo de pensamento. A natureza mostrou repetidas vezes que os tipos de verdade subjacentes a ela transcendem as mentes mais poderosas."[15]

A autoconfiança inflada e o dogmatismo adquirido são apenas os defeitos iniciais do especialista. Para entender os erros do FBI, temos que nos aprofundar na neurociência da expertise e nas formas como um treinamento amplo pode mudar permanentemente a percepção do cérebro, para o bem e para o mal.

A história começa com um psicólogo neerlandês chamado Adriaan de Groot, por vezes considerado o pioneiro da psicologia cognitiva. Iniciando a carreira durante a Segunda Guerra Mundial, De Groot tinha sido um prodígio no ensino médio e na universidade – parecia promissor na música, na matemática e na psicologia –, mas a situação política tensa às vésperas da guerra não lhe dava muitas oportunidades de seguir carreira acadêmica depois da graduação. Então De Groot se tornou professor do ensino médio e, mais tarde, psicólogo ocupacional de uma companhia ferroviária.[16]

Na verdade, a verdadeira paixão de Adriaan De Groot era o xadrez. Talentoso, ele representou seu país num torneio internacional em Buenos Aires[17] e decidiu entrevistar outros jogadores sobre suas estratégias, tentando fazer com que revelassem os segredos do desempenho excepcional.[18] Começou mostrando a eles um tabuleiro de xadrez, antes de pedir que discutissem as estratégias mentais que adotavam enquanto decidiam o próximo passo.

No início, De Groot suspeitou de que o talento deles pudesse advir da força bruta de seus cálculos mentais. Talvez eles fossem mais aptos a calcular os movimentos possíveis e simular as consequências. Mas não pareceu ser esse o caso. Os enxadristas não relataram ter avaliado vários movimentos e geralmente se decidiam em poucos segundos, de modo que não tinham tempo para considerar as diferentes estratégias.

Experimentos suplementares revelaram que a aparente intuição dos jogadores era, na verdade, uma incrível façanha da mente, alcançada por um processo de organização da memória em blocos hoje conhecido como *chunking*. O especialista deixa de enxergar o jogo como um conjunto de peças individuais e passa a dividir o tabuleiro em unidades maiores, ou "complexos", de peças. Da mesma maneira que as palavras podem ser combinadas em frases maiores, esses complexos podem formar *templates* ou roteiros psicológicos conhecidos como "esquemas", cada qual representando uma situação e uma estratégia diferentes. Isso transforma o tabuleiro em algo que tem *significado*, e acredita-se que, por isso, alguns mestres do xadrez são capazes de jogar vários jogos simultaneamente, até com os olhos vendados. O uso de esquemas reduz grande parte do trabalho de processamento no cérebro do jogador. Em vez de calcular cada movimento potencial do zero, eles pesquisam numa vasta biblioteca mental de esquemas aquele que se encaixa no tabuleiro.

De Groot observou que, com o tempo, os esquemas podem se "entranhar no jogador", de modo que a solução certa pode surgir automaticamente, com uma breve olhada no tabuleiro, o que explica os fenomenais flashes de brilhantismo que associamos à intuição de um especialista. Comportamentos automáticos e entranhados também liberam mais memória de trabalho do cérebro, o que pode explicar como os especialistas operam em ambientes desafiadores. "Se não fosse assim, seria impossível explicar por que alguns enxadristas conseguem jogar de maneira brilhante mesmo alcoolizados", escreveu De Groot mais tarde.[19]

As descobertas de De Groot acabaram lhe oferecendo uma saída para seus trabalhos tediosos como professor de ensino médio e na companhia ferroviária e lhe conferiram um doutorado pela Universidade de

Amsterdã. Desde então, ele inspirou inúmeros outros estudos em diversas áreas – explicando o talento de todos, de mestres das palavras cruzadas a campeões de pôquer, e até as maravilhosas performances de atletas de elite, como Serena Williams, bem como a incrivelmente rápida capacidade de codificação de programadores de computador de nível internacional.[20]

Embora os processos sejam diferentes de acordo com a habilidade específica do especialista, em todos os casos ele se beneficia de uma vasta biblioteca de esquemas que lhe permite extrair as informações mais importantes, reconhecer os padrões e as dinâmicas subjacentes e reagir com uma resposta quase automática com base num modelo já assimilado.[21]

Essa teoria da especialização também pode nos ajudar a entender talentos menos célebres, como o dos taxistas de Londres, com seu extraordinário sistema de "navegação" pelas 25 mil ruas da cidade. Em vez de se lembrarem de toda a paisagem urbana, eles criaram esquemas de rotas conhecidas, de modo que a visão de um ponto de referência sugerirá imediatamente o melhor caminho de A a B, dependendo do trânsito na região, sem que eles precisem se lembrar do mapa inteiro.[22]

Até ladrões podem operar usando os mesmos processos neurais. Pedindo a condenados que participassem das simulações em realidade virtual dos crimes que cometeram, pesquisadores demonstraram que ladrões mais experientes acumulavam um conjunto de esquemas avançados, com base nas estruturas mais conhecidas dos lares britânicos, permitindo-lhes intuir o melhor trajeto dentro de uma casa e encontrar os bens mais valiosos.[23] Como disse um detento aos pesquisadores: "A busca se torna um instinto natural, como uma operação militar. Vira rotina."[24]

Não há como negar que a intuição do especialista é altamente eficiente na maioria das situações de trabalho que ele enfrenta, e muitas vezes ela é celebrada como uma forma de genialidade sobre-humana.

Infelizmente, essa intuição também pode vir acompanhada de desvantagens custosas.

Uma delas é a falta de flexibilidade: o especialista pode se apoiar tanto nos esquemas comportamentais existentes que tem dificuldade para lidar com as mudanças.[25] Quando tiveram suas memórias testadas, os experientes taxistas de Londres apresentaram dificuldades com o rápido desenvolvimento de Canary Wharf, um novo bairro da cidade que surgiu no fim do século XX. Eles simplesmente não conseguiram integrar os novos marcos e atualizar seus antigos modelos mentais da cidade.[26] Da mesma forma, um campeão em um jogo tem mais dificuldade para aprender um novo conjunto de regras e um contador terá dificuldades para se adaptar a novas leis tributárias. O mesmo entrincheiramento cognitivo pode prejudicar a resolução criativa de problemas, caso o especialista não vá além dos esquemas existentes e não busque novas maneiras de encarar um desafio. Ele se torna apegado às formas familiares de fazer as coisas.

O segundo sacrifício pode ser a perda do olho clínico para os detalhes. À medida que o cérebro especialista divide as informações brutas em componentes mais significativos e trabalha no reconhecimento de padrões implícitos amplos, perde de vista os elementos menores. Essa alteração foi registrada em scans em tempo real do cérebro de radiologistas especialistas: eles mostraram mais atividade nas áreas do lobo temporal associadas ao reconhecimento avançado de padrões e ao significado simbólico e menos atividade nas regiões do córtex visual associadas à avaliação de detalhes, ao "pente-fino".[27] A vantagem dessa mudança é a capacidade de filtrar informações irrelevantes e reduzir as distrações, mas ao mesmo tempo o especialista terá sistematicamente menos chance de considerar todos os elementos de um problema, perdendo nuances importantes que não se encaixam facilmente em seus mapas mentais.

A coisa piora. As decisões de especialistas baseadas na essência, e não na análise cuidadosa, também são mais facilmente influenciadas por emoções, expectativas e vieses cognitivos, como o do enquadramento e o da ancoragem.[28] O resultado é que o treinamento pode, na verdade, ter *reduzido* o quociente de racionalidade deles. "A mentalidade momentânea do especialista afeta a maneira como ele enxerga as informações. Tudo depende do que ele quer ou espera enxergar na questão e se está de bom ou de mau humor", explicou Itiel Dror. "E os mecanismos cerebrais – a arquitetura cognitiva real – que dão a um especialista sua expertise são especialmente vulneráveis a isso."

É claro que o especialista pode ignorar a intuição e retornar a uma análise sistemática mais detalhada. Mas muitas vezes ele nem sequer reconhece o perigo que está correndo, pois também é influenciado pelo viés do ponto cego mencionado no Capítulo 2.[29] O resultado é uma espécie de limite para a precisão, pois esses erros se tornam mais comuns entre os especialistas do que os erros que ocorrem por falta de conhecimento ou de experiência. Quando esse processamento falível e baseado na essência é combinado com excesso de confiança e com o "dogmatismo adquirido", ele nos fornece uma forma final de armadilha da inteligência – e as consequências podem ser terríveis.

A maneira como o FBI lidou com os atentados de Madri é um exemplo perfeito desses processos em ação. A correspondência de impressões digitais é um trabalho ultracomplexo, com análises em três níveis, baseadas em traços cada vez mais intricados, que vão desde padrões amplos (como estudar se as impressões têm um redemoinho, uma espiral ou um arco para a esquerda ou para a direita) até os detalhes mais refinados dos sulcos na pele (se uma linha específica se divide em duas ou em fragmentos, se forma um "olho" ou se termina abruptamente). No geral, os peritos tentam detectar cerca de dez traços de identificação.

Estudos de rastreamento ocular revelam que especialistas fazem esse processo de forma semiautomática,[30] dividindo a imagem em grandes partes, como faziam os mestres de xadrez de De Groot,[31] para identificar as características mais úteis numa comparação. Como resultado, os pontos de identificação podem simplesmente saltar à vista do especialista, enquanto um novato precisaria verificar sistematicamente cada ponto. Assim, nesse estudo o especialista toma uma decisão de cima para baixo, que pode ser influenciada por vieses.

Como era de esperar, Dror descobriu que esses especialistas são suscetíveis a uma série de erros cognitivos que podem surgir do processamento automático. Eles tendiam a encontrar uma correspondência positiva se lhes dissessem que um suspeito já tinha confessado o crime.[32] O mesmo aconteceu quando recebiam um material pesado, como uma imagem sangrenta de uma vítima de homicídio. Embora isso não devesse influenciar a análise objetiva, mais uma vez os peritos se inclinavam a relacionar as impressões digitais, talvez porque se sentissem mais motivados e determinados a pegar o culpado.[33] Dror ressalta que isso é um problema especialmente quando os dados disponíveis são ambíguos e confusos, e esse era exatamente o caso das provas de Madri. A impressão digital encontrada e analisada se achava em uma sacola amassada, estava manchada e era difícil de analisar.

Primeiro o FBI examinou a impressão digital através de uma análise de computador para encontrar possíveis suspeitos entre os milhões de impressões digitais gravadas e o nome de Mayfield apareceu como o quarto dos vinte possíveis suspeitos. A essa altura, supostamente os analistas do FBI não tinham ideia do histórico dele – suas impressões digitais só estavam arquivadas devido a um problema bobo que ele tivera com a lei quando adolescente. Mas parece que o FBI estava louco para encontrar uma identificação positiva, e, a partir do momento em que se fixaram em Mayfield, cada vez mais investiram nele, embora houvesse fortes sinais de que a decisão estava errada.

Ao mesmo tempo que identificavam cerca de quinze pontos de semelhança nas impressões digitais, os peritos ignoravam diferenças significativas. O mais impressionante é que toda a parte superior esquerda da digital encontrada não correspondia ao dedo indicador de Mayfield. Eles argumentaram que essa área poderia ter vindo do dedo de outra pessoa, que tocou a bolsa em outro momento; ou talvez tenha sido do próprio Mayfield, deixando outra impressão sobreposta à primeira para criar um padrão confuso. De qualquer forma, eles decidiram excluir essa seção anômala e simplesmente focar nas partes da impressão digital que mais se pareciam com as de Mayfield.

Se a seção anômala tivesse vindo de outro dedo, deveria haver sinais disso. Os dois dedos estariam em ângulos diferentes, por exemplo, portanto as impressões estariam sobrepostas e cruzadas. Também seria de esperar que cada dedo tivesse encostado na bolsa com uma pressão diferente, afetando a aparência das impressões – uma deixaria uma marca mais forte que a outra. Mas o caso é que não havia nenhum sinal disso.

Para que a história do FBI fizesse sentido, as duas pessoas teriam que ter agarrado a sacola com *a mesma* força e, milagrosamente, suas impressões teriam que ter se alinhado. As chances de isso acontecer eram mínimas. A explicação mais provável é que a impressão veio de um único dedo, e esse dedo não era de Mayfield.

Não estamos falando de sutilezas aqui, mas de buracos evidentes na argumentação do FBI. Um relatório posterior do inspetor-geral constatou que a negligência ocorrida era completamente injustificável. "Para que a explicação dos peritos fizesse sentido, seria preciso que eles aceitassem uma série de coincidências extraordinárias", concluiu o inspetor-geral.[34] Dadas essas discrepâncias, alguns peritos independentes revisaram as impressões digitais do caso e concluíram que Mayfield deveria ter sido descartado imediatamente.[35]

No caso do FBI, esse não foi o único exemplo de raciocínio circular (argumento que comete a falácia lógica de supor exatamente o que está tentando provar, usando sua conclusão como uma de suas premissas): o inspetor-geral descobriu que, ao longo de toda a análise, os peritos pareceram muito mais propensos a descartar ou ignorar quaisquer pontos de interesse que contradissessem o palpite inicial e, ao mesmo tempo, fizeram um exame bem menos minucioso dos detalhes que sugeriam que a impressão digital era mesmo de Mayfield.

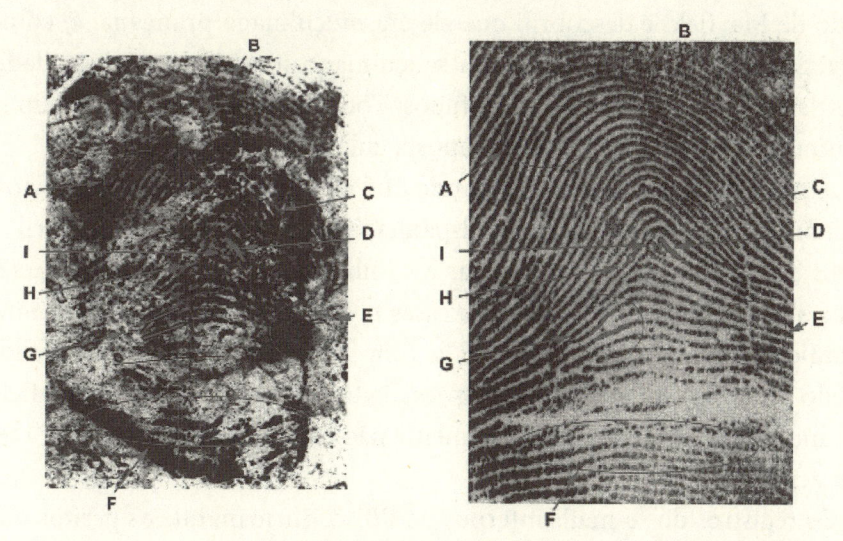

Imagem cedida pelo Departamento de Justiça dos Estados Unidos, relatório 'Review of the FBI's Handling of the Brandon Mayfield Case'. https://oig.justice.gov/special/s1105.pdf

As duas impressões digitais, extraídas do relatório do inspetor, que está disponível gratuitamente, mostram quantos erros foram cometidos. A imagem de Madri está à esquerda, e a de Mayfield, à direita. Claro que uma pessoa que nunca fez isso antes terá dificuldade em observar os erros, mas olhando com bastante cuidado você descobrirá alguns traços presentes em uma, mas não na outra imagem.

O inspetor-geral concluiu que esse era um caso claro do viés de confirmação, mas, considerando o que aprendemos com a pesquisa sobre decisões de cima para baixo e o fato de que a atenção seletiva acompanha a expertise, é possível que os peritos nem tivessem visto esses detalhes, para começo de conversa. Eles estavam quase literalmente cegos pelas suas expectativas.

Esses erros poderiam ter sido descobertos com uma análise, de fato, independente. Mas, embora as impressões tenham passado por vários peritos, cada um conhecia as conclusões dos colegas anteriores, o que influenciava seus julgamentos (Dror chama isso de "viés de cascata").[36] Tudo isso também se espalhou entre os policiais que faziam a vigilância secreta de Mayfield e sua família, a ponto de confundirem o dever de casa de espanhol da filha de Mayfield com documentos de viagem, segundo os quais ele estaria em Madri no momento do ataque terrorista.

Esses vieses foram reforçados quando o FBI começou a investigar o passado de Mayfield e descobriu que ele era muçulmano praticante e, como advogado, já tinha defendido um muçulmano terrorista em sua cidade, Portland, num caso de guarda de filhos. Todas essas informações foram se acumulando e aumentando sua suposta culpa.[37]

A confiança do FBI era tão grande que eles ignoraram evidências adicionais da Polícia Nacional da Espanha (PNE). Em meados de abril, a PNE tentou, sem sucesso, verificar a combinação de impressões digitais, mas o laboratório do FBI ignorou essas preocupações. "Eles tinham uma justificativa para tudo", disse ao *The New York Times* Pedro Luis Mélida Lledó, chefe da unidade de impressões digitais da PNE, logo após Mayfield ser inocentado,[38] "mas eu simplesmente não enxergava como ele podia ter participado do atentado."

Os registros dos e-mails internos do FBI confirmam que os peritos não foram afetados pela discrepância. "Falei com o laboratório hoje de manhã e eles estão absolutamente confiantes de que há correspondência entre as impressões, não há dúvida sobre isso!!!!!", escreveu um agente do FBI. "Eles testemunharão em qualquer tribunal."[39]

A condenação poderia ter levado Mayfield à baía de Guantánamo – ou ao corredor da morte – se a PNE não tivesse encontrado evidências de que ele era inocente. Semanas após os atentados, a PNE invadiu uma casa no subúrbio de Madri. Os suspeitos detonaram uma bomba suicida em vez de se renderem, mas a polícia encontrou documentos com o nome de Ouhnane Daoud, um cidadão argelino cujas impressões estavam registradas pelo Departamento de Imigração. Mayfield foi libertado e, em uma semana, eximido de qualquer conexão com o ataque. Por fim, processou o Estado e recebeu 2 milhões de dólares de indenização.

A lição aqui não é só psicológica, mas também social. O caso de Mayfield ilustra perfeitamente como o excesso de autoconfiança dos especialistas, combinado com nossa fé cega no talento destes, pode amplificar os vieses deles, com implicações potencialmente devastadoras. A cadeia de falhas dentro do FBI e do tribunal não deveria ter crescido tão rapidamente, dada a ausência de provas de que Mayfield havia sequer saído dos Estados Unidos.

Com esse conhecimento em mente, podemos começar a entender por que, embora muitas vezes sejam altamente eficazes, ainda assim alguns procedimentos de segurança não nos protegem de erros de especialistas.

Vejamos o caso da aviação. Geralmente considerado um dos setores mais confiáveis, aeroportos e pilotos usam inúmeras redes de segurança para consertar qualquer lapso de julgamento momentâneo. O uso de listas de verificação lembrando os procedimentos fundamentais, hoje algo comum em outros setores, teve origem nas cabines dos pilotos, para garantir, por exemplo, decolagens e pousos mais seguros.

No entanto, essas estratégias não explicam os pontos cegos decorrentes da expertise. Com a experiência, os procedimentos de segurança são integrados ao roteiro automático do piloto e escapam da consciência. O resultado, de acordo com um estudo de dezenove acidentes graves, é "um movimento insidioso na direção de um julgamento menos conservador", que resultou na morte de pessoas, embora o conhecimento do piloto devesse tê-las protegido de erros.[40]

Isso ficou evidente às seis da manhã de 25 de agosto de 2007, no aeroporto Blue Grass, em Lexington, Kentucky. O voo 5191 da Comair deveria ter aterrissado na pista 22 por volta das seis da manhã, mas o piloto pousou numa pista mais curta. Graças aos vieses adquiridos com a vasta experiência, piloto e copiloto não viram todos os sinais de alerta de que estavam no lugar errado. O avião quebrou a cerca, ricocheteou num aterro, colidiu em duas árvores e explodiu em chamas. Quarenta e sete passageiros, mais o piloto, morreram.[41]

A maldição da expertise na aviação não termina aí. Como vimos com os cientistas forenses do FBI, estudos experimentais mostraram que a experiência de um piloto pode até influenciar sua percepção visual – por exemplo, fazendo-o subestimar a profundidade da nuvem numa tempestade com base em expectativas anteriores.[42]

A armadilha da inteligência nos mostra que não basta ser à prova de idiotas – os procedimentos também precisam ser *à prova de especialistas*. O setor de energia nuclear é um dos poucos que se preocupam com a automação que vem da experiência. Algumas usinas alteram rotineiramente a ordem dos procedimentos em suas verificações de segurança para impedir que inspetores trabalhem no piloto automático. Muitos outros setores, incluindo o da aviação, poderiam aprender essa lição.[43]

Analisando mais a fundo a maldição da especialização – e as virtudes da ignorância –, podemos explicar como algumas organizações enfrentam o caos e a incerteza, enquanto outras desmoronam com a mudança dos ventos.

Vejamos um estudo de Rohan Williamson, da Universidade de Georgetown, que examinou as fortunas dos bancos durante crises financeiras. Ele estava interessado nos papéis de "diretores independentes" – pessoas recrutadas de fora da organização para aconselhar a gerência. O diretor independente está lá para oferecer uma forma de autorregulação, que exige certo nível de especialização, e muitas vezes ele vem de outra instituição financeira. No entanto, devido à dificuldade de recrutar um especialista qualificado sem que haja interesses conflitantes, alguns diretores independentes vêm de outras áreas, ou seja, não têm o conhecimento técnico dos processos envolvidos nas complexas transações bancárias.

Órgãos como a Organização para a Cooperação e Desenvolvimento Econômico (OCDE) argumentaram anteriormente que essa falta de conhecimento financeiro pode ter contribuído para a crise financeira de 2008.[44]

Mas e se a OCDE não entendeu bem e essa ignorância foi, na verdade, uma virtude? Para descobrir, Williamson examinou os dados de cem bancos antes e depois da crise. Até 2006, os resultados eram exatamente o esperado, se presumirmos que mais conhecimento sempre ajuda na tomada de decisões: os bancos com um conselho de especialistas tiveram um desempenho um pouco melhor do que aqueles com menos (ou nenhum) diretores independentes com experiência em finanças, pois era mais provável que eles endossassem estratégias arriscadas que valiam a pena.

Porém a sorte deles deu uma guinada de 180 graus após o colapso financeiro, e nesse momento foram os bancos com menos especialistas em finanças que tiveram melhor desempenho. Os membros do conselho de "especialistas", tão arraigados às suas já arriscadas tomadas de decisão, não recuaram nem adaptaram a estratégia. Enquanto isso, os diretores independentes com menos conhecimento da área se mostraram menos parciais, o que lhes permitiu reduzir as perdas dos bancos à medida que os conduziam no momento de crise.[45]

Embora essa evidência venha do ramo das finanças – uma área nem sempre respeitada pela racionalidade –, as lições podem ser igualmente valiosas para qualquer setor de negócios. Quando as coisas ficam difíceis, os membros menos experientes de sua equipe podem estar mais bem equipados para ajudá-lo a sair da bagunça.

Na ciência forense, pelo menos, houve um movimento no sentido de mitigar os erros dos especialistas por trás das investigações do FBI sobre Brandon Mayfield. "Antes de Brandon Mayfield, a comunidade das impressões digitais adorava explicar quaisquer erros dizendo que eram fruto da incompetência", diz Jennifer Mnookin, professora de direito da Universidade da Califórnia. "Brandon Mayfield abriu um espaço para discussões sobre a possibilidade de que analistas realmente bons, usando seus métodos corretamente, errem".[46]

Itiel Dror esteve na vanguarda do trabalho, detalhando esses erros potenciais em julgamentos forenses e recomendando medidas que mitigassem seus efeitos. Por exemplo, ele defende um treinamento mais avançado que inclua uma discussão cognitiva sobre vieses, para que todo cientista forense esteja ciente das maneiras como seus julgamentos podem ser influenciados e conheça formas práticas de minimizar essas influências. "Como um alcoólatra numa reunião dos Alcoólicos Anônimos, reconhecer o problema é o primeiro passo para achar a solução", disse-me Dror.

Outro requisito é que os analistas forenses passem a fazer julgamentos "cegos", sem nenhuma informação além das evidências diretas disponíveis, para que não sejam influenciados pelas expectativas e para que vejam as evidências da maneira mais objetiva possível. Isso é crucial sobretudo quando se busca uma segunda opinião: o segundo perito não deve conhecer o primeiro julgamento.

A evidência em si deve ser apresentada da maneira correta e na sequência correta, usando um processo que Itiel Dror chama de "desmascaramento sequencial linear". O objetivo é evitar o raciocínio circular que contaminou o julgamento dos peritos após os atentados de Madri.[47] Os peritos devem, primeiro, marcar a impressão latente deixada na cena, antes mesmo de ver a impressão digital do suspeito, gerando pontos de comparação predeterminados. E não devem receber nenhuma informação sobre o contexto de um caso antes de fazer o julgamento forense das evidências. Hoje em dia esse sistema é usado pelo FBI e por outros departamentos e agências de polícia dos Estados Unidos e de outros países.

Inicialmente, a mensagem de Dror não foi bem recebida pelos especialistas que ele estudou. Em nossa conversa na Wellcome Collection, museu e biblioteca em Londres, ele me mostrou uma carta irritada do presidente da Fingerprint Society, publicada numa revista forense, afirmando que muitos peritos estavam furiosos com a suposição de que talvez fossem influenciados por suas expectativas e emoções. "Qualquer examinador de impressões digitais que tome uma decisão sobre identificação e fique balançado para um lado ou para outro, influenciado por imagens sangrentas e histórias, é totalmente incapaz de executar as tarefas nobres que dele se esperam ou é tão imaturo que deveria procurar emprego na Disneylândia", dizia a carta.

Recentemente, porém, Dror tem percebido que mais e mais corporações estão aceitando suas sugestões. "As coisas estão mudando, mas lentamente. Conversando com peritos, você ainda vai ouvir: 'Não, imagina, nós somos objetivos.'"

Mayfield ainda não sabe ao certo se esses foram erros genuinamente inconscientes ou o resultado de uma armação proposital, mas ele apoia qualquer trabalho que ajude a destacar as fragilidades da análise de impressões digitais. "No tribunal, cada evidência é como um tijolo na parede", disse-me ele. "O problema é que eles tratam a análise de impressões digitais como se fosse a parede inteira, quando na verdade ela não é sequer um tijolo resistente."

Mayfield continua trabalhando como advogado. Também é ativista e coautor, com sua filha Sharia, de *Improbable Cause* (Causa improvável), sua versão do suplício por que passou. Com o livro, ele tenta aumentar a conscientização sobre a erosão das liberdades civis nos Estados Unidos, em face de uma vigilância governamental mais rigorosa. Durante nossa conversa, ele pareceu bastante estoico em relação à provação pela qual passou. "Estou falando com você, não estou trancado em Guantánamo, numa situação kafkiana. Então, nesse sentido, o sistema de justiça deve ter funcionado", disse ele. "Mas muitas outras pessoas podem não estar numa posição tão invejável."

Com esse conhecimento em mente, agora estamos prontos para começar a Parte 2. Com base nas histórias dos Termites, de Arthur Conan Doyle e dos peritos forenses do FBI, vimos quatro formas potenciais de armadilha da inteligência:

- Podemos não ter o *conhecimento tácito* e o *pensamento contrafactual* essenciais para executar um plano e antecipar as consequências de nossas ações.
- Podemos sofrer de *dysrationalia, raciocínio motivado* e *viés do ponto cego*, o que nos faz racionalizar e perpetuar nossos erros, sem reconhecer nossas falhas de pensamento. Isso resulta na criação de

"compartimentos à prova de lógica" em torno de nossas crenças, desconsiderando todas as evidências disponíveis.
- Podemos confiar demais em nosso julgamento, graças ao *dogmatismo adquirido*, de modo que não mais percebemos nossas limitações e imaginamos que nossas habilidades são maiores do que realmente são.
- Por fim, graças à nossa expertise, podemos empregar *comportamentos arraigados e automáticos* que nos fazem ignorar os sinais óbvios de desastre se aproximando e nos tornam mais suscetíveis a vieses.

Se voltarmos à analogia entre cérebro e carro, esta pesquisa confirma a ideia de que a inteligência é o motor, enquanto a escolarização e a expertise são o combustível. As habilidades básicas de raciocínio abstrato e o conhecimento especializado põem nosso pensamento em marcha, mas apenas adicionar energia nem sempre basta para dirigirmos o veículo com segurança. Sem o pensamento contrafactual e o conhecimento tácito, você pode parar num beco sem saída. Se você sofre de raciocínio motivado, dogmatismo adquirido e entrincheiramento, corre o risco de simplesmente dirigir em círculos ou, pior, de cair de um penhasco.

Claramente identificamos o problema, mas ainda precisamos de algumas lições que nos ensinem a atravessar com mais cuidado esses caminhos perigosos. Corrigir essas omissões agora é o objetivo de uma disciplina científica completamente nova, a sabedoria baseada em evidências, que exploraremos na Parte 2.

PARTE 2

Como escapar da
armadilha da inteligência:
ferramentas para raciocinar e
tomar decisões

4

Álgebra moral: rumo à ciência da sabedoria baseada em evidências

Estamos na abafada Câmara Legislativa do estado da Pensilvânia, no verão de 1787. Um calor sufocante toma conta da sala, mas as janelas e portas foram trancadas contra os olhares indiscretos do público, e os delegados, suados (muitos vestidos com ternos grossos de lã),[1] discutem ferozmente. A meta deles é escrever a nova Constituição dos Estados Unidos e há muita coisa em jogo. Apenas onze anos depois de as colônias americanas declararem independência da Inglaterra, o governo do país tem poucos recursos, praticamente não tem poder de ação e há sérias rivalidades entre os estados. Está claro que uma nova estrutura de poder é extremamente necessária para unir o país.

Talvez a questão mais espinhosa diga respeito a como o povo será representado no Congresso. Os representantes serão escolhidos por voto popular ou pelos governos locais? Estados maiores devem ter mais vagas? Ou cada estado deve ter a mesma representação, independentemente de tamanho? Estados menores, como Delaware, temem ser dominados por estados maiores, como a Virgínia.[2]

Com os ânimos tão esquentados quanto o clima, a Câmara Legislativa fechada é a panela de pressão perfeita e, até o fim do verão, a Convenção deve estar pronta para a autocombustão. Cabe a Benjamin Franklin, o delegado da própria Filadélfia, aliviar a tensão.

Aos 81 anos, Franklin é o homem mais velho na Convenção. Outrora robusto e cheio de energia, agora parece tão frágil que às vezes é levado às reuniões numa liteira. Tendo assinado pessoalmente a Declaração de Independência, ele teme que a reputação dos Estados Unidos aos olhos do mundo dependa do sucesso daqueles homens ali trancafiados. "Se não der certo, trará prejuízo, pois mostrará que não temos sabedoria suficiente para nos governarmos", escreveu ele antes a Thomas Jefferson, que estava no exterior na época.[3]

Franklin desempenha o papel de anfitrião pragmático: após o término do debate do dia, ele convida os delegados a comer e beber em seu jardim, a poucos metros da Convenção, onde ele pode incentivar discussões mais tranquilas à sombra refrescante de uma amoreira. Às vezes ele leva sua coleção científica para fora de casa, incluindo uma premiada cobra de duas cabeças, que usa como metáfora da indecisão e do desentendimento.

Na Câmara Legislativa, Franklin fica calado na maior parte do tempo, mas influencia amplamente as discussões com discursos escritos previamente. Quando decide intervir, pede que se chegue a um acordo. "Quando se precisa construir uma grande mesa e as bordas das tábuas não se encaixam, o artista tira um pouco de cada uma e faz uma boa junção", argumenta ele num acalorado debate em junho.[4]

Essa "carpintaria" pragmática por fim apresenta uma solução para a questão da representação dos estados – um problema que ameaçava destruir a Convenção rapidamente. A ideia veio de Roger Sherman e Oliver Ellsworth, dois delegados de Connecticut. Eles propuseram que o Congresso fosse dividido em duas casas, cada uma com um sistema diferente. Na Câmara, os representantes seriam distribuídos de acordo com o tamanho da população (agradando aos estados maiores), enquanto no Senado haveria o mesmo número de delegados de cada estado, independentemente do tamanho (agradando aos menores).

De início, o "Grande Compromisso" é rejeitado pelos delegados, até que Franklin começa a defendê-lo. Ele refina a proposta, argumentando que a Câmara seria responsável por impostos e gastos, e o Senado lidaria com questões de soberania do Estado e ordens executivas. Finalmente, sai a aprovação, após uma votação.

Em 17 de setembro, é hora de os delegados decidirem se devem colocar seus nomes no documento final. Mesmo agora, o sucesso não é garantido, até Franklin encerrar o processo com um discurso empolgante:

> Confesso que há várias partes desta Constituição com as quais não concordo no presente momento, mas não tenho certeza de que não as aprovarei no futuro", declara.[5] "Como já vivi bastante, por muitas vezes me vi obrigado a mudar de opinião sobre assuntos importantes, sobre os quais eu acreditava estar correto, mas no fim não estava. Portanto, quanto mais envelheço, mais duvido do meu julgamento e mais respeito o julgamento dos outros."

É claro que um grupo de homens tão inteligentes e diversos traz à tona seus preconceitos e paixões, diz Franklin. Mas ele termina pedindo que eles considerem que seus julgamentos podem estar errados. "Desejo que todo membro da Convenção que ainda tenha objeções duvide um pouco comigo da própria infalibilidade e, para manifestar nossa unanimidade, ponha seu nome neste instrumento."

Os delegados seguem o conselho e a maioria assina o documento. Aliviado, Franklin olha para a cadeira de George Washington, com a gravura do sol no horizonte. Fazia tempo que ele pensava sobre a direção do movimento daquele sol. "Mas agora tenho a felicidade de saber que é um sol nascente, e não poente."

O raciocínio calmo e majestoso de Franklin contrasta fortemente com o pensamento míope e tendencioso que, muitas vezes, vem junto com a inteligência excepcional e a experiência. Franklin era, segundo seu biógrafo Walter Isaacson, "alérgico a qualquer coisa que cheirasse a dogma". Combinava mente aberta com bom senso prático, habilidades sociais incisivas e astúcia. "Um temperamento empírico, que era avesso a paixões arrebatadoras."[6]

Mas nem sempre Franklin foi um homem esclarecido em todas as questões. Seu ponto de vista inicial sobre a escravidão, por exemplo, é indefensável, embora mais tarde ele tenha sido presidente da Sociedade de Abolição da Pensilvânia. Mas, em geral, e sobretudo na vida adulta, Franklin enfrentou dilemas complexos com uma sabedoria surpreendente.

Essa mesma mentalidade já lhe permitira negociar uma aliança com a França e um tratado de paz com a Grã-Bretanha durante a Guerra de Independência, levando-o a ser considerado, segundo um estudioso, "o mais essencial e bem-sucedido diplomata americano de todos os tempos".[7] Na assinatura da Constituição, essa mentalidade lhe permitiu orientar os delegados rumo à solução de um desacordo político complicadíssimo e aparentemente insolúvel.

Felizmente, agora os psicólogos estão começando a estudar esse tipo de mentalidade na nova ciência da "sabedoria baseada em evidências". Contrastando diretamente com nossa restrita compreensão anterior do raciocínio humano, essas pesquisas fornecem uma teoria unificadora que explica muitas dificuldades que exploramos até aqui, além de oferecer técnicas práticas para cultivar pensamentos mais sábios e escapar da armadilha da inteligência.

Como veremos, os mesmos princípios podem nos ajudar a pensar mais claramente sobre tudo, desde as decisões mais pessoais até eventos mundiais importantes. As mesmas estratégias podem até estar por trás das previsões de mestres em prognósticos.

―

Para começar, algumas definições. Em vez de conceitos esotéricos ou espirituais de sabedoria, essa pesquisa científica se concentrou em definições seculares, extraídas da filosofia, incluindo a visão de sabedoria prática oferecida por Aristóteles: "o conjunto de habilidades, tendências e políticas que nos ajuda a entender e determinar o que é bom na vida e a escolher os melhores meios de alcançar essas coisas ao longo da vida", segundo a filósofa Valerie Tiberius. (Essa era, aliás, praticamente a mesma definição que Benjamin Franklin usava.)[8] Inevitavelmente, essas habilidades e características podiam incluir elementos do "conhecimento tácito" que exploramos no Capítulo 1, várias habilidades sociais e emocionais, além de abranger a nova pesquisa sobre racionalidade. "Se você quer ser sábio, é importante saber que temos vieses e que podemos adotar regras para vencê-los", disse Tibério, imperador romano.[9]

Mesmo assim, só recentemente os cientistas começaram a se dedicar ao estudo da sabedoria em si.[10] Os primeiros passos em direção a uma estrutura mais empírica foram dados na década de 1970, com pesquisas etnográficas explorando como as pessoas vivenciam a sabedoria na vida cotidiana e também com questionários para avaliar como os elementos do pensamento associados à sabedoria – entre os quais a capacidade de equilibrar interesses diferentes – mudam ao longo da vida. Conforme o esperado, o raciocínio sábio parece aumentar com a idade.

Robert Sternberg (que também construiu as definições científicas de inteligência prática e criativa exploradas no Capítulo 1) foi um defensor proeminente desse trabalho inicial e ajudou a consolidar sua credibilidade. O trabalho até inspirou algumas das perguntas dos testes de admissão à universidade.[11]

O interesse em uma medida de sabedoria que fosse cientificamente bem definida só aumentou após a crise financeira de 2008. "Havia uma espécie de reprovação social da 'inteligência', que seria algo prejudicial à sociedade", explica Howard Nusbaum, neurocientista da Universidade de Chicago. Isso fez cada mais vez gente perceber como nossos conceitos de raciocínio poderiam ir além das definições tradicionais de inteligência. Graças a essa onda de atenção, vimos o nascimento de instituições focadas no assunto, como o Centro de Sabedoria Prática da Universidade de Chicago, inaugurado em 2016, com Nusbaum como diretor. Parece que agora o estudo da sabedoria atingiu uma espécie de ponto de virada, com uma série de resultados novos e empolgantes.

Igor Grossmann, psicólogo ucraniano da Universidade de Waterloo, Canadá, está na vanguarda desse novo movimento. Seu objetivo é fornecer o mesmo nível de minúcia experimental (incluindo testes randomizados fiscalizados) que costumamos ver em outras áreas da ciência, como a medicina. "Você precisará de trabalhos com essas diretrizes para convencer as pessoas de que, 'se fizer tal coisa, resolverá seus problemas'", explicou-me ele numa entrevista em seu apartamento em Toronto. Por isso ele chama a disciplina de "sabedoria baseada em evidências", da mesma forma que hoje falamos sobre a "medicina baseada em evidências".

A primeira tarefa de Grossmann foi estabelecer um teste de raciocínio sábio e demonstrar que ele tem consequências no mundo real que independem da inteligência geral, da escolarização e da experiência profissional. Ele começou estudando várias definições filosóficas de sabedoria, as quais dividiu em seis princípios específicos de pensamento. "Acho que podemos chamá-los de componentes metacognitivos. São vários aspectos do conhecimento e dos processos cognitivos que podem levar as pessoas a ter uma compreensão mais enriquecedora e complexa de determinada situação", explicou Grossmann.

Como se pode imaginar, isso incluiu alguns elementos de raciocínio que já vimos aqui, entre eles a capacidade de "considerar os pontos de vista das pessoas envolvidas no conflito" (que leva em conta a capacidade de buscar e assimilar informações que contradizem sua visão inicial) e a capacidade de "reconhecer as maneiras como um conflito pode se desenvolver" (que envolve o pensamento contrafactual que Sternberg havia estudado em suas medidas de inteligência criativa, enquanto tentamos prever os diferentes cenários possíveis).

Mas a medida de Grossmann também envolveu alguns elementos de raciocínio que ainda não exploramos, entre os quais a capacidade de "reconhecer a probabilidade de mudança", "buscar um compromisso" e "prever a resolução de conflitos".

Por último, mas não menos importante, Grossmann considerou a humildade intelectual – a consciência dos limites do nosso conhecimento e a incerteza inerente aos nossos julgamentos. Basicamente, Grossmann observou o viés do ponto cego. É a filosofia que guiava Sócrates mais de dois milênios atrás e que também estava no centro do discurso de Franklin na assinatura da Constituição dos Estados Unidos.

Após identificar essas características, Grossmann pediu aos participantes que pensassem em voz alta sobre vários dilemas – de artigos de jornal sobre conflitos internacionais até a "Dear Abby", uma famosa coluna de conselhos publicada por vários periódicos americanos sobre questões pessoais, com direito a pitacos dos leitores. Enquanto isso, uma equipe de colegas pontuava os diferentes traços de cada participante. Para ter uma provinha do teste, veja o seguinte dilema familiar de uma carta enviada para "Abby" e as respostas recebidas:

Querida Abby,
Meu marido, "Ralph", tem uma irmã, "Dawn", e um irmão, "Curt". Os pais deles morreram há seis anos, com meses de intervalo. Desde então, uma vez por ano Dawn fala que quer comprar uma lápide para os pais. Sou a favor, mas Dawn está decidida a gastar uma fortuna e espera que os irmãos ajudem a pagar os custos. Recentemente ela me disse que havia reservado 2 mil para isso. Há pouco tempo ela telefonou para avisar que tinha ido em frente, escolhido o modelo, escrito o epitáfio e encomendado a lápide. Agora ela espera que Curt e Ralph paguem a "parte deles". Ela disse que fez a encomenda por conta própria porque todos esses anos se sentiu culpada por seus pais não terem uma lápide. Acho que, como Dawn fez tudo sozinha, seus irmãos não deveriam pagar nada. Mas ao mesmo tempo sei que, se Curt e Ralph não lhe derem o dinheiro, vão ser importunados com isso para sempre, e eu também.

A resposta de um participante com baixa pontuação no quesito humildade foi mais ou menos esta:

Eu acho que os caras provavelmente acabam dividindo, senão ela nunca vai encerrar o assunto. *Tenho certeza* de que eles estão bravos com isso, mas *tenho certeza* de que, no fim das contas, vão amolecer e ajudar a pagar.[12]

A resposta a seguir, que reconhece que faltam algumas informações cruciais, obteve uma pontuação mais alta no quesito humildade:

Aparentemente, Dawn está impaciente para resolver isso e os outros arrastam o caso há seis anos, ou pelo menos nada foi feito em seis anos. Não é dito *qual foi o preço que ela pagou... Eu não sei o que aconteceu*, apenas que pareceu a maneira razoável de resolverem. *Na verdade, tudo depende da personalidade das pessoas envolvidas, que eu não conheço.*

Da mesma forma, para uma tomada de perspectiva, uma resposta menos sofisticada levaria em conta apenas um ponto de vista:

> Posso imaginar que o relacionamento azedou depois, porque digamos que Curt e Ralph decidiram não pagar. Isso criaria uma lacuna na comunicação entre a Dawn e os irmãos.

Uma resposta mais sábia começa a examinar mais a fundo o possível leque de motivos:

> Alguém pode acreditar que precisamos honrar os pais dessa forma. Outra pessoa pode pensar que não há nada que precise ser feito. E uma terceira pode não ter recursos financeiros para fazer nada. Talvez a lápide não seja importante para os irmãos. Muitas vezes as pessoas têm pontos de vista diferentes sobre situações importantes para elas.

Quem tem alta pontuação também pode ver mais possibilidades de resolver o conflito:

> Eu diria que provavelmente chegariam a um acordo, com Curt e Ralph percebendo que é importante ter uma lápide, e, embora Dawn tenha tomado a frente e encomendado sem que eles confirmassem que pagariam, provavelmente eles pagariam de alguma maneira, mesmo que não fosse como ela havia imaginado. Mas tomara que eles tenham contribuído de alguma forma.

Como se vê, as respostas são muito informais, não exigem, por exemplo, conhecimento avançado de princípios filosóficos, porém os participantes mais sábios se mostram mais dispostos a pensar sobre as nuances do problema.

Depois que os pesquisadores classificaram o pensamento dos participantes, Grossmann comparou essas pontuações com diferentes medidas de bem-estar. Os primeiros resultados, publicados em 2013 na *Journal of Experimental Psychology*, indicaram que as pessoas com pontuações mais altas em raciocínio sábio se saíam melhor em quase todos os aspectos da vida: eram mais contentes, menos propensas a sofrer de depressão e, no geral, mais felizes em seus relacionamentos íntimos.

Surpreendentemente, essas pessoas também tinham chances um pouco mais baixas de morrer ao longo dos cinco anos seguintes. Isso talvez porque o raciocínio mais sábio as tornasse mais capazes de avaliar os riscos que diferentes atividades traziam à saúde, ou talvez porque estivessem mais aptas a lidar com o estresse. (Grossmann enfatiza que é necessário fazer mais pesquisas para replicar essa descoberta em particular.)

O mais importante é que a inteligência dos participantes não estava relacionada com suas pontuações de raciocínio sábio e pouco influenciou qualquer medida de saúde e felicidade.[13] A ideia de que "sou sábio porque sei que nada sei" pode ter virado um clichê, mas ainda é notável que qualidades como a humildade intelectual e a capacidade de entender o ponto de vista alheio podem ser *mais importantes do que a inteligência* para prever seu bem-estar.

Essa descoberta complementa outras pesquisas recentes que exploram a inteligência, a tomada de decisões racionais e os resultados da vida. Você deve lembrar, por exemplo, que Wändi Bruine de Bruin chegou a resultados semelhantes mostrando que sua medida de "competência na tomada de decisões" teve muito mais sucesso do que o QI na previsão de situações estressantes como falência e divórcio.[14] "Confirmamos mais uma vez que a inteligência está um pouco relacionada ao raciocínio sábio. Ela talvez explique 5% da variação, provavelmente menos e com certeza não mais do que isso", disse Grossmann.

Supreendentemente, as descobertas de Grossmann convergem para a pesquisa de Keith Stanovich sobre racionalidade. Um dos subtestes de Stanovich, por exemplo, mediu uma característica chamada "pensamento de mente aberta", que se sobrepõe ao conceito de humildade intelectual e que também inclui a capacidade de pensar em perspectivas alternativas. Você concorda com a afirmação de que "as crenças sempre devem ser revistas em função de novas informações ou evidências", por exemplo? Ou com esta: "Gosto de reunir diferentes tipos de evidência antes de decidir o que fazer"? Stanovich descobriu que as respostas dos participantes a essas perguntas muitas vezes foram mais eficazes do que a inteligência geral para prever a racionalidade global deles. Esse é um resultado tranquilizador, considerando que a tomada imparcial de decisões deve ser um componente-chave da sabedoria.[15]

Grossmann concorda que um nível modesto de inteligência é necessário para parte do pensamento complexo envolvido nessas tarefas. "Alguém com sérias dificuldades de aprendizado não será capaz de aplicar esses princípios de sabedoria." Mas, além de um certo limite, outras características, como a humildade intelectual e o pensamento de mente aberta, se tornam mais cruciais para as decisões que realmente importam na vida.

Desde que Grossmann publicou esses resultados, suas teorias foram aclamadas e difundidas por outros psicólogos. Ele recebeu, inclusive, o Prêmio Estrela em Ascensão da Associação Americana de Psicologia.[16] Sua pesquisa posterior se baseou nas descobertas prévias e teve resultados igualmente empolgantes. Em parceria com Henri Carlos Santos, por exemplo, ele examinou dados longitudinais de pesquisas antigas de saúde e bem-estar que, por sorte, contavam com perguntas sobre algumas qualidades que ele considera importantes na definição de sabedoria, entre elas a humildade intelectual e a mente aberta. Conforme esperava, confirmou que as pessoas que obtiveram pontuação melhor nesses aspectos costumavam, mais tarde, relatar ser mais felizes.[17]

Grossmann também desenvolveu métodos que lhe permitem testar mais pessoas. Um estudo pedia aos participantes que preenchessem um diário on-line por nove dias, com detalhes sobre os problemas que enfrentavam e questionários que avaliavam o pensamento deles em cada situação. Embora alguns tenham pontuado melhor do que outros, o comportamento dos participantes dependia muito da situação em questão. Em outras palavras, até a pessoa mais sábia pode agir de maneira tola nas circunstâncias erradas.[18]

Esse tipo de variação relacionada ao cotidiano pode ser visto em traços de personalidade como a extroversão, diz Grossmann, já que o comportamento de cada pessoa varia a partir de um ponto fixo. Um introvertido moderado pode preferir ficar sozinho e quieto no trabalho, porém se mostra mais extrovertido perto das pessoas em quem confia. Da mesma forma, é possível que alguém seja sensato ao lidar com um colega agressivo, mas depois perca a cabeça ao lidar com o(a) ex.

A questão é: como podemos aprender a mudar esse padrão definido?

Os escritos de Benjamin Franklin dão exemplos pontuais de que é possível cultivar a sabedoria. Em sua autobiografia, Franklin diz que era um jovem questionador, mas que isso mudou quando ele leu um relato do julgamento de Sócrates.[19] Impressionado com o humilde método de investigação do filósofo grego, decidiu sempre questionar o próprio julgamento e respeitar o dos outros e, em suas conversas, recusava-se a usar expressões como "*certamente, sem dúvida* ou quaisquer outras expressões que transmitam certeza a uma opinião". Em pouco tempo esse se tornou seu estado de espírito permanente. "Nos últimos cinquenta anos, ninguém nunca ouviu uma expressão dogmática dita por mim", escreveu ele.

O resultado foi um tipo de mente humilde e aberta que se revela fundamental para a pesquisa de Grossmann sobre a sabedoria baseada em evidências. "Acho que reconhecer abertamente a própria ignorância não é apenas a maneira mais fácil de se livrar de uma dificuldade, mas a maneira mais provável de obter informações. Portanto, isso é o que eu faço", escreveu Franklin em 1755, discutindo suas dúvidas sobre o resultado de uma recente pesquisa científica. "Os que fingem que sabem tudo e se comprometem a explicar qualquer coisa geralmente conservam sua ignorância sobre várias questões por muito tempo e poderiam ter aprendido com outros se fossem menos vaidosos."[20]

Infelizmente, as pesquisas científicas sugerem que ter boas intenções pode não ser suficiente. Num estudo psicológico clássico do fim da década de 1970, Charles Lord descobriu que simplesmente dizer às pessoas para serem "o mais objetivas e imparciais que puderem" fazia pouca ou nenhuma diferença na neutralização do viés do meu lado. Ao considerar argumentos para a pena de morte, por exemplo, as pessoas ainda tendiam a chegar a conclusões que se adequassem a seus pontos de vista iniciais e rejeitavam evidências contrárias às suas visões, apesar das advertências de Lord.[21] Claramente, não basta querer ser justo e objetivo – também são necessários métodos práticos para corrigir o raciocínio estreito.

Felizmente, Franklin também desenvolveu algumas dessas estratégias – métodos que os psicólogos só viriam a reconhecer séculos depois.

Talvez o melhor exemplo de sua abordagem seja uma carta enviada a

Joseph Priestley em 1772. O clérigo e cientista britânico fora incumbido de supervisionar a educação dos filhos do aristocrata lorde Shelburne. Essa oportunidade lucrativa lhe proporcionaria segurança financeira, mas ao mesmo tempo o obrigaria a sacrificar seu ministério, posição que ele considerava "a mais nobre de todas as profissões". Por isso, escreveu para Franklin pedindo conselhos.

"Nessa situação tão importante para você, sobre a qual me pede conselho, não posso, por falta de premissas suficientes, aconselhá-lo sobre *o que* fazer, mas se quiser digo *como* fazer", respondeu Franklin. Ele chamou seu método de uma espécie de "álgebra moral". Basicamente, ele dividia um pedaço de papel em dois e escrevia as vantagens e desvantagens da tomada de decisão em cada lado, como numa lista de prós e contras. Em seguida, pensava cuidadosamente e atribuía a cada item um número, com base na sua importância. Se um ponto favorável tivesse o mesmo valor de um ponto contra, ele riscava os dois da lista. "Desse modo, descubro onde está o *equilíbrio*. E se, depois de um ou dois dias fazendo mais considerações, nada de novo e importante surgir em qualquer dos lados, chego à decisão, escolhendo o lado que tiver maior pontuação."[22]

Franklin admitiu que os valores dados a cada item estavam longe de ser científicos, mas argumentou que quando "cada um é considerado separada e comparativamente, e o todo está diante de mim, acho que posso julgar melhor e fico menos suscetível a dar um passo precipitado".

Como se vê, a estratégia de Franklin é mais estudada e comprometida do que as listinhas de vantagens e desvantagens que a maioria de nós rabisca num bloco de notas. As partes mais importantes são o cuidado que ele tem de pesar cada item e de interromper o julgamento para organizar os pensamentos. Franklin parece especialmente ciente da nossa tendência a nos apoiarmos nos motivos que lembramos com mais facilidade. Como ele descreveu em outra carta, algumas pessoas baseiam suas decisões apenas em fatos que "estavam presentes na mente", ao passo que os melhores motivos estavam "ausentes".[23] Essa tendência é uma fonte muito importante de viés quando tentamos raciocinar. E por isso é fundamental esperar um tempo até ter todos os argumentos à sua frente.[24]

Quer você utilize ou não a álgebra moral de Franklin, os psicólogos descobriram que reservar um tempo para "refletir sobre o ponto de vista oposto" pode reduzir uma série de erros de raciocínio,[25] tais como a ancoragem,[26] o excesso de confiança[27] e, claro, o viés do meu lado. Os benefícios parecem sólidos nos mais diferentes tipos de decisão, como ajudar o próximo, criticar afirmações duvidosas sobre saúde,[28] formar opinião sobre a pena de morte e reduzir preconceitos sexistas.[29] Em cada caso, o objetivo é argumentar ativamente contra si próprio e considerar por que seu julgamento inicial pode estar errado.[30] *

Dependendo da importância da decisão, você pode se beneficiar desse processo, sempre buscando dados adicionais que ignorou à primeira vista.[31] Também deve prestar especial atenção na forma como considera a evidência que se opõe ao seu instinto, pois pode se inclinar a descartá-la de cara, mesmo após reconhecer que essa evidência existe. Em vez disso, você pode se perguntar: "Eu teria feito uma avaliação igual se essa mesma evidência tivesse apoiasse meu ponto de vista?"

Suponha que, assim como Priestley, você esteja pensando em aceitar um novo emprego e tenha pedido conselho a uma amiga, que incentiva a mudança. Então você se pergunta: "Eu daria o mesmo peso à opinião dessa amiga se ela se opusesse à decisão?"[32] Parece complicado, mas o estudo de Lord sugere que esse tipo de abordagem pode superar nossa tendência a descartar evidências que não se adequem aos nossos pontos de vista.

Outra tática é imaginar que alguém avaliará suas justificativas ou que elas serão apresentadas a um amigo ou colega. Muitos estudos mostraram que é mais provável refletirmos mais sobre nossos pontos de vista quando temos que explicá-los a outras pessoas.[33]

---

* Por acaso, o filósofo Tomás de Aquino, do século XIII, usou técnicas semelhantes em suas investigações teológicas e filosóficas. Como aponta o filósofo Jason Baehr (um defensor moderno da humildade intelectual que será mais citado no Capítulo 8), Tomás de Aquino argumentava contra sua hipótese inicial sobre qualquer assunto, esforçando-se "para fortalecer ao máximo essas objeções". Em seguida ele tentava refutar, com a mesma força, os argumentos contrários, até finalmente sua visão alcançar algum tipo de equilíbrio.

Não temos como saber se Franklin aplicou a álgebra moral em todas as situações, mas o princípio geral do pensamento reflexivo de mente aberta parece ter ditado muitas de suas decisões mais importantes. "Todas as realizações de interesse do público, como organizar uma brigada de incêndio, pavimentar as ruas, fundar uma biblioteca e apoiar escolas para os pobres, entre muitas outras, atestam que Franklin era capaz de entender os outros e convencê-los a fazer o que ele queria que fizessem", escreve o historiador Robert Middlekauf.[34] "Ele calculava e media, pesava e avaliava. Havia uma espécie de quantificação embutida no seu pensamento [...]. Isso certamente descreve o que havia de mais racional na mente de Franklin."

Esse tipo de pensamento nem sempre é respeitado. Sobretudo em crises, às vezes reverenciamos líderes "fortes" e decididos, que se mantêm fiéis às suas convicções. Até Franklin já foi considerado "brando" demais para negociar com os britânicos durante a Guerra de Independência, mas, ao ser escolhido um dos representantes do país, provou ser um oponente sagaz.

Há evidências de que uma abordagem mais mente aberta pode estar por trás de muitos outros líderes de sucesso. Foi feita uma análise dos discursos da Assembleia Geral da ONU sobre o conflito no Oriente Médio de 1947 a 1976 e os pesquisadores atribuíram a eles pontuações de acordo com o uso de pontos de vista alternativos. Esse tipo de pensamento de mente aberta foi muito importante para a medida de sabedoria de Grossmann. Os pesquisadores concluíram que essa pontuação caía consistentemente em períodos que antecediam uma guerra, enquanto pontuações mais altas estavam relacionadas a intervalos mais longos de paz.

Seria bobagem inferir hipóteses de análises feitas *a posteriori* – afinal, as pessoas naturalmente passariam a ter uma mente mais fechada em tempos de alta tensão.[35] Mas experimentos de laboratório detectaram que pessoas com pontuações piores nessas medidas têm maior probabilidade de recorrer a táticas agressivas. E essa ideia encontra respaldo no exame das mais importantes crises políticas dos Estados Unidos nos últimos cem anos, incluindo as negociações de John F. Kennedy na Crise dos Mísseis de Cuba e as de Robert Nixon na invasão cambojana, em 1970, e na Guerra do Yom Kippur, em 1973.

Análises textuais de discursos, cartas e declarações oficiais de presidentes e secretários de Estado americanos mostram que o nível de pensamento de mente aberta previa o resultado posterior das negociações. JFK teve uma pontuação alta pelo sucesso na condução da Crise dos Mísseis de Cuba, e Dwight Eisenhower, pela forma como lidou com as duas crises do estreito de Taiwan, entre China e Taiwan, na década de 1950.[36]

Na política mais recente, a chanceler alemã Angela Merkel ficou famosa por seu "desapego analítico", pois considera todas as perspectivas antes de tomar uma decisão. Um alto funcionário do governo a descreve como "a melhor analista de qualquer situação que se possa imaginar".

Os alemães chegaram a cunhar uma palavra, *merkeln* (o verbo "merkelar"), que captura sua postura paciente e reflexiva, embora nem sempre no sentido lisonjeiro, já que essa característica também pode refletir uma indecisão frustrante.[37] "Às vezes dizem que sou uma pessoa que gosta de atrasar, adiar", assumiu a própria Merkel, "mas acho essencial reunir as pessoas e realmente ouvi-las nas negociações políticas." E isso a ajudou a permanecer como uma das mais longevas líderes europeias, a despeito de algumas graves crises econômicas.

Se recordarmos a ideia de que muitas pessoas inteligentes são como carros desgovernados correndo na estrada, então Merkel, Eisenhower e Franklin representam motoristas pacientes e cuidadosos: mesmo tendo motores incríveis, eles sabem quando pisar no freio e checar a pista antes de decidir que rota seguir.[38]

A álgebra moral de Franklin é uma das muitas maneiras possíveis de cultivar a sabedoria, e outras vêm de um fenômeno conhecido como Paradoxo de Salomão, assim batizado por Grossmann em homenagem ao lendário rei de Israel no século X a.C.

Segundo relatos bíblicos, Deus apareceu a Salomão em um sonho e lhe ofereceu um presente especial no início de seu reinado. Em vez de escolher riqueza, honra ou longevidade, ele escolheu a sabedoria de julgamento. Sua visão logo foi posta à prova quando duas prostitutas apareceram na sua frente, ambas afirmando ser a mãe de um menino.

Salomão ordenou que a criança fosse cortada em duas partes, sabendo que a verdadeira mãe preferiria abrir mão do filho a vê-lo morto. A decisão é frequentemente considerada o epítome do julgamento imparcial, e pouco depois disso as pessoas passaram a peregrinar para receber conselhos dele. Salomão levou sua terra à riqueza e construiu o templo de Jerusalém.

Dizem que Salomão tinha dificuldade para aplicar seu famoso julgamento sábio na vida pessoal, que era regida por paixões descomedidas. Apesar de ser o principal sacerdote judeu, por exemplo, ele desafiou os mandamentos da Torá ao ter mil esposas e concubinas e acumulou uma enorme riqueza pessoal. Tornou-se um tirano cruel e ganancioso e ficou tão envolvido nos negócios que deixou de educar o filho e prepará-lo para o poder. No fim, seu reino foi tragado por caos e guerra.[39]

Três milênios depois, Grossmann encontrou essa mesma "assimetria" nos próprios testes de sabedoria. Assim como Salomão, muitas pessoas raciocinam sabiamente sobre os dilemas alheios, mas têm dificuldade para raciocinar com clareza sobre os próprios problemas, à medida que se tornam mais arrogantes e menos dispostas a abrir mão de suas opiniões, o que é outro tipo de viés do ponto cego.[40] Esse tipo de erro parece ser um problema quando nos sentimos ameaçados, desencadeando o chamado processamento emocional "quente", que é estreito e obtuso.

A boa notícia é que podemos usar o Paradoxo de Salomão em nosso benefício, praticando um processo de "autodistanciamento". Para ter uma ideia do poder dele, pense em um acontecimento recente que fez você sentir raiva. Agora recue alguns passos e afaste-se um pouco, quase como se estivesse se observando de outra parte da sala ou em uma tela de cinema, e descreva a situação. Como você se sentiu?

Numa série de experimentos, Ethan Kross, da Universidade de Michigan, mostrou que esse processo simples incentiva as pessoas a adotarem uma atitude mais reflexiva em relação aos problemas, usando o processamento "frio" em vez do "quente". Ele descobriu, por exemplo, que era mais provável que os participantes descrevessem a situação com palavras neutras e começassem a procurar as razões subjacentes ao descontentamento em vez de se concentrarem em detalhes.[41]

Veja os dois exemplos a seguir. O primeiro é de uma perspectiva "imersa", em primeira pessoa.

> Fiquei estarrecido quando meu namorado me disse que não podia ficar comigo porque achava que eu iria pro inferno. Chorei, sentei no chão do corredor do meu dormitório e tentei provar a ele que tínhamos a mesma religião.

E o segundo é do ponto de vista distanciado:

> Pude ver o argumento com mais clareza. De início, eu me identificava mais com meu próprio ponto de vista, mas depois comecei a entender como meu amigo se sentia. Talvez seja irracional, mas entendo a motivação dele.

Você vê como o ocorrido se tornou menos pessoal e mais abstrato para o segundo participante, que olhou para além da própria experiência para entender o conflito.

Kross enfatiza que essa não é apenas mais uma forma de impedir ou reprimir algo. "Nossa concepção não era removê-los do acontecimento, mas permitir que se afastassem um pouco e depois confrontassem a emoção de maneira mais saudável", explicou-me. "Quando imersas, as pessoas tendem a focar no que aconteceu com elas. O distanciamento permite que mudem e possam elaborar um significado, colocando o acontecimento em perspectiva e contexto mais amplos."

Desde então, Kross repetiu a descoberta várias vezes, usando diferentes formas de autodistanciamento. Você pode se imaginar sendo uma mosca na parede, por exemplo, ou um observador bem-intencionado. Ou pode tentar se imaginar mais velho e sábio, num futuro distante, olhando para trás. O simples ato de falar sobre suas experiências na terceira pessoa ("David estava conversando com Natasha quando...") pode trazer a mudança de perspectiva necessária.

Kross ressalta que muitas pessoas naturalmente se distanciam para processar emoções desagradáveis. Ele se lembra de uma entrevista em que a estrela do basquete LeBron James descreveu sua escolha de trocar a equipe em que começou a carreira (Cleveland Cavaliers) por outra (Miami Heat). "Uma coisa que eu não queria era tomar uma decisão emocional. Queria fazer o que fosse melhor pro *LeBron James*, o que fosse deixar *LeBron James* feliz." Malala Yousafzai usou uma abordagem semelhante para reforçar sua coragem para enfrentar o Talibã. "Eu pensava que um talibã viria e simplesmente me mataria. Mas então eu me perguntava: 'E se ele vier? O que você vai fazer, Malala?' Depois eu respondia: 'Malala vai pegar um sapato e bater nele.'"

As pessoas que espontaneamente adotam uma nova perspectiva dessa forma desfrutam uma série de benefícios, entre os quais a redução da ansiedade e da ruminação – passam menos tempo pensando nas decisões que tomaram.[42] Adotar esse distanciamento ajudou até um grupo de participantes do estudo a confrontar um dos maiores medos da vida moderna: falar em público. Usando o autodistanciamento à medida que se preparavam para o discurso, eles desenvolveram menos sinais fisiológicos de ameaça e relataram menos ansiedade do que um grupo que adotou a perspectiva imersa, em primeira pessoa. Os benefícios também foram visíveis para os observadores que avaliaram as apresentações. Eles acharam os discursos dos participantes que praticaram o distanciamento mais confiantes e poderosos.[43]

O autodistanciamento ajudou os participantes a esquecer a cognição "quente", autocentrada, que alimenta nossos vieses. Assim, o pensamento deles não era mais influenciado pelos sentimentos de raiva, medo ou ego ameaçado. Grossmann descobriu que o autodistanciamento resolvia o Paradoxo de Salomão quando os participantes pensavam em crises pessoais (como um parceiro infiel), o que significa que as pessoas eram mais humildes e abertas a fazer acordos e a considerar pontos de vista conflitantes.[44] "Se você se torna um observador, logo entra nesse modo inquisitivo e tenta entender a situação", explicou-me Grossmann. "Isso quase sempre ocorre quando temos humildade intelectual e consideramos diferentes perspectivas."

E isso pode ter um sério impacto em seus relacionamentos. Uma equipe liderada por Eli Finkel, da Northwestern University, acompanhou 120 casais durante dois anos. O arco inicial de seus relacionamentos não era promissor: nos primeiros doze meses, a maioria dos casais enfrentou uma espiral descendente na satisfação a dois, à medida que decepções e ressentimentos se acumulavam. Depois de um ano, porém, Finkel deu um curso breve de autodistanciamento para metade dos casais, em que, por exemplo, eles podiam imaginar um conflito pelas lentes de um observador mais neutro.

Considerando que a lição sobre autodistanciamento durou apenas cerca de vinte minutos, esse foi um pequeno passo, em comparação com o aconselhamento típico sobre relacionamentos, mas, na prática, transformou as histórias de amor dos casais. Isso resultou em maior intimidade e confiança ao longo do ano seguinte, à medida que trabalhavam de forma construtiva para resolver as diferenças. O grupo controle, por outro lado, continuou em declínio constante no ano seguinte, com o ressentimento crescendo sem parar.[45]

Estamos falando de problemas muito íntimos, mas esse distanciamento também é um viés para remediar assuntos menos pessoais. Quando orientados a imaginar como os cidadãos de outros países enxergavam as próximas eleições, por exemplo, os participantes de Grossmann se mostraram mais abertos a pontos de vista conflitantes. Após o experimento, o pesquisador descobriu que os participantes também tinham maior probabilidade de aceitar uma oferta para se inscrever em um grupo de discussão com eleitores de partidos contrários ao deles, mais uma evidência objetiva de que, como resultado da intervenção, eles se tornaram mais abertos ao diálogo.[46]

À medida que a pesquisa evolui, Grossmann começa agora a examinar as condições do efeito com mais cuidado, a fim de encontrar técnicas de autodistanciamento ainda mais eficazes para melhorar o raciocínio das pessoas. Um método especialmente potente é imaginar que você está explicando o problema a uma criança de 12 anos. Grossmann especula se isso pode aguçar seu sentido de proteção, evitando qualquer viés que influencie uma mente ingênua e em formação.[47]

A equipe de Grossmann chama esse fenômeno de "Efeito Sócrates", o humilde filósofo grego que corrige as paixões egocêntricas do poderoso rei israelita.

Se você ainda duvida de que esses princípios o ajudarão a tomar decisões melhores, reflita sobre as realizações de Michael Story, um "superprevisor" cujos talentos vieram à tona pela primeira vez no Good Judgement Project (Projeto Bom Julgamento), iniciativa financiada pelo governo dos Estados Unidos para melhorar seu programa de inteligência.

O projeto foi uma criação de Philip Tetlock, cientista político que já havia chocado analistas de inteligência. Sempre que ligamos a TV no noticiário ou lemos um jornal, vemos comentaristas que dizem saber quem ganhará a eleição ou se um ataque terrorista é iminente. A portas fechadas, os analistas de informações de inteligência podem aconselhar governos a entrar em guerra, direcionar esforços de resgate das ONGs ou aconselhar bancos na próxima grande fusão. Mas Tetlock já havia mostrado que esses profissionais geralmente não se saem melhor do que se estivessem fazendo suposições aleatórias – aliás, muitos se saíram bem pior.

Pesquisas posteriores confirmaram que a tomada de decisão intuitiva e rápida torna muitos analistas mais suscetíveis ao viés de enquadramento, por exemplo, se saindo pior que estudantes em testes de racionalidade.[48]

Foi somente após a invasão do Iraque liderada pelos Estados Unidos em 2003 e a desastrosa caçada pelas "armas de destruição em massa" de Saddam Hussein que os serviços de inteligência americanos finalmente decidiram agir. O resultado foi a fundação de um novo departamento: Intelligence Advanced Research Projects Activity (Atividade de Projetos de Pesquisa Avançada em Inteligência). Eles concordaram em financiar um torneio de quatro anos, com início em 2011, permitindo que os pesquisadores organizassem os participantes em vários grupos e testassem suas estratégias.

Exemplos de perguntas incluídas: "A Coreia do Norte detonará um dispositivo nuclear antes do fim do ano?", "Qual país será o campeão de medalhas dos Jogos Olímpicos de 2012?" e "Quantos outros países reportarão casos do vírus ebola nos próximos oito meses?". Além de terem que dar prognósticos exatos para perguntas do tipo, os previsores tiveram que dizer que nível de confiança tinham em seus julgamentos, e eles seriam julgados com mais severidade se fossem excessivamente otimistas (ou pessimistas) na previsão.

A equipe de Tetlock foi chamada de Projeto Bom Julgamento e, após o primeiro ano, ele separou os 2% melhores, a quem chamava de "superprevisores", para ver se eles se sairiam melhor em equipe do que sozinhos.

Michael entrou no torneio no meio do segundo ano e rapidamente se tornou um dos melhores. Havia tido vários empregos, inclusive como documentarista. Voltou a estudar para fazer mestrado, e foi quando viu um anúncio do torneio em um blog de economia. Sentiu-se imediatamente atraído pela ideia de poder testar e quantificar suas previsões.

Michael ainda se lembra do primeiro encontro com outros "superprevisores". "Todos nós tínhamos várias semelhanças bem esquisitas", contou-me. Eles compartilham uma mente inquisitiva e faminta, com sede de detalhes e precisão, e isso se refletia nas decisões que tomavam. Um de seus amigos comparou a situação com o final do filme *ET: o extraterrestre*, "em que ele volta ao seu planeta e se encontra com todos os outros ETs".

As observações dos superprevisores coincidem com as investigações mais formais de Tetlock. Embora fossem inteligentes em medidas de inteligência geral, "eles não obtiveram resultados fora de série, e a maioria ficou muito aquém da pontuação em que podem ser considerados gênios", revelou Tetlock, que descobriu que o sucesso deles dependia de muitos outros traços psicológicos, como a mente aberta e a aceitação da incerteza, traços fundamentais na pesquisa de Grossmann. "Estar disposto a reconhecer que mudou de ideia muitas vezes antes o predispõe a mudar de ideia muitas vezes novamente", disse-me Michael. Os superprevisores também foram muito precisos ao declarar seu percentual de confiança – eles diziam, por exemplo, que tinham 22% de certeza em vez de um número redondo, como 20%. Isso talvez reflita um foco geral nos detalhes e na precisão.

Tetlock já tinha visto sinais disso em seus experimentos anteriores. Descobrira que os piores especialistas tendiam a se expressar com mais confiança, enquanto os melhores deixavam mais dúvidas se infiltrarem na linguagem, "usando vários termos adversativos, como *no entanto*, *porém*, *embora* e *por outro lado*".

Você se lembra da determinação de Benjamin Franklin de evitar "*certamente, sem dúvida* ou quaisquer outras expressões que transmitam certeza a uma opinião"? Mais de duzentos anos depois, os superprevisores provaram novamente o mesmo argumento: vale a pena admitir os limites do seu conhecimento.

Na pesquisa de Grossmann, os superprevisores também tendiam a procurar perspectivas externas: em vez de ficarem presos nos mínimos detalhes de uma situação específica, eles liam bastante e procuravam paralelos com outras ocorrências (aparentemente desconectadas). Alguém que investiga a Primavera Árabe, por exemplo, pode olhar além da política do Oriente Médio para entender como se deram revoluções semelhantes na América do Sul.

Vale observar que muitos superprevisores, incluindo Michael, tinham morado e trabalhado no exterior em algum momento da vida. Embora possa ter sido coincidência, há boas evidências de que um envolvimento profundo com outras culturas pode estimular a mente aberta, talvez porque exija que você temporariamente deixe de lado seus preconceitos e adote novas formas de pensar.[49]

O mais empolgante, porém, foi observar que essas habilidades melhoravam com o treinamento. Pouco a pouco, com feedback regular, muitas pessoas desenvolveram a precisão ao longo do torneio. Os participantes também reagiam positivamente a lições pontuais. Um curso on-line de uma hora para reconhecer o viés cognitivo, por exemplo, melhorou as estimativas dos previsores em cerca de 10% no ano seguinte.

Muitas vezes, a maneira mais simples de evitar o viés era começar com um "valor-base": examinar o tempo médio que leva para qualquer ditador cair do poder, por exemplo, antes de começar a fazer a estimativa. Outra estratégia simples era avaliar o pior e o melhor cenário para cada situação, delimitando limites para as estimativas.

No geral, os superprevisores forneceram a demonstração independente perfeita de que a tomada de decisão sábia depende de muitos estilos de pensamento alternativos, além daqueles medidos conforme padrões de capacidade cognitiva. Como diz Tetlock em seu livro *Superprevisões*: "Um brilhante solucionador de quebra-cabeças pode ter a matéria-prima para fazer previsões, mas se não tiver também um apetite por questionar crenças básicas, com carga emocional, vai com frequência se ver em desvantagem diante de uma pessoa menos inteligente que tenha uma capacidade maior para a autocrítica."[50]

Grossmann diz que agora é capaz de perceber esses paralelos. "Há bastante convergência nessas ideias", comentou.

Atualmente, Michael trabalha numa filial da Good Judgement Inc., que oferece cursos sobre esses princípios, e confirma que o desempenho melhora com a prática e o feedback. É importante não temer o fracasso, por pior que seja seu desempenho. "Você aprende errando", disse-me Michael.

─◄─

Antes de terminar minha conversa com Grossmann, discutimos um último experimento fascinante, que levou seus testes de raciocínio sábios ao Japão.

Assim como nos estudos anteriores de Grossmann, os participantes responderam a perguntas sobre matérias jornalísticas e sobre colunas de conselhos sentimentais e foram avaliados em vários aspectos do raciocínio sábio, como a humildade intelectual, a capacidade de aceitar outro ponto de vista e a de sugerir um acordo.

Os participantes tinham de 25 a 75 anos e, nos Estados Unidos, a sabedoria crescia regularmente com o avançar da idade. Isso é reconfortante: quanto mais vemos a vida, mais abertos nos tornamos. E esse resultado se alinha com outras medidas de raciocínio, como a "escala de competência para tomada de decisões de adultos", de Bruine de Bruin, na qual pessoas mais velhas também tendem a pontuar melhor.

Mas Grossmann ficou surpreso ao descobrir que os resultados em Tóquio seguiram um padrão completamente diferente. Não houve aumento acentuado com a idade, porque os japoneses mais jovens já eram tão sábios quanto os americanos mais velhos. De alguma forma, aos 25 anos eles já haviam absorvido lições de vida que os americanos só alcançam após décadas de experiência.[51]

Reforçando a descoberta de Grossmann, Emmanuel Manuelo, Takashi Kusumi e seus colaboradores entrevistaram estudantes nas cidades japonesas de Okinawa e Quioto, bem como em Auckland, na Nova Zelândia, sobre os tipos de pensamento que consideravam mais importantes na universidade. Embora os três grupos tenham reconhecido que é importante ter uma visão de mente aberta, é impressionante como os estudantes japoneses se referiram a estratégias bem semelhantes ao autodistanciamento. Um estudante de Quioto enfatizou o valor de "pensar do ponto de vista de uma terceira pessoa", por exemplo, enquanto um participante de Okinawa disse que era importante "flexibilizar o pensamento com base na opinião oposta".[52]

O que poderia explicar essas diferenças culturais? Só podemos especular, mas muitos estudos sugeriram que uma visão mais holística e interdependente do mundo pode estar incorporada na cultura japonesa. A sociedade japonesa é mais inclinada a se concentrar no contexto, a considerar razões mais amplas para entender as ações de alguém, e menos inclinada a se ater ao "eu".[53]

Grossmann aponta evidências etnográficas de que as crianças no Japão aprendem a considerar as perspectivas dos outros e a reconhecer as próprias fraquezas desde tenra idade. "Você abre um livro didático do ensino fundamental e se depara com histórias de personagens que são intelectualmente humildes, que pensam no sentido da vida com independência."

Outros estudiosos argumentaram que essa atitude pode estar codificada na própria língua japonesa. O antropólogo Robert J. Smith observou que o idioma japonês exige que você codifique o status relativo das pessoas em todas as frases e carece de "qualquer coisa remotamente parecida com pronomes pessoais". Embora haja muitas maneiras de se referir a si mesmo, "nenhuma das opções é dominante", principalmente entre as crianças. "Quase sempre, elas dispensam o uso de qualquer tipo de autorreferência."

Até a pronúncia do próprio nome muda dependendo das pessoas com quem você está falando. O resultado, disse Smith, é que a autorreferência no Japão está "constantemente mudando" e "depende da relação entre as pessoas que estão falando", de modo que "não existe um centro fixo a partir do qual o indivíduo afirma uma existência não relacionada a outras coisas".[54] Ser forçado a se expressar dessa maneira pode propiciar uma tendência ao autodistanciamento.

Grossmann ainda não aplicou seus testes de raciocínio sábio em outros países, mas evidências convergentes sugerem que essas diferenças devem ser consideradas parte de tendências geográficas mais amplas.

Graças, em parte, às dificuldades práticas inerentes à realização de estudos globais, os psicólogos se concentraram quase inteiramente nas populações ocidentais, com a maioria das descobertas emergindo de estudantes universitários dos Estados Unidos – pessoas altamente inteligentes, geralmente de classe média. Mas, nos últimos dez anos, eles começaram a fazer um esforço para comparar o pensamento, a memória e a percepção das pessoas de diferentes culturas. E estão descobrindo que em regiões "ocidentais, escolarizadas, industrializadas, ricas e democráticas" (Oeird, para abreviar), como a América do Norte e a Europa, as pontuações são mais altas em várias medidas de individualismo e egocentrismo que parecem estar por trás dos nossos vieses.

Em um dos mais simples testes "implícitos", os pesquisadores pedem aos participantes que desenhem um diagrama de suas redes sociais, representando a família, os amigos e seus relacionamentos com eles. (Você pode tentar fazer o seu antes de continuar a leitura.)

Em países Oeird, como os Estados Unidos, as pessoas tendem a se representar maiores do que os amigos (6 milímetros a mais, em média), enquanto na China ou no Japão tendem a se desenhar em dimensões ligeiramente menores do que as dos outros em volta.[55] Isso também se reflete nas palavras que usam para se descrever: os ocidentais costumam relatar traços e conquistas pessoais, enquanto os leste-asiáticos costumam relatar sua posição na comunidade. Essa maneira menos individualista e mais "holística" de enxergar o mundo ao redor também é notória na Índia, no Oriente Médio e na América do Sul.[56] Há evidências cada vez maiores de que pessoas de culturas mais interdependentes têm mais facilidade de adotar diferentes perspectivas e assimilar pontos de vista distintos – elementos cruciais da sabedoria, que aprimorariam o pensamento.[57]

Vamos considerar as medidas de excesso de confiança. Como vimos, a maioria dos participantes dos Oeird constantemente superestima suas habilidades: entre os americanos, 94% dos professores e 99% dos motoristas, por exemplo, se acham melhores do que a média.[58] Vários estudos foram feitos e não encontraram a mesma tendência na China, na Coreia do Sul, em Singapura, em Taiwan, no México e no Chile.[59] É claro que isso não quer dizer que todos nesses países sejam *sempre* humildes e sábios; em geral, isso depende do contexto, pois as pessoas oscilam entre diferentes formas de pensar. E as características gerais podem estar mudando ao longo do tempo. De acordo com uma das pesquisas recentes de Grossmann, o individualismo está aumentando em todo o mundo, mesmo em populações que tradicionalmente mostravam uma postura mais interdependente.[60]

No entanto, devemos estar prontos para adotar uma visão mais realista de nossas habilidades, o que é comum no Leste Asiático e em outras culturas, pois isso pode diminuir o viés do ponto cego e aprimorar o raciocínio geral.

Vimos como certas predisposições – em especial a humildade intelectual e a mente aberta – podem nos ajudar a desfazer a armadilha da inteligência. Com a álgebra moral e o autodistanciamento de Franklin, temos duas técnicas sólidas capazes de aprimorar nossa tomada de decisões imediatamente. Essas técnicas não substituem a inteligência ou a escolarização, mas nos ajudam a usar o poder da mente de forma menos tendenciosa e mais produtiva, evitando pisar em "minas terrestres intelectuais".

A ciência da sabedoria baseada em evidências ainda está engatinhando, mas, nos próximos capítulos, exploraremos pesquisas convergentes que mostram como teorias de ponta sobre a emoção e a autorreflexão podem revelar outras estratégias práticas para aprimorar a tomada de decisões em ambientes de alto risco. Também examinaremos as maneiras como a mente aberta e a humildade, combinadas com o pensamento crítico, podem nos proteger de crenças falsas e *fake news*.

Benjamin Franklin foi a personificação da humildade intelectual até o fim. A assinatura da Constituição em 1787 foi seu grande ato final, e ele ficou satisfeito com o progresso de seu país. "Tivemos um ano farto para os frutos da terra e nosso povo parece estar se recuperando rapidamente dos hábitos extravagantes e ociosos que a guerra havia introduzido, e também começando a adotar hábitos contrários, como a temperança, a frugalidade e a diligência, que oferecem as mais agradáveis perspectivas de felicidade nacional no futuro", escreveu a um conhecido em Londres em 1789.[61]

Em março de 1790, o teólogo Ezra Stiles perguntou a Franklin se acreditava em Deus e em vida após a morte. Ele respondeu: "Eu tenho, assim como a maioria dos dissidentes ingleses, algumas dúvidas quanto à divindade (de Jesus), *embora não dogmatize essa questão*, pois nunca a estudei e acho desnecessário me ocupar dela agora, tendo em vista que em breve terei a oportunidade de conhecer a verdade."

"Com relação a mim mesmo, acrescento apenas que, tendo experimentado a bondade deste Ser em me conduzir prosperamente por uma vida longa, não tenho dúvidas de sua continuidade na próxima, embora eu não tenha a menor pretensão de merecer essa bondade."[62] Benjamin Franklin morreu pouco mais de um mês depois.

5

Bússola emocional: o poder da autorreflexão

Enquanto devorava um hambúrguer e as batatas fritas, Ray já tinha começado a esboçar seu plano de negócios. O vendedor de 52 anos não era de fazer apostas, mas teve uma sensação visceral e soube que tinha que agir. E ele nunca tinha sentido uma intuição tão forte antes.

E esses instintos nunca tinham enganado Ray. Ele deixara de tocar piano em bares e bordéis para seguir uma carreira de sucesso no setor de copos de papel, tornando-se o melhor vendedor de sua empresa. Então, logo após a Segunda Guerra Mundial, viu o potencial das máquinas de milk-shake e passou a faturar uma boa grana vendendo-os para restaurantes e bares.

Mas a mente de Ray estava sempre aberta a novas possibilidades. "Enquanto você é verde, imaturo, está crescendo; quando amadurece, começa a apodrecer", gostava de dizer. E, embora seu corpo dissesse o contrário – ele tinha diabetes e princípio de artrite –, Ray ainda se sentia tão verde quanto as pessoas com metade de sua idade.

Então, quando percebeu que novos clientes o procuravam por recomendação de uma única lanchonete, de propriedade de dois irmãos e localizada em San Bernadino, Califórnia, Ray soube que precisava conhecê-la. O que esse estabelecimento tinha de tão especial para inspirar tantos outros a comprar uma máquina de milk-shake melhor?

Ao entrar no local, Ray ficou impressionado com a limpeza: todo mundo vestia uniformes impecáveis e, ao contrário dos restaurantes típicos de beira de estrada, não havia um monte de moscas. Embora o cardápio fosse limitado, o serviço era rápido e eficiente. Cada etapa da produção de alimentos era reduzida à sua essência. O cliente pagava ao fazer o pedido e podia entrar e sair do lugar sem esperar para dar gorjeta. As batatas eram cortadas e fritas com perfeição em óleo novo. E os hambúrgueres eram fritos com uma fatia de queijo. A placa do lado de fora dizia que você podia levar o que comprasse numa sacola para comer em outro lugar.

Ray nunca tinha ido a uma lanchonete como aquela: era um lugar aonde levaria feliz sua esposa e seus filhos. E ele viu que a operação poderia ser facilmente ampliada. Estava numa empolgação visceral, tenso como um jogador que vai bater um pênalti na final da Copa do Mundo. Ele sabia que tinha que comprar os direitos para abrir franquias da operação e espalhá-la pelos Estados Unidos.[1]

Nos anos seguintes, Ray arriscou todas as suas economias para comprar dos dois irmãos os direitos sobre a loja. Ele manteria o emblema dos arcos dourados e, apesar da amarga separação, todos os restaurantes da cadeia teriam o nome dos irmãos: McDonald.

Os advogados de Ray pensaram que ele estava louco, e sua esposa reagiu tão mal que eles se divorciaram. Mas Ray nunca teve dúvidas. "Meus instintos me diziam que daria certo."[2]

A história prova que os instintos de Ray Kroc estavam certos. O McDonald's atende quase 70 milhões de clientes *por dia*. À luz da ciência da *dysrationalia*, no entanto, é natural ficar com o pé atrás em relação a um sujeito que apostou tudo em seus instintos.

É claro que um raciocínio instintivo como esse é a antítese da álgebra moral lenta e cuidadosa de Franklin e do estudo de Igor Grossmann sobre a sabedoria baseada em evidências. Já vimos muitos exemplos de pessoas que se prejudicaram seguindo seus pressentimentos, e Kroc parece ser a exceção que prova a regra. Se queremos usar a inteligência de forma mais racional, devemos evitar que as emoções e os instintos controlem nossas ações dessa maneira.

No entanto, esse era um grave mal-entendido da pesquisa. Embora nossas reações instintivas não sejam confiáveis e confiar demais nesse tipo de sentimento leve à *dysrationalia*, nossas emoções e intuições também podem ser fontes valiosas de informação, guiando nosso pensamento em decisões complexas e alertando-nos para detalhes que sem querer deixamos passar.

O problema é que a maioria das pessoas – inclusive as que têm alta inteligência geral, estudo e expertise profissional – carece da autorreflexão adequada para interpretar bem esses valiosos sinais e identificar os estímulos prejudiciais. Segundo a pesquisa, o viés não nasce de intuições e emoções, mas da incapacidade de reconhecer esses sentimentos e substituí-los quando necessário. Então usamos a inteligência e o conhecimento para justificar julgamentos equivocados feitos com base neles.

Experimentos de ponta recentes identificaram as habilidades necessárias para analisar nossas intuições de modo mais eficaz, sugerindo, inclusive, outras habilidades que hoje não são reconhecidas em nossas definições tradicionais de inteligência, mas que são essenciais para uma tomada de decisão sábia. E, ao que parece, as descrições de Kroc de suas sensações físicas ilustram perfeitamente esse novo entendimento da mente humana.

A boa notícia é que essas habilidades reflexivas podem ser aprendidas e, quando combinadas com outros princípios de sabedoria baseada em evidências, os resultados são poderosos. Essas estratégias podem melhorar a precisão da memória, aumentar a sensibilidade social para nos tornarmos negociadores mais eficientes e acender a centelha da criatividade.

Esse tipo de estratégia nos permite retirar o viés das nossas intuições e, com isso, evitar muitas formas de armadilha da inteligência, entre as quais a maldição da expertise, explorada no Capítulo 3. Algumas profissões já estão atentando para isso. Nos consultórios, por exemplo, médicos vêm usando essas estratégias para reduzir erros de diagnóstico. Essas técnicas podem salvar dezenas de milhares de vidas todos os anos.

Assim como acontece com grande parte do que conhecemos sobre o funcionamento interno do cérebro, esse novo entendimento das emoções vem das experiências extremas de pessoas que sofreram lesões neurológicas numa parte específica do cérebro.

Nesse caso, a área de interesse é a ventromedial do córtex pré-frontal, localizada logo acima da cavidade nasal, que pode ser danificada por cirurgia, acidente vascular cerebral, infecção ou defeito congênito.

Superficialmente, as pessoas com lesão nessa área do cérebro parecem não ter problemas cognitivos: têm uma boa pontuação nos testes de inteligência e o conhecimento factual preservado. No entanto, comportam-se de forma bizarra, oscilando entre a indecisão incessante e a impulsividade precipitada.

Elas podem passar horas pensando na maneira exata de arquivar um documento do escritório, por exemplo, e depois investir todas as suas economias em um mau negócio ou se casar com um estranho por impulso. É como se simplesmente não fossem capazes de calibrar os pensamentos em relação à importância das decisões. E o pior: parecem imunes a feedbacks, ignorando as críticas que recebem e repetindo os mesmos erros outras vezes.

"Indivíduos normais e inteligentes de níveis de escolarização semelhantes cometem erros e tomam más decisões, mas não com consequências sistematicamente tão graves", escreveu o neurologista António Damásio sobre um dos primeiros pacientes conhecidos, Elliot, no começo dos anos 1990.[3]

De início, Damásio não entendeu por que o dano ao lobo frontal causava esse comportamento estranho. Foi só após meses observando Elliot que Damásio descobriu novos sintomas que viriam a ser a chave do quebra-cabeça: apesar de ver toda a sua vida acontecer diante de seus olhos, Elliot nunca perdia aquela calma assustadora. Mas o que Damásio inicialmente pensava ser autocontrole parecia ser uma absoluta falta de emoção. "Ele não estava inibindo a expressão da ressonância emocional interna ou acalmando a turbulência interior", escreveu Damásio mais tarde. "Ele simplesmente não tinha nenhuma perturbação para silenciar."

Essas observações levariam Damásio a propor a "hipótese do marcador somático" de emoção e tomada de decisão. Nessa teoria, qualquer experiência é imediatamente processada de forma inconsciente, e isso causa uma série de alterações em nosso corpo, como variações da frequência cardíaca, um nó no estômago ou sudorese. O cérebro, então, sente esses "marcadores somáticos" e os interpreta de acordo com o contexto e com seu conhecimento dos estados emocionais. Só depois nos conscientizamos de como estamos nos sentindo.

Esse processo tem um sentido evolutivo. Ao monitorar e modificar continuamente a pressão sanguínea, a tensão muscular e o consumo de energia, o cérebro pode preparar o corpo para a ação, se precisarmos responder fisicamente, e manter sua homeostase (que é o estado de equilíbrio das diversas funções e composições químicas do corpo). Assim, a hipótese do marcador somático oferece uma das melhores teorias da emoção, fundamentada na biologia. Quando você sente a onda de excitação fluindo para as pontas dos dedos ou a insuportável pressão do lamento no peito, é devido a essa retroalimentação neurológica.

Mas a hipótese do marcador somático é ainda mais importante para os nossos propósitos: ela pode explicar o papel da intuição na tomada de decisões. Segundo Damásio, os marcadores somáticos são produto do processamento inconsciente rápido, que cria mudanças corporais características antes de o raciocínio consciente se atualizar do que está acontecendo. As sensações físicas que resultam disso são os sentimentos intuitivos que chamamos de instintos, que nos dão a sensação de que estamos fazendo a escolha correta antes de podermos explicar as razões para isso.

Conforme propôs Damásio, o córtex pré-frontal ventromedial é um dos eixos centrais responsáveis por criar sinais corporais com base em nossas experiências anteriores. Isso explica por que pacientes como Elliot não conseguem sentir emoções e costumam tomar decisões ruins. Os danos cerebrais cortaram o acesso às informações não conscientes, que poderiam estar orientando suas escolhas.

Conforme previsto, Damásio descobriu que pessoas como Elliot não tinham reações fisiológicas associadas, como a transpiração, ao visualizar imagens perturbadoras (como a foto de um homicídio terrível). Para testar a teoria, a equipe de Damásio projetou um sofisticado experimento chamado Iowa Gambling Task (Jogo da Sorte de Iowa), no qual os participantes recebem quatro baralhos de cartas. Cada carta pode vir com um pequeno prêmio em dinheiro ou com uma multa, mas dois desses baralhos são piores para o jogador, com prêmios um pouco maiores e multas *maiores ainda*. Acontece que, de início, os participantes não sabem disso: eles apenas precisam fazer uma aposta.

Na maioria dos participantes saudáveis, o corpo começa a mostrar certas mudanças em resposta a determinada escolha (como sinais de estresse quando um baralho desvantajoso é selecionado) antes de o jogador saber que alguns baralhos são mais benéficos ou prejudiciais. E, quanto mais a pessoa é sensível à manifestação de sentimentos no corpo – uma sensação chamada de interocepção –, mais rápido aprende a fazer escolhas vitoriosas.

Como Damásio esperava, pessoas com lesões cerebrais, como Elliot, eram especialmente ruins no Jogo da Sorte de Iowa, fazendo escolhas erradas repetidas vezes, quando outros já tinham começado a mirar os baralhos certos. No caso dessas pessoas com lesões cerebrais, isso era causado pela falta das mudanças somáticas típicas antes de fazerem suas escolhas. Ao contrário de outros jogadores, eles não tinham uma resposta visceral confiável aos diferentes baralhos, o que normalmente as alertaria sobre grandes riscos de perda.[4]

Mas você não precisa ter sofrido lesão cerebral para perder o contato com seus sentimentos. Em meio à população saudável, há uma enorme variação na sensibilidade da interocepção, fato que pode explicar por que algumas pessoas tomam decisões intuitivas melhores do que outras.

Você pode facilmente avaliar isso em si mesmo. Sente-se com as mãos ao lado do corpo e peça a um amigo para medir sua pulsação. Ao mesmo tempo, tente sentir seu coração no peito (sem tocá-lo) e conte o número de vezes que ele bate. Após um minuto, compare os números.

Como você fez? A maioria das pessoas erra essa estimativa em pelo menos 30%,[5] mas algumas atingem uma precisão de quase 100%. Sua posição nessa escala indicará como você toma decisões intuitivas em exercícios como o Jogo da Sorte de Iowa. Nesse teste, os indivíduos com pontuação mais alta naturalmente passam a escolher os baralhos mais vantajosos.[6]

A pontuação de cada um no teste de contagem de batimentos cardíacos pode se traduzir em sucesso financeiro no mundo real, através de um estudo que mostra que o teste pode prever os lucros dos *traders* num fundo de alto risco inglês e por quanto tempo eles sobrevivem no mercado financeiro.⁷ Ao contrário do que poderíamos imaginar, as pessoas mais sensíveis às sensações viscerais, com interocepção mais desenvolvida, fizeram os melhores negócios.

A importância da interocepção não acaba aí. A precisão dessa sensação também determina as habilidades sociais: nossa fisiologia geralmente reflete os sinais que vemos nos outros – uma forma muito básica de empatia. E, quanto mais sensível você é a esses marcadores somáticos, mais sensível será também aos sentimentos dos outros.⁸

Sintonizar esses sinais também pode ajudar na leitura das próprias memórias. Hoje sabe-se bem que a memória humana é muito falível, mas marcadores somáticos sinalizam a confiança do que você pensa que conhece,⁹ quer esteja seguro ou apenas adivinhando. Além disso, um estudo da Universidade Keio, de Tóquio, revelou que esses marcadores podem servir como lembretes quando você precisar se lembrar de fazer algo no futuro – fenômeno conhecido como memória prospectiva.¹⁰

Imagine, por exemplo, que você planeja ligar à noite para desejar feliz aniversário à sua mãe. Se você tiver uma interocepção mais aguçada, talvez sinta um nó no estômago durante o dia ou um formigamento nos membros, indicando que precisa se lembrar de algo e fazendo com que se preocupe até lembrar o que é. Alguém com menos consciência dos sinais corporais não repararia nesses lembretes fisiológicos e simplesmente os esqueceria.

Pense num programa de TV de perguntas e respostas, como o *Show do milhão*. O sucesso do participante depende de sua inteligência e de seu conhecimento geral, mas a sensibilidade aos marcadores somáticos também determinará se ele está disposto a apostar tudo em uma resposta da qual não tem certeza ou se é capaz de medir bem sua incerteza e pedir ajuda ou parar antes de perder tudo.

Em cada caso, nossa mente não consciente está comunicando, através do corpo, algo que a mente consciente ainda não conseguiu articular. Quando fazemos escolhas importantes na vida, principalmente no amor, dizemos que estamos "seguindo o coração", mas a hipótese do marcador somático de Damásio mostra que há uma verdade científica literal nessa metáfora romântica. Nossos sinais corporais são um elemento inevitável em quase todas as decisões que tomamos, e, como mostram as experiências de pessoas como Elliot, nós os ignoramos por nossa conta e risco.

Quando Kroc descreveu a sensação estranha em suas entranhas e a percepção de estar como um jogador que vai bater um pênalti na final da Copa do Mundo, é provável que estivesse usando marcadores somáticos gerados por sua mente inconsciente, com base na sua experiência com vendas durante a vida toda.

Esses sentimentos determinaram quem ele contratava e quem demitia. Fizeram Kroc comprar franquias do McDonald's e, depois que o relacionamento com os irmãos que eram donos azedou, fizeram-no comprar a parte deles também. Até sua escolha de manter o nome original da lanchonete, quando poderia ter economizado milhões criando a própria marca, foi atribuída a seus instintos. "Tive uma forte intuição de que o nome McDonald's era perfeito."[11]

As descrições de Kroc são alguns dos exemplos mais vívidos desse processo, mas existem inúmeros outros. Nos setores criativos, em particular, é difícil imaginar como alguém poderia julgar uma nova ideia de forma puramente analítica, sem usar o instinto.

Considere como Coco Chanel descreveu seu faro para novos designs: "A moda está no ar, influencia os ventos. É possível intuí-la. Está no céu e na estrada." Ou pense em Bob Lutz, que supervisionou a criação do icônico Dodge Viper, da Chrysler, que ajudou a salvar a empresa da ruína nos anos 1990. Apesar de não haver nenhuma pesquisa de mercado para apoiar a sua escolha, ele sabia que aquele carro esportivo – muito mais caro do que os outros carros da Chrysler – transformaria a imagem negativa da empresa. "Essa sensação visceral subconsciente simplesmente me pareceu certo", explica ele sobre a decisão de dedicar-se ao novo design radical.[12]

A teoria de Damásio e os trabalhos sobre interocepção nos fornecem uma base científica sólida para entender de onde vêm essas sensações viscerais e as razões pelas quais algumas pessoas parecem ter intuições melhores que outras.

Mas é claro que a questão não pode se resumir a isso. A experiência cotidiana nos diria que, para cada Kroc, Chanel ou Lutz, há alguém que usou suas intuições e o tiro saiu pela culatra. Para tomar melhores decisões, ainda precisamos aprender a reconhecer e anular esses sinais falsos e prejudiciais. Para fazer isso, precisamos de mais dois elementos na nossa bússola emocional.

Lisa Feldman Barrett, psicóloga e neurocientista da Northeastern University, de Boston, liderou grande parte desse trabalho, estudando as maneiras como nosso humor e nossas emoções podem nos levar a erros e também as possíveis maneiras de evitá-los. Por exemplo, ela se lembra de um dia em que, na pós-graduação, um colega a convidou para sair. Ela não se sentia atraída por ele, mas vinha trabalhando duro e na hora pensou no convite como uma folga; então topou ir a um café. Enquanto conversavam, sentiu o sangue subir e o estômago revirar – dois marcadores somáticos geralmente associados à atração física. Será que estava apaixonada?

Quando saiu do café, ela já tinha combinado outro encontro, e foi só quando entrou em seu apartamento e vomitou que percebeu a verdadeira origem dessas sensações corporais: ela estava gripada.[13]

O problema é que nossos marcadores somáticos não são organizados e, sem querer, podemos incorporar sentimentos irrelevantes às nossas interpretações das situações – sobretudo se eles representam "sentimentos de fundo", que estão à margem de nossa consciência mas mesmo assim podem determinar nossas ações.

Se você tem uma entrevista de emprego, por exemplo, é melhor torcer para que não chova. Estudos revelam que é menos provável que recrutadores aprovem um candidato se o tempo estiver ruim quando o conhecem.[14] E, ao borrifar um cheiro de pum no ambiente, os pesquisadores podem provocar sentimentos de nojo que influenciam as pessoas em seus julgamentos sobre questões morais.[15] Aliás, a alegria causada por um título da Copa do Mundo pode até influenciar a bolsa de valores, apesar de futebol não ter nada a ver com economia.[16]

Em cada caso, o cérebro estava interpretando esses sentimentos de fundo e reagindo como se fossem relevantes para a decisão em questão. "Sentir", diz Feldman Barrett, "é acreditar." Esse fenômeno chama-se "realismo afetivo".[17]

Isso poderia ser um balde de água fria em qualquer tentativa de usar a intuição, mas Feldman Barrett também descobriu que algumas pessoas são consistentemente mais capazes de separar essas influências do que outras – tudo depende das palavras que elas usam para descrever seus sentimentos.

Talvez o melhor exemplo disso venha de uma investigação que durou um mês com participantes que eram investidores no mercado de ações on-line. Ao contrário da crença popular de que uma "cabeça mais fria sempre prevalece" – e indo na mesma linha do estudo dos *traders* dos fundos de alto risco de Londres –, Feldman Barrett descobriu que os *traders* de melhor desempenho apresentaram sentimentos mais intensos na hora de investir.

No entanto, é necessário frisar que os melhores também usaram vocabulários mais precisos para descrever suas sensações. Embora algumas pessoas possam usar as palavras "feliz" e "animado" querendo dizer a mesma coisa, por exemplo, para outras cada palavra representava um sentimento bem particular. Feldman Barrett chama essa habilidade de "diferenciação emocional".[18]

Não é que os *traders* com pior desempenho desconhecessem as palavras, mas eles simplesmente não tinham o cuidado de aplicá-las com precisão para descrever exatamente o que estavam sentindo. Para eles "contente" e "alegre" representavam apenas algo agradável, e "bravo" ou "nervoso" descreviam seus sentimentos negativos. Eles pareciam não distinguir seus sentimentos com clareza, e isso prejudicava suas decisões de investimento.

Isso faz sentido, considerando algumas das pesquisas anteriores sobre realismo afetivo. Elas apontam que a influência de sentimentos irrelevantes, devido ao clima ou a um mau cheiro, por exemplo, dura só enquanto não fazem parte da consciência; seu poder sobre nossas decisões evapora assim que os fatores estranhos são trazidos à atenção consciente. Como consequência, as pessoas que acham mais fácil descrever suas emoções podem estar mais cientes dos sentimentos de fundo e, portanto, são mais propensas a ignorá-las. Ao atrelar um conceito a um sentimento, é mais fácil analisá-lo de maneira mais crítica e desconsiderá-lo, caso se mostre irrelevante.[19]

Os benefícios da diferenciação emocional não param por aí. Além de estarem mais equipadas para distinguir as fontes de seus sentimentos, pessoas com vocabulários emocionais mais precisos costumam ter maneiras mais sofisticadas de regular seus sentimentos quando estão à beira de perder o controle. Por exemplo, um *trader* do mercado de ações capaz de fazer essa diferenciação emocional teria mais chances de se recuperar após uma série de perdas do que de cair em desespero ou tentar reconquistar tudo com apostas cada vez mais arriscadas.

Entre as estratégias sensatas estão o autodistanciamento, que exploramos no capítulo anterior, e a reavaliação – a capacidade de reinterpretar os sentimentos por um novo ângulo. O humor também pode ser uma estratégia – fazer uma piada para quebrar o gelo ou mudar um cenário desfavorável. Talvez você simplesmente perceba que precisa se afastar da mesa e respirar fundo. Seja como for, qualquer que seja a estratégia escolhida, você só poderá regular os sentimentos depois de identificá-los.

Por essas razões, pessoas com interocepção fraca[20] e baixa capacidade de diferenciação emocional são menos propensas a esconder seus sentimentos antes de saírem do controle.* A regulação é, portanto, a última peça na engrenagem de nossa bússola emocional. Juntos, esses três componentes interconectados – interocepção, diferenciação e regulação – podem aumentar a qualidade da nossa intuição e da nossa capacidade de tomar boas decisões.[21]

Espero que a esta altura você esteja convencido de que os sentimentos não são uma distração do bom raciocínio, mas parte essencial dele. Quando trazemos nossas emoções à superfície da mente e dissecamos suas

---

* É arriscado dar importância exagerada à autobiografia de Kroc, *Fome de poder: a verdadeira história do fundador do McDonald's*, mas ele parece descrever algumas estratégias sofisticadas para regular as emoções quando elas saem do controle, algo que diz ter aprendido a fazer no início da carreira. Nas palavras dele: "Desenvolvi um sistema que me permitia desligar a tensão nervosa e calar as perguntas incômodas. [...] Eu pensava na minha mente como um quadro-negro cheio de recados, quase todos urgentes, e me imaginava limpando o quadro-negro com um apagador. Eu deixava minha mente totalmente em branco. Se um pensamento começasse a aparecer, bum! Eu limpava antes que se formasse."

origens e sua influência, podemos tratá-las como uma fonte de informação adicional potencialmente fundamental. As emoções só são perigosas quando não são questionadas.

Alguns pesquisadores chamam essas habilidades de inteligência emocional. Embora ela faça sentido, literalmente falando, evitarei essa expressão para evitar confusão com alguns testes de QE mais duvidosos discutidos na Parte 1. Em vez disso, chamarei essas habilidades de "pensamento reflexivo", já que de certa forma é preciso prestar atenção ao nosso interior para reconhecer e dissecar pensamentos e sentimentos.

Tal como as estratégias exploradas no capítulo anterior, essas habilidades não devem ser vistas como uma espécie de rivais das medidas tradicionais de inteligência e expertise, mas como comportamentos complementares, que garantem que vamos aplicar nosso raciocínio da maneira mais produtiva possível, sem deixar que sentimentos irrelevantes nos tirem dos trilhos.

Um fato fundamental e frequentemente negligenciado, mesmo na literatura psicológica, é que as habilidades reflexivas nos proporcionam algumas das melhores maneiras de lidar com os vieses cognitivos muito específicos estudados por Kahneman e Tversky. Elas nos protegem da *dysrationalia*.

Observe o cenário a seguir, de um estudo de Wändi Bruine de Bruin (que projetou um dos testes de tomada de decisões estudados no Capítulo 2).

> Você dirigiu até metade do caminho do destino do fim de semana. Seu objetivo é passar um tempo sozinho, mas de repente fica enjoado e agora acha que um fim de semana em casa seria muito melhor. Você pensa que é uma pena já ter dirigido metade do caminho, porque preferiria ficar em casa.

O que você faria? Manteria ou cancelaria os planos iniciais?

Esse é um teste da falácia dos custos irrecuperáveis, e muita gente afirma que prefere não desperdiçar o esforço já feito. Fica remoendo sobre o tempo que perderia e tenta, em vão, tirar o melhor proveito da situação, mesmo que esteja claro que não conseguirá aproveitar o fim de semana. No entanto, Bruine de Bruin descobriu que isso não é verdade para as pessoas que pensam mais reflexivamente sobre seus sentimentos, do modo estudado por Feldman Barrett e outros pesquisadores.[22]

Um estudo romeno identificou benefícios semelhantes com o efeito de enquadramento. Em jogos de azar, por exemplo, as pessoas têm maior probabilidade de escolher opções apresentadas como ganhos (ou seja, 40% de chance de ganhar) em comparação com as opções apresentadas como perdas (60% de chance de perder), mesmo quando significam exatamente a mesma coisa. Porém pessoas com regulação emocional mais sofisticada são resistentes a esses efeitos da rotulagem e têm uma visão mais racional das probabilidades.[23]

Reavaliar as emoções também nos protege do raciocínio motivado em discussões políticas muito polêmicas e determinou a capacidade de um grupo de estudantes israelenses de considerar o ponto de vista palestino durante um período de maior tensão.[24]

Portanto, não surpreende que a autoconsciência emocional seja vista como um pré-requisito para o pensamento intelectualmente humilde e de mente aberta estudado no capítulo anterior. Isso se reflete na pesquisa de Igor Grossmann sobre a sabedoria baseada em evidências, que demonstrou que os melhores desempenhos em seus testes de raciocínio sábio são dos participantes mais sintonizados com suas emoções, capazes de distinguir detalhes de seus sentimentos e também de regular e equilibrar essas emoções, evitando que seus sentimentos negativos governem suas ações.[25]

Claro que essa ideia não é novidade para os filósofos. Desde Sócrates e Platão a Confúcio, pensadores argumentaram que você não pode conhecer o mundo ao seu redor sem se conhecer primeiro. As pesquisas científicas mais recentes mostram que esse não é um ideal filosófico elevado. Incorporar momentos de reflexão em seu dia a dia ajuda a eliminar os vieses de todas as decisões da sua vida.

A boa notícia é que as habilidades reflexivas da maioria das pessoas melhoram naturalmente ao longo da vida. Daqui a dez anos, você deve estar um pouco mais preparado para identificar e controlar seus sentimentos do que está hoje.

Mas existem métodos para acelerar esse processo?

Uma estratégia óbvia é a meditação da atenção plena ou *mindfulness*, que treina as pessoas a ouvir as sensações do corpo e depois refletir sobre elas sem fazer juízo de valor. Hoje em dia há fortes evidências de que, além de muitos benefícios comprovados para a saúde, a prática regular da atenção plena pode melhorar cada elemento de sua bússola emocional – interocepção, diferenciação e regulação –, sendo, portanto, a maneira mais rápida e fácil de retirar os vieses de sua tomada de decisões e aprimorar seus instintos intuitivos.[26] (Se você é cético ou simplesmente está cansado de ouvir sobre os benefícios dessa prática, aguente firme, pois em breve verá que há outras formas de alcançar efeitos semelhantes.)

Andrew Hafenbrack, então no Insead – Institut Européen d'Administration des Affaires (Instituto Europeu de Administração de Empresas) –, na França, foi um dos primeiros a documentar esses efeitos cognitivos, em 2014. Usando os testes de Bruine de Bruin, ele descobriu que uma única sessão de *mindfulness* de quinze minutos pode reduzir a incidência da falácia dos custos irrecuperáveis em 34%. Essa é uma redução enorme de um viés muito comum, propiciada por uma intervenção tão pequena.[27]

A atenção plena nos permite dissecar as emoções de uma perspectiva mais desapegada e corrige o viés do meu lado, desenvolvido pelo ego ameaçado.[28] Como resultado, as pessoas ficam menos na defensiva quando confrontadas com críticas[29] e mais dispostas a considerar as perspectivas dos outros em vez de se ater persistentemente às próprias opiniões.[30]

Os praticantes de meditação também são mais propensos a fazer escolhas racionais numa tarefa experimental chamada "jogo do ultimato", que testa como respondemos à conduta injusta de outros. Ele é jogado em dupla. Um parceiro recebe dinheiro e tem a opção de compartilhar a quantia que quiser com o outro participante. A questão é que o receptor pode rejeitar a oferta se achar injusta. Se isso acontecer, ambas as partes perdem tudo.

Muitas pessoas rejeitam pequenas ofertas por simples despeito, mesmo que fiquem em situação pior, sem nada. Ou seja, elas tomam uma decisão irracional, porém quem meditava era menos propenso a fazer essa escolha. Por exemplo, quando o oponente oferecia apenas 1 dólar dos 20 que recebia, apenas 28% dos que não meditavam aceitavam o dinheiro, em comparação com 54% de meditadores, que eram capazes de deixar a raiva de lado para fazer a escolha racional. Essa tolerância se correlacionou, primordialmente, com a consciência interoceptiva do praticante de meditação, indicando que seu processamento emocional mais refinado contribuíra para uma tomada de decisão mais sábia.[31]

Comandar os sentimentos dessa maneira seria particularmente importante em negociações profissionais, quando é preciso ficar alerta aos sinais emocionais sutis de outras pessoas, sem se deixar levar por sentimentos fortes quando as discussões não correrem conforme o planejado. (Nesse sentido, um estudo turco descobriu que as diferenças na regulação das emoções podem ser responsáveis por 43% da variação em negociações comerciais simuladas.)[32]

Tendo começado a meditar para lidar com o estresse no Insead, prestigiosa instituição de ensino superior privada sem fim lucrativos, Hafenbrack afirma já ter testemunhado todos esses benefícios. "Sou capaz de me desconectar do estímulo inicial da minha resposta, e esses dois segundinhos podem fazer uma enorme diferença, evitando que você tenha uma reação exagerada e reagindo de forma produtiva", explicou-me ele da Faculdade de Ciências Econômicas e Empresariais da Universidade Católica Portuguesa, em Lisboa, onde atualmente é professor de ciências organizacionais. "Fica mais fácil pensar qual é de fato a melhor decisão no momento."

Se você não liga muito para a atenção plena, pode haver outras maneiras de afiar a intuição e melhorar a regulação emocional. Uma série de estudos recentes mostrou que músicos (incluindo instrumentistas de cordas e cantores) e dançarinos profissionais têm uma interocepção mais refinada.[33] Os cientistas por trás desses estudos suspeitam que o treinamento nessas disciplinas – que dependem de movimentos precisos guiados pelo retorno sensorial – estimula naturalmente uma maior consciência corporal.

Você também não precisa meditar para treinar sua diferenciação emocional. Os participantes de um estudo viram uma série de imagens perturbadoras e foram instruídos a descrever seus sentimentos para si mesmos com o máximo de precisão nas palavras.[34] Quando viram a foto de uma criança sofrendo, por exemplo, foram incentivados a se questionar se sentiam tristeza, pena ou raiva e a levar em conta as especificidades desses sentimentos.

Depois de apenas seis tentativas, os participantes já estavam mais conscientes das diferenças das emoções, portanto menos suscetíveis ao efeito *priming* (de pré-ativação) em tarefas de raciocínio moral. (Ao melhorar a regulação emocional, essa mesma abordagem também ajudou um grupo de pessoas a superar a aracnofobia.)[35]

Os efeitos são impressionantes, pois, assim como nos estudos da atenção plena, trata-se de intervenções muito curtas e simples, cujos benefícios de uma única sessão se prolongam por mais de uma semana. Até um pouco de tempo para pensar mais a fundo nos seus sentimentos proporciona dividendos duradouros.

No nível mais básico, você aprende a separar os sentimentos e a distinguir emoções como apreensão, medo e ansiedade; desprezo, tédio e asco; ou orgulho, satisfação e admiração. Mas, dadas essas descobertas, Feldman Barrett sugere que também tentemos aprender novas palavras, ou inventar as nossas, para preencher um nicho específico de nossa consciência emocional.

Pense na expressão "roxo de fome", que descreve a irritabilidade que sentimos quando não comemos. Em inglês, usa-se a palavra "hangry", que mistura "hungry" (fome) e "angry" (raiva).[36] Embora não precisemos de pesquisas psicológicas para saber que o baixo nível de açúcar no sangue nos deixa com pavio curto e de mau humor, quando damos um nome ao conceito nos tornamos mais conscientes do sentimento e mais capazes de explicar como ele pode estar influenciando o pensamento.

Em seu *Dictionary of Obscure Sorrows* (Dicionário das tristezas obscuras), o escritor e artista John Koenig mostra exatamente o tipo de sensibilidade que Feldman Barrett descreve, inventando palavras como "liberosis", o desejo de se importar menos com as coisas, e "altschmerz", um cansaço com os problemas antigos de sempre. De acordo com a pesquisa científica, enriquecer o vocabulário não é apenas um exercício poético: procurar e definir essas nuances mudam profundamente a maneira como pensamos.[37]

Se você leva a sério os ajustes da sua bússola emocional, muitos pesquisadores também sugerem que você gaste alguns minutos para anotar os pensamentos e sentimentos do dia e como eles podem ter influenciado suas decisões. O processo de escrita não só incentiva uma introspecção mais profunda e a diferenciação dos sentimentos – o que, por si só, já deve afiar seus instintos intuitivos – como também garante que você aprenda e se lembre do que funcionou e do que não funcionou, para não cometer os mesmos erros duas vezes.

Você pode se achar ocupado demais para fazer esse tipo de reflexão, mas a pesquisa sugere que gastar alguns minutos em introspecção compensa a longo prazo. Por exemplo, um estudo de Francesca Gino, de Harvard, pediu aos estagiários de um centro de TI em Bangalore, na Índia, que dedicassem quinze minutos por dia a escrever e pensar sobre as lições aprendidas enquanto extraíam os elementos mais intuitivos de suas tarefas diárias. Após onze dias, Gino descobriu que eles haviam melhorado o desempenho no estágio em 23%, em comparação com os participantes que tinham passado o mesmo tempo treinando as habilidades.[38] O deslocamento diário para o trabalho pode ser o período óbvio para ativar a mente dessa maneira.

Comprenez-vous cette frase? Parler dans une langue étrangère modifie l'attitude de l'individu, le rendant plus rationnel et plus sage!

Veremos em breve como o pensamento reflexivo tem potencial para salvar vidas. Mas, se você tiver a sorte de ser bilíngue – ou estiver disposto a aprender outro idioma –, poderá adicionar uma última estratégia ao seu novo kit de ferramentas para tomada de decisões. Chama-se efeito de idioma estrangeiro.

O efeito se baseia nas ressonâncias emocionais das palavras que falamos. Linguistas e escritores sabem há muito tempo que nossa experiência emocional numa segunda língua é muito diferente da que temos na língua materna. Vladimir Nabokov, por exemplo, sentia que seu inglês era "uma coisa artificial e rígida" em comparação com o russo, seu idioma nativo. Apesar de ter se tornado um dos escritores em língua inglesa de estilo mais marcante, o idioma não tinha a mesma ressonância profunda para ele em comparação com o russo.[39] Isso se reflete em nossos marcadores somáticos, como a reação de suar: quando ouvimos mensagens em outro idioma, é menos provável que o conteúdo emocional provoque reações no corpo.

Embora isso possa ser uma frustração para escritores como Nabokov, Boaz Keysar, do Centro de Sabedoria Prática da Universidade de Chicago, mostrou que uma segunda língua pode nos oferecer outra maneira de controlar nossas emoções.

O primeiro experimento, publicado em 2012, examinou o efeito de enquadramento, usando falantes da língua inglesa que estudavam japonês e francês, e também falantes de coreano aprendendo inglês. Em seus idiomas nativos, todos os participantes foram influenciados pelo fato de os cenários serem apresentados como "perdas" ou "ganhos". Mas o efeito desapareceu quando eles usaram a segunda língua. Nesse caso, eles se mostraram menos balançados e mais racionais.[40]

Desde então o "efeito da língua estrangeira" foi replicado muitas vezes em vários outros países, como Israel e Espanha, e com outros vieses cognitivos, como a "ilusão do pé quente", que é a crença, no esporte ou no jogo, de que se, por acaso, uma pessoa teve êxito uma vez, é mais provável que mantenha a sorte no futuro.[41]

Em cada caso, as pessoas eram mais racionais quando solicitadas a raciocinar em seu segundo idioma, em comparação com o primeiro. Nosso pensamento pode parecer "rígido", como disse Nabokov, mas a distância emocional nos permite pensar de maneira mais reflexiva sobre o problema em questão.[42]

Além desse efeito imediato, o aprendizado de outro idioma pode melhorar sua diferenciação emocional, à medida que você adota novos termos "intraduzíveis" que o ajudam a enxergar mais nuances nos seus sentimentos. E, ao ver o mundo através de novas lentes culturais, você exercita o pensamento de mente aberta, ao mesmo tempo que o desafio de lidar com frases desconhecidas aumenta sua "tolerância à ambiguidade", uma medida psicológica que indica que você está mais preparado para lidar com sentimentos de incerteza em vez de se apressar para chegar a conclusões. Além de reduzir o viés, a tolerância à ambiguidade é considerada essencial para a criatividade – está ligada, por exemplo, à inovação empresarial.[43]

Tendo em vista o esforço envolvido, ninguém aconselharia você a aprender um idioma só para melhorar seu raciocínio. Mas, se você já fala outro idioma ou sentiu vontade de ressuscitar uma língua que deixou para trás na escola, o efeito do idioma estrangeiro pode ser mais uma estratégia para regular suas emoções e melhorar sua tomada de decisões.

Na pior das hipóteses, você pode considerar como isso influencia suas relações profissionais com colegas estrangeiros. O idioma que você usa pode determinar se eles são influenciados pelas emoções por trás do que você diz ou pelos fatos em si. Como Nelson Mandela disse uma vez: "Se você fala com um homem num idioma que ele entende, o que você disse entra na cabeça dele. Se você fala no idioma dele, o que você disse entra no coração."

Uma das implicações mais empolgantes da pesquisa sobre consciência emocional e pensamento reflexivo é que ela pode finalmente oferecer uma maneira de resolver a "maldição da expertise". Como vimos no Capítulo 3, o excesso de experiência pode levar especialistas a confiar em intuições confusas e centradas no principal, que costumam determinar decisões rápidas e eficientes, mas também podem levar a erros. Talvez tenha parecido que precisaríamos perder um pouco dessa eficiência, mas estudos recentes mostram que existem maneiras de usar esses insights súbitos e, ao mesmo tempo, reduzir os erros desnecessários.

O campo da medicina está na vanguarda dessas explorações, e por um bom motivo. Hoje, entre 10% e 15% dos diagnósticos iniciais estão incorretos, o que significa que muitos médicos cometem um erro a cada seis ou dez pacientes. Em geral, esses erros podem ser corrigidos antes que causem danos, mas estima-se que, apenas nos hospitais dos Estados Unidos, uma em cada dez mortes de pacientes (entre 40 mil e 80 mil por ano) pode ser atribuída a erros de diagnóstico.[44]

Uma simples mudança de tipo de pensamento pode ajudar a salvar algumas dessas vidas? Para descobrir a resposta, fui conhecer a brasileira Silvia Mamede no tumultuado Centro Médico Erasmus, em Roterdã. Mamede mudou-se do Ceará para a Holanda há mais de uma década. Tão logo cheguei, ela me ofereceu uma xícara de café forte, "não esse café aguado que as pessoas normalmente tomam aqui", antes de se sentar à minha frente com um caderno. "Você organiza melhor as ideias se tiver lápis e papel à mão", explicou. (Uma pesquisa, de fato, sugere que a memória geralmente funciona melhor se você puder rabiscar enquanto fala.)[45]

O objetivo de Silvia é ensinar aos médicos a serem igualmente reflexivos na tomada de decisões. Tal como a lista de verificação que o médico e escritor Atul Gawande demonstrou ser um poderoso item na prevenção de falhas de memória durante a cirurgia, o conceito é superficialmente simples: parar, pensar e questionar suas suposições. Mas as primeiras tentativas de usar o pensamento do "sistema 2" foram decepcionantes: os médicos orientados a usar a análise pura *em vez da* intuição (por exemplo, listando imediatamente todas as alternativas hipotéticas) em geral tiveram desempenho pior do que aqueles que adotaram uma abordagem menos reflexiva e mais intuitiva.[46]

À luz da hipótese do marcador somático, esse resultado faz sentido. Se você pedir a um indivíduo para refletir cedo demais, ele não aproveitará a experiência e talvez se concentre em informações irrelevantes. Assim você o impede de usar a bússola emocional, e com isso ele passa a se parecer um pouco com os pacientes de Damásio com lesão cerebral, presos em sua "paralisia da análise". Não se pode usar só o sistema 1 ou só o sistema 2 – é preciso usar ambos.

Por esse motivo, Mamede sugere que os médicos anotem sua reação instintiva o mais rápido possível e só depois analisem as evidências existentes para essa reação e a comparem com hipóteses alternativas. Como era de esperar, ela descobriu que, adotando essa abordagem simples, os médicos podem melhorar a precisão diagnóstica em até 40% – uma façanha enorme para uma medida tão pequena. O simples ato de pedir aos médicos que voltem à hipótese inicial – sem dar instruções detalhadas sobre reavaliar os dados ou pedir que tenham outras ideias – aumentou a precisão deles em 10%, o que também é uma grande melhoria gerada por pouco esforço extra.

De acordo com as pesquisas mais amplas sobre emoções, esse raciocínio reflexivo também reduz os "vieses afetivos" que podem afetar a intuição de um médico. "Vários fatores podem atrapalhar o 'sistema 1': a aparência do paciente, se ele é rico ou pobre, se o médico está com pressa ou é interrompido por alguém", explicou Mamede, "mas a esperança é de que o raciocínio reflexivo possa levar o médico a dar um passo para trás e avaliar a situação com mais tranquilidade."

Para explorar um desses fatores, Mamede testou como os médicos reagem a pacientes "difíceis", como aqueles que questionam as decisões profissionais de forma grosseira. Em vez de observar encontros reais, que seriam difíceis de avaliar objetivamente, Mamede mostrou vinhetas ficcionais a um grupo de clínicos gerais (médicos de família). O texto destacava os sintomas e os resultados dos testes, mas também tinha frases detalhando o comportamento do paciente.

Muitos médicos nem relataram ter notado as informações contextuais, enquanto outros ficaram perplexos por terem recebido esses detalhes extras. "Eles disseram: 'Mas isso não importa! Somos treinados para ignorar o comportamento do paciente. Isso não deve fazer diferença'", contou Mamede. De fato, como sugerira a pesquisa, o impacto foi enorme. Em casos mais complexos, os clínicos gerais tinham 42% mais chances de cometer erros de diagnóstico com pacientes difíceis.[47]

Se os médicos fossem instruídos a se envolver num procedimento mais reflexivo, porém, era mais provável que deixassem a frustração de lado e dessem um diagnóstico correto. Ao que parece, a pausa lhes permitia avaliar as próprias emoções e corrigir o diagnóstico errado provocado pela frustração, tal como previam as teorias da diferenciação e da regulação emocionais.

Mamede também avaliou o viés de disponibilidade, que leva os médicos a exagerarem na quantidade de diagnósticos de certa doença quando esta aparece na mídia e está na cabeça deles. Mais uma vez ela mostrou que a reflexão elimina o erro, embora não tenha dado instruções ou explicações específicas alertando os médicos sobre esse viés.[48] "É incrível quando você vê os gráficos desses estudos. Os médicos que não foram expostos aos relatos de doenças tiveram uma precisão de 71%, e os que foram, uma precisão de apenas 50%. E então, quando esse último grupo refletia, a precisão subia aos 70%", relatou-me ela. "Isso corrigia totalmente o viés."

Considerando que são intervenções tão pequenas, esses resultados são surpreendentes e nos mostram o poder da autoconsciência quando nos permitimos refletir sobre nossas intuições.

Alguns médicos podem resistir às sugestões de Mamede. A ideia de que, depois de todo o treinamento, uma medida tão simples possa corrigir seus erros fere o ego, sobretudo quando o profissional tem imenso orgulho de sua intuição rápida. Em conferências, por exemplo, Mamede apresenta um caso no projetor e aguarda o diagnóstico dos médicos. "Às vezes são vinte segundos: eles leem quatro ou cinco linhas e dizem 'apendicite'", contou-me ela. "Existe até uma piada que diz que, se o médico precisar pensar, deve sair da sala."

Mas atualmente tem crescido o movimento em toda a medicina para incorporar as mais recentes descobertas psicológicas na prática diária da profissão. Pat Croskerry, da Universidade Dalhousie, no Canadá, lidera um programa de pensamento crítico para médicos, e muitos de seus conselhos fazem coro com a pesquisa que exploramos neste capítulo. Incluem, por exemplo, o uso da *mindfulness* para identificar as fontes emocionais de nossas decisões e, quando ocorrem erros, o emprego de uma "autópsia cognitiva e afetiva" para identificar por que a intuição estava errada. Croskerry também defende a "inoculação cognitiva", usando estudos de caso para identificar as possíveis fontes de vieses, o que em tese tornaria os médicos mais atentos aos fatores que os influenciam.

Croskerry ainda está coletando dados de seus cursos para ver os efeitos a longo prazo na precisão do diagnóstico, mas, mesmo que esses métodos evitem apenas uma pequena parte dessas 40 mil a 80 mil mortes por ano, já terão contribuído mais do que um novo medicamento revolucionário.[49]

Embora a medicina esteja abrindo caminho, outras profissões também estão começando a adotar esse modo de pensar. O sistema jurídico, por exemplo, é notoriamente empesteado de vieses e, em resposta a essas pesquisas, a Associação de Juízes Americanos publicou um relatório defendendo a *mindfulness* como uma das principais estratégias para melhorar a tomada de decisões judiciais, além de aconselhar os juízes a dedicarem um momento a refletir e questionar os próprios sentimentos, como sugere Feldman Barrett.[50]

Os cinco estágios da expertise

Maestria

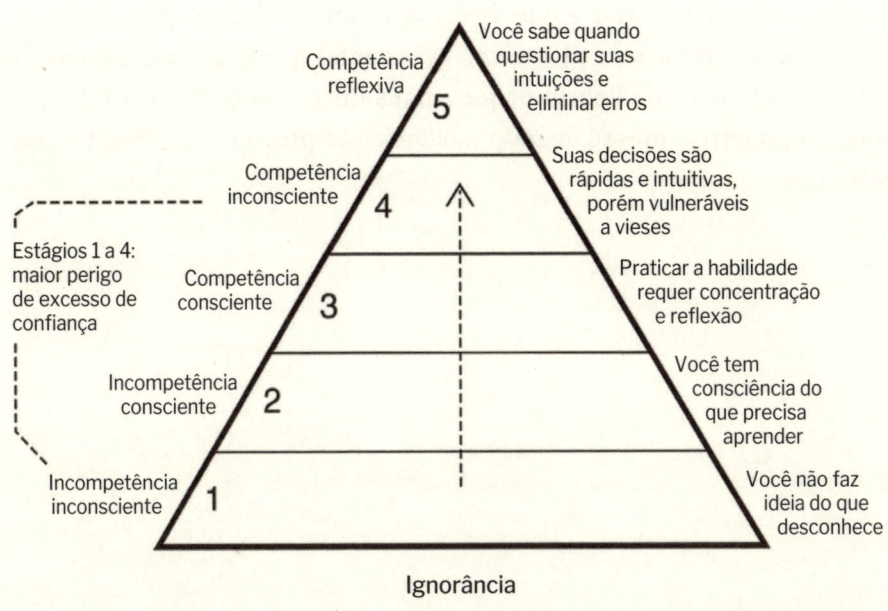

- **5** Competência reflexiva — Você sabe quando questionar suas intuições e eliminar erros
- **4** Competência inconsciente — Suas decisões são rápidas e intuitivas, porém vulneráveis a vieses
- **3** Competência consciente — Praticar a habilidade requer concentração e reflexão
- **2** Incompetência consciente — Você tem consciência do que precisa aprender
- **1** Incompetência inconsciente — Você não faz ideia do que desconhece

Estágios 1 a 4: maior perigo de excesso de confiança

Ignorância

Imagem criada pelo autor

Por fim, essas descobertas podem mudar nossa compreensão do que significa ser um especialista.

No passado, os psicólogos haviam descrito quatro estágios na curva de aprendizado. O completo iniciante é o incompetente inconsciente – nem sequer faz ideia do que não sabe (o que pode levar à confiança excessiva do efeito Dunning-Kruger, que vimos no Capítulo 3). Depois de um tempo, no entanto, ele entende as habilidades que lhe faltam e o que fazer para aprendê-las, tornando-se conscientemente incompetente. Com esforço, pode se tornar conscientemente competente, sendo capaz de resolver a maioria dos problemas, mas precisando pensar muito nas decisões que está tomando. Por fim, após anos de treinamento e experiência, essas decisões se tornam uma coisa instintiva – assim, ele alcançou a competência inconsciente. Tradicionalmente, esse era o auge da experiência, mas, como vimos, é possível atingir um tipo de "teto" em que a precisão se estabiliza e para de crescer, como resultado dos vieses de especialistas vistos no Capítulo 3.[51] Para romper esse teto, podemos precisar de um estágio final – a competência reflexiva – que descreva a capacidade de explorar nossos sentimentos e intuições e identificar vieses antes que eles causem danos.[52]

Como Ray Kroc descobriu naquela lanchonete californiana, a intuição pode ser poderosa, mas só quando sabemos interpretar os sentimentos nas entranhas.

6

Kit detector de bobagens: como reconhecer mentiras e desinformações

Nos Estados Unidos, durante a virada do milênio surgiu o mito das "bananas carnívoras". Ao final de 1999, um e-mail começou a se espalhar pela internet, relatando que frutas importadas da América Central podiam infectar as pessoas com fasciíte necrotizante, uma doença rara que faz a pele entrar em erupção, ficando roxa até se desintegrar e descamar dos músculos e ossos. O e-mail dizia:

> Recentemente essa doença dizimou a população de macacos na Costa Rica [...]. É aconselhável não comprar bananas pelas próximas três semanas, pois nesse período as bananas enviadas para os Estados Unidos podem transportar essa doença. Se você comeu uma banana nos últimos dois ou três dias e teve febre seguida de infecção de pele, procure ASSISTÊNCIA MÉDICA!!!
>
> A infecção cutânea da fasciíte necrotizante é muito dolorosa e consome de dois a três centímetros de carne por hora. A amputação é provável e há chance de morte. Se você estiver a mais de uma hora de um hospital, recomenda-se queimar a carne que esteja ao redor da área infectada para retardar a propagação da infecção. A FDA relutou em emitir um aviso nacional por medo de pânico geral. Admitiu

secretamente que acha que mais de 15 mil americanos serão afetados pela doença, mas que esses são "números aceitáveis". Encaminhe este e-mail para o maior número possível de pessoas com quem você se preocupa, pois não achamos que 15 mil seja um número aceitável.

Em 28 de janeiro de 2000 a preocupação pública era tão grande que fez o CDC (Centros de Controle e Prevenção de Doenças dos Estados Unidos) emitir uma declaração negando os riscos. Mas a resposta acabou colocando mais lenha na fogueira, pois as pessoas esqueciam a declaração e gravavam na memória a ideia assustadora e vívida das bananas devoradoras de carne. Alguns e-mails da corrente ganharam mais credibilidade ao citarem o CDC como a própria fonte dos rumores.

Em poucas semanas, o CDC estava recebendo tantas ligações de pessoas angustiadas que foi forçado a criar uma "linha direta de bananas", e o pânico só foi passar no fim de 2000, já que a temida epidemia não se concretizou.[1]

A corrente de e-mails sobre a fasciíte necrotizante pode ter sido um dos primeiros memes da internet, mas a desinformação não é um fenômeno novo. Como escreveu Jonathan Swift, escritor do século XVIII, num ensaio sobre a rápida disseminação de mentiras políticas: "A mentira voa e a verdade vem mancando atrás."

Hoje, as chamadas "notícias falsas", ou *fake news*, predominam mais do que nunca. Uma pesquisa realizada em 2016 constatou que acima de 50% das histórias sobre saúde mais compartilhadas no Facebook foram desmascaradas por médicos. Entre essas histórias estavam a alegação de que "o dente-de-leão pode melhorar o sistema imunológico e curar o câncer" e relatos de que a vacina contra o HPV aumenta o risco de desenvolver câncer.[2]

O fenômeno não se restringe ao Ocidente, embora o meio de propagação possa depender do país. Na Índia, por exemplo, rumores falsos se espalham rapidamente pelo WhatsApp em 300 milhões de smartphones, com mentiras que vão da escassez local de sal até propaganda política e alegações ilícitas de sequestros em massa. Em 2018, esses rumores chegaram a desencadear uma série de linchamentos.[3]

Era de esperar que a educação tradicional nos protegesse dessas mentiras. Como escreveu o grande filósofo americano John Dewey no início do século XX: "Se nossas escolas tornarem os alunos capazes de empregar uma atitude mental propícia ao bom julgamento em qualquer área, terão feito mais do que formar alunos que dominam vastas reservas de informações ou altas habilidades em ramos especializados."[4]

Infelizmente, o trabalho sobre *dysrationalia* nos mostra que isso está longe de acontecer. Embora as pessoas com nível superior sejam menos propensas que a média a acreditar em teorias da conspiração política, elas são um pouco *mais* suscetíveis a acreditar em mentiras sobre saúde, como a que diz que as empresas farmacêuticas não lançam certos medicamentos que acabem de vez com o câncer para lucrar mais com aqueles de uso contínuo, ou a que os médicos estão escondendo o fato de que as vacinas *causam* doenças, por exemplo.[5] Elas também são mais propensas a usar medicamentos sem comprovação.[6]

É revelador que uma das primeiras pessoas a apresentarem a história da banana carnívora no Canadá tenha sido Arlette Mendicino, que trabalhava na Faculdade de Medicina da Universidade de Ottawa, alguém que deveria ter sido mais cética.[7] "Pensei na minha família, pensei nos meus amigos. Tive boas intenções", disse ela à CBC News após descobrir que havia sido enganada. Em questão de dias a mensagem tinha se espalhado pelo país.

Em nossa discussão inicial sobre a armadilha da inteligência, exploramos as razões por que ter um QI mais alto pode fazer você ignorar informações contraditórias, aferrando-se ainda mais às suas crenças. Mas isso não explica por que uma pessoa como Mendicino pôde ser tão ingênua. Claramente, isso envolve ainda mais habilidades de raciocínio não inclusas nas definições tradicionais de inteligência geral, porém essenciais para não cairmos nesse tipo de mentira e boato.

A boa notícia é que certas técnicas de pensamento crítico *podem* impedir que sejamos enganados, mas, para aprender a aplicá-las, primeiro precisamos entender como certas desinformações são projetadas para escapar da reflexão (acreditamos nelas sem pensar duas vezes) e por que as tentativas convencionais de corrigi-las costumam dar totalmente errado. Esse novo entendimento não só nos ensina a evitar ser enganados, mas também está mudando a maneira como muitas organizações globais respondem a rumores infundados.

Antes de continuarmos, leia as seguintes declarações e diga, de cada par, qual é verdadeira e qual é falsa:

As abelhas aprenderam a diferenciar os pintores impressionistas dos cubistas.
As abelhas não conseguem distinguir esquerda e direita.

E:

Tomar café reduz o risco de diabetes.
Estalar as juntas dos dedos pode causar artrite.

Agora considere as seguintes opiniões e diga se lhe parecem verdadeiras:

Perigos unem inimigos.
Situações perigosas aproximam inimigos.

E pense com qual desses vendedores on-line você compraria:

rifo073   Nota média: 3,2
edlokaq8 Nota média: 3,6

Trataremos das suas respostas daqui a pouco, mas lendo os pares de declarações você pode ter tido um palpite de que uma é verdadeira ou mais confiável que a outra. E as razões para isso estão ajudando os cientistas a entender o conceito de *truthiness*, derivado de palavra "truth" (verdade). *Truthiness* é a crença de que algo é verdade com base apenas na intuição, deixando de lado evidências, lógica, fatos, pesquisas ou qualquer outra coisa que possa checar a veracidade da alegação. Ou seja, algo que parece verdade mas carece de comprovação.

O termo foi cunhado pelo comediante americano Stephen Colbert em 2005 para descrever a "verdade que vem das entranhas, não dos livros", como uma reação às tomadas de decisão de George W. Bush e à percepção pública do pensamento do então presidente. Mas logo ficou claro que o conceito poderia ser aplicado a muitas situações,[8] e isso foi o ponto de partida para uma pesquisa científica séria.

Norbert Schwarz e Eryn Newman lideraram grande parte desse trabalho e, para saber mais, decidi visitá-los em seu laboratório na Universidade do Sul da Califórnia, em Los Angeles. Schwarz é um dos líderes da nova ciência da tomada de decisões emocionais que abordamos no capítulo anterior, mostrando, por exemplo, que o clima influencia nosso julgamento de escolhas *aparentemente* objetivas. O trabalho sobre a aparência de veracidade estende essa ideia para investigar como julgamos intuitivamente os méritos de novas informações.

De acordo com Schwarz e Newman, a sensação de que algo é verdadeiro, mesmo que não tenhamos provas, vem de dois sentimentos específicos: familiaridade (se sentimos que já ouvimos algo parecido antes) e fluência (quão fácil é processar uma afirmação). Vale ressaltar que a maioria das pessoas nem sequer está ciente de que esses dois sentimentos sutis estão influenciando seu julgamento, mas o fato é que eles podem nos fazer acreditar em uma afirmação sem questionar suas premissas ou perceber suas inconsistências lógicas.

Como um exemplo simples, considere a seguinte pergunta de alguns dos estudos anteriores de Schwarz sobre o assunto:

Quantos animais de cada espécie Moisés levou na arca?

A resposta correta é, obviamente, zero. Moisés não tinha uma arca. Foi Noé quem resistiu ao dilúvio. No entanto, mesmo ao avaliar estudantes altamente inteligentes em uma universidade prestigiada, Schwarz descobriu que apenas 12% das pessoas registram esse fato.[9]

O problema é que a formulação da pergunta se encaixa em nosso entendimento conceitual básico da Bíblia, o que significa que somos distraídos por pistas falsas – a quantidade de animais – em vez de focar no nome da pessoa envolvida. "É um cara velho que tem algo a ver com a Bíblia, então a ideia principal está certa", explicou-me Schwarz. Em outras palavras, a questão nos transforma em avarentos cognitivos, por isso nem os universitários inteligentes do estudo de Schwarz perceberam a falácia.

Assim como muitos dos sentimentos que alimentam nossas intuições, a fluência e a familiaridade *podem* ser sinais precisos. Seria exaustivo examinar tudo nos mínimos detalhes, principalmente se forem notícias velhas. Se ouvimos algo um certo número de vezes, isso indica que se trata de uma opinião consensual, que deve ser verdadeira. Além disso, coisas que superficialmente parecem diretas em geral *são* diretas; não existe uma motivação oculta. Portanto, faz sentido confiar em coisas que parecem fluentes.

O que choca é como é fácil manipular essas duas dicas com simples alterações na apresentação, de modo a perdermos detalhes cruciais.

Em um experimento icônico, Schwarz descobriu que é mais provável que as pessoas caiam na ilusão de Moisés se a pergunta estiver numa fonte agradável e fácil de ler, tornando a leitura mais fluente, em comparação com uma fonte mais feia e difícil de processar. Por motivos semelhantes, também é mais provável acreditarmos nas pessoas que falam com um sotaque que reconhecemos, em comparação com alguém com sotaque difícil, e depositamos nossa confiança nos vendedores on-line com nomes mais fáceis de pronunciar, independentemente da classificação do sujeito e das avaliações que recebeu de outras pessoas. Mesmo uma simples rima pode fazer uma frase parecer mais verdadeira, pois os sons ressonantes das palavras fazem o cérebro processá-los mais facilmente.[10]

Você foi influenciado por algum desses fatores nas perguntas do início do capítulo? Para registro, as abelhas realmente podem ser treinadas para distinguir pintores impressionistas de cubistas (e também parecem distinguir entre esquerda e direita); o café pode reduzir o risco de diabetes; e estalar os dedos *não* causa artrite.[11] Mas, se você é como a maioria das pessoas, talvez tenha se deixado levar pelas diferenças sutis na maneira como as frases foram apresentadas (as afirmações verdadeiras estão em uma fonte mais difícil de ler; assim, parecem menos verdadeiras). E, embora signifiquem exatamente a mesma coisa, é mais provável que você prefira "perigos unem inimigos" a "situações perigosas aproximam inimigos" simplesmente porque a primeira opção rima.

Às vezes, para fazer uma afirmação parecer mais verdadeira basta adicionar uma imagem irrelevante. Em um experimento bastante macabro de 2012, Newman mostrou aos participantes declarações sobre uma série de pessoas famosas, como uma frase alegando que o cantor indie Nick Cave estava morto.[12] Quando a declaração foi acompanhada de uma foto do cantor, os participantes se mostraram mais propensos a acreditar que ela era verdadeira, em comparação com os participantes que apenas liam o texto.

É claro que a foto de Nick Cave poderia ter sido tirada em qualquer momento de sua vida. "Não faz sentido que alguém use a foto como evidência. Ela mostra apenas que ele é um músico de uma banda aleatória", comentou Newman. "Mas, sob uma perspectiva psicológica, fazia sentido. Qualquer coisa que facilite visualizar ou imaginar algo influencia o julgamento." Newman também testou o princípio em uma série de declarações de conhecimento geral. Os participantes eram mais propensos a concordar que "o magnésio é o metal líquido dentro de um termômetro" ou que "a girafa é o único mamífero que não pode pular" se a afirmação estivesse acompanhada de uma foto do termômetro ou da girafa. Novamente, as fotos não acrescentaram evidências de que as afirmações estavam corretas, mas tornaram os participantes mais propensos a acreditar nelas.

É interessante notar que descrições detalhadas (como as características físicas das celebridades) causaram efeitos parecidos. Se estamos preocupados se Nick Cave está vivo ou morto, não importa se ele é um cantor branco, mas esses detalhes irrelevantes realmente tornam a declaração mais persuasiva.

Talvez a estratégia mais poderosa para aumentar a sensação de que uma afirmação é verdadeira seja a simples repetição. Em um estudo, os colegas de Schwarz distribuíram uma lista de afirmações que teriam sido feitas por membros do "Partido da Aliança Nacional da Bélgica" (um partido fictício, inventado para o experimento). Mas, em alguns documentos, havia uma falha na impressão, de modo que a mesma declaração da mesma pessoa aparecia três vezes. Apesar de não fornecer novas informações, os participantes que leram a afirmação repetidas vezes tiveram maior probabilidade de acreditar que ela refletia o consenso do grupo.

Schwarz observou o mesmo efeito quando seus participantes leram notas sobre um grupo focal que discutia que medidas tomar para proteger um parque local. Alguns participantes leram citações de uma mesma pessoa, bem tagarela, que apresentou o mesmo argumento três vezes. Outros leram um documento em que três pessoas diferentes trouxeram o mesmo argumento ou um documento em que três pessoas apresentaram argumentos diferentes. Como se pode imaginar, os participantes eram mais influenciados quando viam pessoas diferentes convergindo para a mesma ideia, mas ficaram quase tão convencidos quando o argumento veio de uma única pessoa diversas vezes.[13] "Quase não houve diferença", revelou Schwarz. "Você não está refletindo sobre quem disse o quê."

Para piorar, quanto mais vemos certas pessoas, mais familiares elas se tornam, e isso as faz parecer mais dignas de confiança.[14] Expondo-se de forma repetitiva, um mentiroso pode se tornar um "especialista", e uma voz solitária começa a soar como um coro.

Essas estratégias são conhecidas há muito tempo pelos propagadores profissionais de desinformações. "A técnica de propaganda mais brilhante só terá sucesso se um princípio fundamental for lembrado constantemente e chamar a atenção de forma incansável", afirmou Adolf Hitler em *Minha luta*. "É preciso limitar-se a alguns pontos e repeti-los várias vezes."

Esses princípios continuam igualmente prevalentes hoje. Os fabricantes de um remédio supostamente eficaz ou de uma dieta da moda, por exemplo, enfeitam suas afirmações com diagramas técnicos e reconfortantes que pouco acrescentam aos seus argumentos mas têm um efeito poderoso. De fato, um estudo descobriu que a simples presença de uma tomografia cerebral pode dar mais credibilidade a alegações pseudocientíficas, mesmo que a foto não faça sentido para o leitor comum.[15]

Enquanto isso, o poder da repetição permite a uma minoria ínfima, porém barulhenta, convencer o público de que sua opinião é mais popular do que realmente é. Essa tática foi empregada regularmente pelos lobistas da indústria do tabaco nas décadas de 1960 e 1970. O vice-presidente do Tobacco Institute, Fred Panzer, admitiu isso em um memorando interno, descrevendo a "estratégia brilhante" do setor para criar "dúvida sobre os males para a saúde sem realmente negá-los". Para isso, recrutou cientistas que questionavam regularmente a opinião da esmagadora maioria dos médicos.[16]

É provável que as mesmas estratégias envolvam vários outros mitos. É muito comum que os meios de comunicação deem espaço para renomados negacionistas da mudança climática, que não têm formação científica mas vivem questionando a ligação entre a atividade humana e o aumento da temperatura do mar. A mensagem repetida começa a soar mais confiável, mesmo que seja a mesma minoria reproduzindo a mesma mensagem. Do mesmo modo, você pode não se lembrar de quando ouviu pela primeira vez que os telefones celulares causam câncer e que as vacinas causam autismo, e é bem possível que tenha duvidado quando ouviu. Mas, cada vez que você lê essas afirmações, elas parecem mais e mais corretas e você se torna um pouco menos cético.

Para piorar a situação, as tentativas de desmascarar essas alegações geralmente dão errado e, sem querer, acabam espalhando o mito. Num experimento, Schwarz mostrou a alguns estudantes de graduação um folheto do CDC que visava a desmascarar mitos sobre vacinação – como o de que podemos ficar doentes depois de tomar uma vacina. Em apenas trinta minutos, os participantes já estavam lembrando de 15% das falsas alegações como se fossem fatos e, quando questionados sobre a intenção de agir com base nas informações do CDC, relataram que estavam menos propensos a se imunizar.[17]

O problema é que os detalhes entediantes e verdadeiros foram rapidamente esquecidos, enquanto as alegações falsas permaneceram por mais tempo e, como resultado, se tornaram mais familiares. Ao repetir a afirmação, mesmo que para desmenti-la, sem querer você a torna mais verossímil. "Você literalmente transforma advertências em recomendações", disse-me Schwarz.

O CDC observou exatamente isso quando tentou dar um fim ao embuste da banana. Não é de admirar. A manchete dele, "Falso relatório na internet sobre fasciíte necrotizante associada a bananas", era muito menos digerível – ou "cognitivamente fluente", em termos técnicos – do que a ideia vívida (e aterrorizante) de que o vírus que come carne está se espalhando pelo país e que o governo estaria encobrindo a verdade.

Em consonância com o trabalho sobre raciocínio motivado, é quase certo que nossas visões de mundo mais amplas determinem até que ponto somos suscetíveis à desinformação. Isso ocorre em parte porque uma mensagem que já se adequa às nossas opiniões preexistentes é processada com mais facilidade, parece mais familiar e pode ajudar a explicar por que pessoas mais instruídas seriam especialmente suscetíveis à desinformação médica. Parece que os medos sobre os cuidados com a saúde são mais comuns entre pessoas mais abastadas e de classe média com formação acadêmica. Conspirações sobre médicos e crenças na medicina alternativa podem se encaixar naturalmente nesse sistema de crenças.

Os mesmos processos também podem explicar por que as mentiras dos políticos – entre elas a teoria de Donald Trump de que Barack Obama não nasceu nos Estados Unidos – continuam a se espalhar por muito tempo mesmo depois de serem desmascaradas. Como se esperaria da pesquisa sobre raciocínio motivado, sobretudo os republicanos (eleitores de Trump) acreditaram nessa mentira, mas 14% dos democratas (eleitores de Obama) também acreditaram nisso até 2017.[18]

Também podemos notar essa inércia mental nas mensagens de certas campanhas publicitárias. Considere o marketing do enxaguante bucal Listerine. Por décadas, os anúncios da marca alegaram falsamente que o Listerine poderia aliviar dores de garganta e proteger do resfriado comum. Mas, após uma longa batalha judicial no fim da década de 1970, a Federal Trade Commission (Comissão Federal do Comércio) obrigou a empresa a publicar anúncios corrigindo os mitos. Apesar da campanha de dezesseis meses e 10 milhões de dólares para desmentir as próprias alegações, os anúncios foram pouco eficazes.[19]

Esse novo entendimento sobre a desinformação tem provocado sérios exames de consciência em organizações que estão tentando difundir a verdade.

Num influente relatório, John Cook, então da Universidade de Queensland, na Austrália, e Stephan Lewandowsky, então da Universidade da Austrália Ocidental, apontaram que a maioria das organizações havia operado no "modelo de déficit de informação", que presume que as percepções errôneas vêm da falta de conhecimento.[20] Para combater a desinformação sobre temas como vacinação, você simplesmente apresenta os fatos e tenta garantir que o maior número possível de pessoas tenha acesso a eles.

Nossa compreensão da armadilha da inteligência nos mostra que isso não basta: não há como pressupor que pessoas inteligentes e instruídas absorverão os fatos. Segundo Cook e Lewandowsky: "Não importa apenas o que as pessoas pensam, mas *como* elas pensam."

O "manual de desmascaramento" apresenta algumas soluções. Por um lado, as organizações que esperam combater a desinformação devem abandonar a abordagem de "caçadores de mitos", primeiro enfatizando os erros para só depois explicar os fatos. O site do Serviço Nacional de Saúde inglês sobre vacinas, por exemplo, contém uma lista de dez mitos, em negrito, bem no topo da página.[21] A lista é repetida novamente, como manchetes em negrito, mais abaixo. Segundo estudos recentes de ciência cognitiva, esse tipo de estratégia coloca muita ênfase na desinformação, que é processada com mais fluência do que os fatos, e essa repetição a torna mais familiar. Como vimos, os sentimentos de fluência cognitiva e familiaridade contribuem para a impressão de que algo está correto, mesmo sem provas. Dificilmente um ativista antivacina teria feito um trabalho melhor para reforçar seu ponto de vista.

Em vez disso, Cook e Lewandowsky argumentam que qualquer tentativa de desmascarar um equívoco deve ter um cuidado especial com a cara do site, dando destaque aos fatos. Se possível, deve-se evitar repetir o mito. Ao tentar combater o medo das vacinas, por exemplo, pode-se optar por focar nos benefícios cientificamente comprovados. Mas, se for necessário discutir os mitos, deve-se, no mínimo, garantir que as mentiras tenham menos destaque do que a verdade a ser transmitida. É melhor intitular seu artigo "As vacinas contra gripe são seguras e eficazes" do que "Mito: as vacinas podem causar gripe".

Cook e Lewandowsky também apontam que muitas organizações talvez sejam sérias demais na apresentação dos fatos, a ponto de complicarem a própria argumentação, reduzindo a fluidez da mensagem. Segundo eles, é melhor ser seletivo nas evidências que você apresenta: às vezes dois fatos têm mais poder que dez.

Em tópicos mais controversos, sua maneira de definir o problema também pode reduzir o raciocínio motivado das pessoas. Se você está tentando discutir a necessidade de as empresas pagarem imposto pelos combustíveis fósseis que consomem, por exemplo, tem mais chance de conquistar os eleitores conservadores chamando-o de "dedução de carbono" do que de "imposto", termo mais carregado e que ativa a identidade política dos conservadores.

Entrando em vários sites de saúde pública, percebo que muitas instituições ainda têm um longo caminho a percorrer, mas já há sinais de movimento. Em 2017 a Organização Mundial da Saúde anunciou que havia adotado essas diretrizes para lidar com a desinformação espalhada pelos ativistas da "antivacinação".[22]

Mas como podemos nos proteger?

Para responder a essa pergunta, precisamos explorar outra forma de metacognição, o chamado "reflexo cognitivo", que, embora relacionado às formas de reflexo estudadas no capítulo anterior, diz respeito mais especificamente às maneiras como respondemos a informações factuais, e não à autoconsciência emocional.

O reflexo cognitivo pode ser mensurado com um teste simples, de apenas três perguntas. Considerando o exemplo a seguir, você tem uma amostra de como funciona:

- Um taco e uma bola custam, no total, R$1,10. O taco custa R$1,00 a mais que a bola. Quanto custa a bola? _____ centavos.
- Em um lago, há uma porção de ninfeias. Todos os dias o número dobra de tamanho. Se elas demoram 48 dias para cobrir todo o lago, quanto tempo levarão para cobrir metade do lago? _____ dias.
- Se são necessárias 5 máquinas e 5 minutos para criar 5 ferramentas, quanto tempo 100 máquinas levariam para criar 100 ferramentas? _____ minutos.

Para responder a essas perguntas não é preciso saber matemática além do ensino fundamental, mas a maioria das pessoas – mesmo os alunos das faculdades mais prestigiadas – só responde de uma a duas perguntas corretamente.[23] Isso ocorre porque as questões são projetadas com respostas enganosamente óbvias, porém incorretas (nesse caso, R$ 0,10, 24 dias e 100 minutos). Só depois de contestar essas suposições é possível chegar às respostas certas (R$ 0,05, 47 dias e 5 minutos).

Essas perguntas são muito diferentes das perguntas de QI vistas no Capítulo 1, que podem envolver cálculos complexos, mas não exigem que você questione engodos atraentes, porém incorretos. Dessa forma, o Teste de Reflexo Cognitivo é uma forma rápida e agradável de mensurar como avaliamos as informações e também nossas habilidades para substituir as pistas erradas que recebemos na vida real, em que os problemas não são bem definidos e as mensagens são enganosas.[24]

Como era de esperar, as pessoas com melhores pontuações no teste têm menos chance de sofrer de vários vieses cognitivos – e a pontuação de cada indivíduo indica como será o desempenho dele no Teste do Quociente de Racionalidade de Keith Stanovich.

No início dos anos 2010, porém, um doutorando chamado Gordon Pennycook, na época na Universidade de Waterloo, no Canadá, começou a pesquisar se o reflexo cognitivo poderia influenciar nossas crenças mais gerais. Pennycook suspeitava que um indivíduo que desafie suas intuições e pense em possibilidades alternativas tem, supostamente, menos chance de aceitar evidências de olhos fechados e isso o tornaria menos vulnerável à desinformação. E, de fato, Pennycook descobriu que é menos provável que pessoas com esse tipo de pensamento mais analítico endossem o pensamento mágico e a medicina complementar. Estudos posteriores mostraram que elas também são menos propensas a rejeitar a Teoria da Evolução e a acreditar nas teorias da conspiração do 11 de Setembro.

Isso subsiste mesmo quando controlamos outros possíveis fatores – como a inteligência ou o nível de escolarização –, enfatizando que não é apenas a capacidade cerebral que realmente importa; é se você a usa ou não.[25] "Devemos distinguir capacidade cognitiva de estilo cognitivo", disse-me Pennycook. Ou, sendo mais direto: "Na prática, se você não está disposto a pensar, você não é inteligente." Como vimos em relação a outras medidas de pensamento e raciocínio, em geral temos dificuldade para saber onde estamos nessa escala. "As pessoas que têm pouco pensamento analítico reflexivo acreditam que são boas nisso."

Desde então, Pennycook avançou nessas descobertas, e um de seus estudos recebeu grande atenção, incluindo um Prêmio IgNobel por uma pesquisa "que primeiro faz você rir e depois faz pensar". O estudo examinou as "bobagens pseudoprofundas" falsamente inspiracionais que as pessoas costumam postar nas redes sociais. Para medir a credulidade das pessoas, Pennycook pediu aos participantes que avaliassem a profundidade de várias declarações sem sentido. Entre elas, o pesquisador incluiu combinações aleatórias e inventadas de palavras com conotações vagamente espirituais, como "O significado oculto transforma uma beleza abstrata incomparável". Os participantes também viram tweets reais de Deepak Chopra, guru da Nova Era e defensor da chamada "cura quântica", com mais de vinte livros nas listas de mais vendidos do *The New York Times*. Entre os pensamentos de Chopra, estão "Atenção e intenção são os mecanismos da manifestação" e "A natureza é um ecossistema de consciência autorregulável".

Tal como a pergunta de Moisés, pode parecer que essas declarações fazem sentido; as palavras-chave que as compõem sugerem um tipo de mensagem afetuosa e inspiradora, até que você de fato pare para pensar no conteúdo delas. E, como já era de esperar, os participantes com pontuações mais baixas no Teste de Reflexo Cognitivo relataram ter visto um significado maior nessas frases pseudoprofundas, em comparação com pessoas com mentalidade mais analítica.[26]

Pennycook tem investigado se essa "receptividade à bobajada" também nos deixa vulneráveis às *fake news* – alegações infundadas, geralmente disfarçadas de notícias reais, que se espalham nas mídias sociais. Na sequência das discussões sobre *fake news* durante a eleição presidencial de 2016 nos Estados Unidos, Pennycook expôs centenas de participantes a uma série de manchetes – depois de checadas, algumas foram dadas como verdadeiras, outras como falsas. Havia equilíbrio entre histórias favoráveis a democratas e a republicanos.

Por exemplo, uma manchete do *The New York Times* afirmando que

"Donald Trump 'exige' que muçulmanos sejam registrados" tinha o respaldo de uma notícia real e fundamentada. Já a manchete "Mike Pence: terapia de conversão gay salvou meu casamento" não foi aprovada na checagem de fatos e veio de um site chamado NCScooper.com.

Analisando os dados, Pennycook descobriu que pessoas com maior reflexo cognitivo eram mais capazes de discernir as manchetes reais das falsas, independentemente de saberem o nome das fontes das notícias e se essas apoiavam suas convicções políticas pessoais. Essas pessoas estavam realmente envolvidas com as palavras e testando se as notícias eram críveis em vez de simplesmente usá-las para reforçar seus preconceitos.[27]

A pesquisa de Pennycook parece insinuar que poderíamos nos proteger de desinformações tentando pensar de forma mais reflexiva, e estudos recentes mostram que mesmo sugestões sutis podem surtir efeito. Em 2014, Viren Swami (então da Universidade de Westminster, na Inglaterra) pediu aos participantes que completassem jogos de palavras simples, alguns dos quais giravam em torno de palavras ligadas à cognição, como "razão", "ponderação" e "racional", enquanto outras evocavam conceitos mais físicos, como "martelo" ou "pulo".

Após os jogos com as palavras ligadas a "pensamento", mais participantes detectaram o erro na pergunta de Moisés, o que indica que estavam processando as informações com mais cuidado. Curiosamente, eles também se saíram melhor em perceber teorias da conspiração, o que sugere que também estavam refletindo com mais cuidado sobre as próprias crenças.[28]

Os problemas surgem quando pensamos em como aplicar esses resultados no dia a dia. Algumas das técnicas da *mindfulness* podem nos treinar a ter pontos de vista mais analíticos e evitar que cheguemos a conclusões rápidas sobre informações recebidas.[29] Um experimento tentador chegou a revelar que uma única sessão de meditação pode melhorar a pontuação no Teste de Reflexão Cognitiva, o que parece promissor, caso seja confirmado por pesquisas futuras que investiguem especificamente esse efeito na maneira como processamos desinformações.[30]

Schwarz é cético quanto à ideia de que podemos nos proteger de *toda* desinformação simplesmente com intenção e boa vontade: a enxurrada de *fake news* que recebemos diariamente indica que pode ser muito difícil aplicar nosso ceticismo de maneira equilibrada. "Você não consegue passar o dia todo checando tudo que vê ou ouve", explicou-me ele.*

Quando se trata de assuntos atuais e de política, por exemplo, já temos muitas pressuposições sobre quais fontes de notícias são confiáveis – seja o periódico mais respeitado e antigo, aquele outro da esquina ou o seu tio – e é difícil superar esses preconceitos. No pior cenário, você se esquece de desafiar muitas informações que estão de acordo com seu ponto de vista, e faz isso apenas com o conteúdo do qual discorda. Como consequência, suas tentativas bem-intencionadas de se proteger de maus pensamentos podem cair na armadilha do raciocínio motivado. "Isso pode aumentar a polarização de suas opiniões", disse Schwarz.

Precisamos ter toda a cautela, pois o fato é que talvez nunca consigamos construir um escudo psicológico robusto contra *todas* as desinformações que circulam. Mesmo assim, hoje há boas evidências de que podemos reforçar nossas defesas contra os erros mais flagrantes e, talvez, cultivar uma mentalidade mais reflexiva e sábia no geral. Só precisamos fazer isso de maneira mais inteligente.

Assim como as tentativas de Patrick Croskerry de desautomatizar seus estudantes de medicina eliminando os vieses ocultos, essas estratégias geralmente vêm na forma de uma "inoculação": nos expõem a um tipo de baboseira e, assim, nos preparam para identificar outros tipos no futuro. O objetivo é nos ensinar a reconhecer sinais de alerta em nosso pensamento, para que, quando necessário, ativemos automaticamente nosso raciocínio analítico e reflexivo.

O trabalho de John Cook e Stephan Lewandowsky sugere que essa abordagem pode ser muito poderosa. Em 2017, eles, que também escreveram

---

* Pennycook, aliás, mostrou que o pensamento reflexivo tem correlação negativa com o uso de smartphones. Quanto mais você usa o Facebook, o Twitter e o Google, menor sua nota no Teste de Reflexo Cognitivo. Ele enfatiza que não sabemos se existe uma relação causal – ou em que direção essa relação iria –, mas é possível que a tecnologia tenha nos tornado pensadores preguiçosos. "O uso do celular pode tornar as pessoas mais intuitivas, porque elas ficam menos acostumadas a refletir, em comparação com situações em que você não está simplesmente procurando coisas, mas, sim, refletindo a respeito de algo."

The Debunking Handbook (Manual do desmascaramento), estavam pesquisando formas de combater desinformações relacionadas às mudanças climáticas causadas pelo homem, particularmente as tentativas de disseminar dúvidas sobre o consenso científico.

Em vez de enfrentar diretamente os mitos relacionados ao clima, porém, primeiro eles apresentaram a alguns participantes um informativo sobre como a indústria do tabaco usou "falsos especialistas" para lançar dúvidas sobre pesquisas científicas que vinculam o fumo ao câncer de pulmão.

Em seguida, a dupla de pesquisadores mostrou aos participantes uma informação específica sobre a mudança climática: a chamada Petição do Oregon, organizada pelo bioquímico Arthur B. Robinson, que alegava contar com 31 mil assinaturas de pessoas com formação em ciências que duvidavam de que a liberação de gases de efeito estufa causasse perturbações climáticas na Terra. Na realidade, os nomes não foram verificados – a lista incluía até a assinatura da Spice Girl "Dra." Geri Halliwell[31] – e menos de 1% tinha de fato estudado ciências climáticas.

Pesquisas anteriores tinham mostrado que, ao ler sobre a petição, muitas pessoas não questionam as credenciais dos especialistas e simplesmente acreditam em suas descobertas. De acordo com as teorias do raciocínio motivado, isso era mais provável em pessoas que tinham opiniões de direita.

Depois de aprender sobre as táticas da indústria do tabaco, a maioria dos participantes de Cook se mostrou mais cética em relação à desinformação e ela não influenciou suas opiniões gerais. E o mais importante: a inoculação neutralizou o efeito da desinformação em pessoas de *todo o espectro político*; além disso, o raciocínio motivado, que tantas vezes nos leva a acreditar numa mentira e rejeitar a verdade, deixou de atuar.[32] "Para mim, este é o resultado mais interessante: a inoculação funciona apesar de seu ponto de vista político", disse Cook. "Independentemente da ideologia, ninguém quer ser enganado por falácias lógicas – e esse é um pensamento encorajador e empolgante."

Igualmente empolgante é o fato de que a inoculação em relação a desinformações em uma área (o elo entre os cigarros e câncer) forneceu proteção em outra (mudança climática). Era como se os participantes tivessem ligado o sinal de alerta, que os ajudava a reconhecer quando acordar e usar a mente analítica de modo mais eficaz em vez de simplesmente aceitar qualquer informação que parecesse "verdadeira". "Cria-se um guarda-chuva de proteção."

~

O poder dessas inoculações está levando algumas escolas e universidades a explorar os benefícios de educar de forma explícita os alunos sobre a desinformação.³³

Claro que muitas instituições já oferecem aulas de pensamento crítico, mas geralmente são análises simples e estanques de princípios filosóficos e lógicos, ao passo que a teoria da inoculação mostra que precisamos ser ensinados sobre isso explicitamente, usando exemplos da vida real que revelam os tipos de argumento que normalmente nos enganam.³⁴ Não parece suficiente supor que aplicaremos de imediato as habilidades do pensamento crítico na vida cotidiana sem que primeiro nos mostrem até que ponto as desinformações prevalecem na sociedade e as formas como podem influenciar nossos julgamentos.

Até o momento, os resultados foram animadores, mostrando que um semestre de inoculação reduziu significativamente as crenças dos alunos em pseudociência, teorias da conspiração e notícias falsas. E o mais importante: esses cursos parecem aprimorar as medidas do pensamento crítico de modo mais geral, incluindo a capacidade de interpretar estatísticas, identificar falácias lógicas, considerar explicações alternativas e reconhecer quando informações adicionais são necessárias para se chegar a uma conclusão.³⁵

Embora não sejam idênticas aos testes de raciocínio sábio explorados no Capítulo 5, essas medidas de pensamento crítico apresentam algumas semelhanças, como a capacidade de questionar pressupostos e a de averiguar explicações alternativas para os acontecimentos. É importante ressaltar que, assim como o trabalho de Igor Grossmann sobre a sabedoria baseada em evidências e as pontuações de diferenciação e regulação emocionais vistas no capítulo anterior, essas medidas do pensamento crítico não têm forte correlação com a inteligência geral e preveem resultados da vida real melhor que os testes de inteligência padrão.³⁶ Por exemplo, pessoas com pontuações mais altas são menos propensas a entrar numa dieta da moda com eficácia não comprovada, a compartilhar informações pessoais com um desconhecido pela internet ou a fazer sexo sem proteção. Se somos inteligentes mas não queremos cometer erros estúpidos, é essencial aprender a pensar de maneira mais crítica.

Esses resultados devem ser uma boa notícia para quem lê este livro: estudando a psicologia desses mitos e equívocos, você já deve ter começado a se proteger de mentiras. E os programas de inoculação cognitiva existentes oferecem dicas adicionais para você pôr em prática. O primeiro passo é aprender a fazer as perguntas certas:

- Quem está fazendo a afirmação? Quais são as credenciais dessa pessoa? E quais podem ser os motivos dela para me convencer disso?
- Quais são as premissas da afirmação? E como elas podem ser falhas?
- Quais são minhas suposições iniciais? E como elas podem ser falhas?
- Quais são as explicações alternativas para a afirmação dessa pessoa?
- Qual é a evidência? E como compará-la à explicação alternativa?
- De que informações adicionais preciso para poder fazer um julgamento?

Considerando a pesquisa sobre afirmações que parecem verdadeiras, você também deve avaliar como elas são apresentadas. Elas acrescentam mais alguma prova à alegação inicial ou só tentam se passar por evidências? O mesmo ponto está apenas sendo repetido pela mesma pessoa ou você está, de fato, ouvindo vozes diferentes que convergem para a mesma ideia? Os relatos anedóticos oferecem informações úteis e se baseiam em dados concretos ou apenas aumentam a fluidez da história? E você confia em alguém apenas porque o sotaque lhe parece familiar e é fácil de entender?

Por fim, leia algumas das falácias lógicas mais comuns, pois isso pode ligar o sinal de alerta quando você estiver sendo enganado por informações que parecem reais, mas na verdade são falsas. Para começar, compilei uma lista das mais comuns na tabela a seguir.

Pode parecer que essa simples tabela apenas afirme o óbvio, mas há muitas evidências de que uma grande quantidade de pessoas passa pela universidade sem aprender a aplicar esses passos à vida cotidiana.[37] E o viés de excesso de confiança mostra que, provavelmente, as pessoas que pensam que já estão imunes são as que correm mais risco.

Falácia	Explicação	Exemplo
Apelo à ignorância	A falta de evidência é considerada uma forma de prova.	Nossa incapacidade de explicar como os egípcios fizeram as pirâmides nos leva a concluir que elas foram construídas por alienígenas.
Apelo às autoridades	Considerar que as credenciais de uma pessoa provam que ela *deve* estar certa, mesmo que isso contradiga outras evidências. Isso é problemático se a opinião do especialista for controversa na sua área.	Kary Mullis, biólogo ganhador do Prêmio Nobel, afirma que o HIV não causa a aids – e, se alguém tão inteligente diz isso, *deve ser verdade*. Também se observa essa falácia quando atletas endossam suplementos alimentares. O fato de eles terem excelente condicionamento físico não quer dizer que seus conselhos nutricionais sejam válidos.
Correlação prova causalidade	Quando dois eventos coincidem, acreditamos que um levou ao outro, sem considerar outros fatores.	Pessoas que seguem uma dieta da moda podem viver mais, mas isso também pode resultar do fato de elas serem mais cuidadosas com o preparo físico e fazerem mais exercícios.
Falácia do espantalho	Deturpar um argumento de propósito, para que ele pareça ridículo. Numa conversa, pode aparecer quando alguém diz "Então o que você está dizendo é...", seguido de um resumo incorreto ou supersimplificado.	As teorias de Darwin foram usadas para justificar diferenças raciais. Portanto, a Teoria da Evolução é uma ideologia racista. (Esse foi de fato um argumento utilizado pelo poder legislativo do estado da Louisiana ao revisar sua política educacional.)[38] A propósito, argumentos semelhantes são bastante usados para desmerecer o QI; embora a posição política de Lewis Terman seja questionável, ela não deve ser usada para julgar seus resultados científicos.

Apelo à multidão	A ideia de que a opinião popular prova o valor de um argumento.	Milhões de pessoas alegam que a homeopatia melhora os sintomas que elas estão tentando tratar, por isso o tratamento deve ser válido.
Falsa dicotomia	Apresentar um cenário complexo como se houvesse apenas duas saídas, quando na verdade há várias outras opções.	"Todas as nações agora têm uma decisão a tomar. Ou estão conosco, ou estão com os terroristas." George W. Bush, após o 11 de Setembro.
Pistas falsas	Usar informações irrelevantes para distrair as pessoas das falhas dos argumentos reais.	"O tabagismo passivo pode ser perigoso, mas as pessoas vão sempre comer e beber em excesso, mesmo se proibirmos o cigarro." Claro que o segundo ponto é irrelevante para o primeiro, no entanto é apresentado como se fornecesse mais evidências.
Pedido especial	Alegar que as regras normais de lógica e evidência não se aplicam ao caso em questão.	Os paranormais costumam afirmar que experimentos científicos (e o ceticismo dos cientistas) interferem em suas habilidades. Arthur Conan Doyle era particularmente culpado dessa falácia.

Se você realmente quer se proteger de asneiras, é fundamental internalizar e aplicar essas regras, indiscriminadamente, tanto às teorias que você defende quanto às que despertam sua suspeita. É um processo gratificante.

De acordo com os princípios da inoculação, você deve começar examinando questões em que não deve haver controvérsia (como as bananas carnívoras), para aprender o básico do pensamento cético, antes de passar para crenças mais profundamente arraigadas (como a das mudanças climáticas), que podem ser mais difíceis de questionar. Nesses casos, sempre vale se perguntar por que você tem tanta certeza de determinado ponto de vista e se ele é realmente fundamental para sua identidade, ou se você é capaz de reformulá-lo de uma forma menos ameaçadora.

Basta passar alguns minutos escrevendo coisas positivas e autoafirmativas sobre si e sobre aquilo que você mais valoriza para se abrir a novas ideias. Estudos recentes mostram que essa prática reduz o raciocínio motivado, ajudando o indivíduo a perceber que seu ser como um todo não depende de ele estar certo sobre uma questão pontual e que ele pode separar certas opiniões da sua identidade.[39] (Não é porque você acredita na mudança climática, por exemplo, que precisa deixar de ser conservador: você pode até enxergar esse novo ponto de vista como uma oportunidade de negócios e inovações.) Depois você pode examinar por que chegou a tais conclusões, analisar as informações e tentar descobrir se está influenciado por sua fluência e sua familiaridade com o tema.

É possível que você se surpreenda com suas descobertas. Aplicando essas estratégias, eu mesmo já mudei de ideia sobre certas questões científicas, entre elas a modificação genética. Assim como muitos liberais, eu me opunha às plantações geneticamente modificadas por motivos ambientais, mas, quanto mais tomava conhecimento das minhas fontes de notícias, mais notava que a oposição vinha sempre dos mesmos pequenos grupos, como o Greenpeace, causando a impressão de que esses medos eram mais difundidos do que de fato eram. Além disso, os alertas deles sobre os efeitos colaterais tóxicos e as pragas descontroladas de plantas estilo Frankenstein eram cognitivamente fluidos e batiam com minhas visões ambientais intuitivas. Por fim, um exame mais detalhado das evidências mostrou que os riscos são pequenos (e, em geral, baseados em dados anedóticos), ao passo que os possíveis benefícios do cultivo de culturas resistentes a insetos e da redução do uso de pesticidas são incalculáveis.

Até um ex-líder do Greenpeace atacou recentemente o medo de seus ex-colegas, descrevendo-o como "moralmente inaceitável, porque coloca a ideologia acima da ação humanitária".[40] Eu sempre desdenhei dos negacionistas das mudanças climáticas e dos defensores do movimento antivacina, mas fui tão preconceituoso quanto eles em relação a outra causa.

Para uma lição final sobre a arte de detectar asneiras, conheci o escritor Michael Shermer em sua cidade natal, Santa Barbara, na Califórnia. Nas últimas três décadas, Shermer tem sido uma das principais vozes do movimento cético, que busca incentivar o uso do raciocínio racional e do pensamento crítico na vida pública. "Começamos pelo mais fácil: médiuns na televisão, astrologia, tarô", disse-me ele. "Mas, ao longo das décadas, migramos para reivindicações mais populares sobre temas como o aquecimento global, o criacionismo, o movimento antivacina e, atualmente, as *fake news*."

Shermer nem sempre foi assim. Ciclista profissional, certa vez ele recorreu a tratamentos não comprovados (embora legais) para melhorar seu desempenho, como lavagem intestinal para facilitar a digestão e o *rolfing*, um tipo de fisioterapia intensa (e dolorosa) que envolve a manipulação do tecido conjuntivo do corpo para reforçar o "campo energético". À noite, ele até usava um "eletroacuscópio", um dispositivo usado no crânio projetado para melhorar as "ondas alfa" de cura do cérebro.

Mas tudo mudou quando Shermer foi participar de uma competição de ultraciclismo (a Race Across America, ou Raam) em 1983, indo de Santa Monica, Califórnia, até Atlantic City, Nova Jersey. Para a corrida, Shermer contratou um nutricionista, que o aconselhou a experimentar uma nova "terapia multivitamínica" que envolvia a ingestão de um bocado de comprimidos fedorentos. O resultado foi a "urina mais cara e colorida dos Estados Unidos". No terceiro dia, ele se viu farto daquilo, parou no meio de uma subida íngreme em Loveland Pass, Colorado, cuspiu um monte de comprimidos amargos que tinha na boca e jurou que nunca mais seria enganado. "Naquele momento, ser cético me pareceu muito mais seguro do que ser crédulo", escreveu ele mais tarde.[41]

Um teste desolador do seu recém-descoberto ceticismo foi feito dias depois, perto de Haigler, Nebraska. Ele se aproximava da metade da etapa e já estava totalmente exausto. Após acordar de uma soneca de 45 minutos, convenceu-se de que estava cercado por alienígenas se passando de membros de sua tripulação e tentando levá-lo para a nave-mãe. Voltou a dormir, acordou com a mente limpa e percebeu que havia tido uma alucinação decorrente da exaustão física e mental. Mas até hoje a memória continua viva, como se fosse um evento real. Shermer acha que, se não fosse tão autoconsciente, poderia ter genuinamente confundido a alucinação com uma abdução real, como ocorrera com outros antes dele.

Como historiador da ciência, escritor e orador, desde então Shermer tem atacado videntes, médicos charlatões, teóricos da conspiração do 11 de Setembro e negacionistas do Holocausto. Ele viu como a inteligência pode ser aplicada de forma poderosa para descobrir ou ofuscar a verdade.

É de imaginar que, após tantos anos desmitificando besteiras, hoje Shermer seja uma pessoa cética e cansada do mundo, mas ele foi extremamente cordial em nosso encontro. Mais tarde descobri que essa postura simpática é imprescindível para ele pegar muitos dos seus oponentes desprevenidos e começar a entender o que os motiva. "Talvez eu socialize com alguém como David Neving, que é um negacionista do Holocausto, porque, depois de beber um pouco, eles se abrem e vão mais fundo, dizendo o que realmente pensam."[42]

Shermer não usa o termo, mas oferece uma das mais completas "inoculações" disponíveis em seu curso de introdução ao ceticismo na Universidade Chapman, na Califórnia.[43] Os primeiros passos, diz ele, são como "chutar os pneus e checar debaixo do capô" de um carro. "Quem está fazendo a alegação? Qual é a fonte? Alguém mais verificou a alegação? Qual é a evidência? Ela é boa? Alguém tentou desmascarar a evidência?", explicou-me ele. "Essa é a forma básica de detectar bobagens."

Assim como os outros psicólogos com quem conversei, Sherman tem certeza de que os exemplos vívidos e reais da desinformação são cruciais para ensinar esses princípios. Não basta supor que uma formação acadêmica típica nos dará a proteção necessária. "A maior parte da educação está preocupada apenas em ensinar aos alunos fatos e teorias sobre determinada área, e não necessariamente as metodologias de pensamento cético ou científico de maneira geral."

Para me dar uma ideia do curso, Shermer descreveu quantas teorias conspiratórias usam a estratégia das "anomalias como prova" para criar uma conjectura pouco convincente de que algo está errado. Os negacionistas do Holocausto, por exemplo, argumentam que a estrutura da câmara de gás Krema II (seriamente danificada) em Auschwitz-Birkenau não corresponde aos relatos de testemunhas oculares dizendo que soldados nazistas jogavam gás pelos buracos do telhado. Com base nisso, afirmam que ninguém poderia ter morrido pelo gás em Krema II e, portanto, tampouco isso teria acontecido em Auschwitz-Birkenau. Em suma, esse raciocínio sugere que os judeus não foram mortos pelos nazistas e que o Holocausto não aconteceu.

Se apresentado com fluência, esse tipo de argumento é capaz de enganar nosso pensamento analítico, não importando todo o corpo de evidências que independe da existência de buracos no Krema II, incluindo as fotografias aéreas que mostram extermínios em massa, os milhões de esqueletos em valas comuns e as confissões dos próprios nazistas. Na verdade, nas tentativas de reconstruir a câmara de gás de Krema descobriu-se que esses buracos existiam, de modo que todo o argumento é construído com base em uma premissa falsa. Mas a questão é que, mesmo que a anomalia fosse verdadeira, não teria bastado para reescrever toda a história do Holocausto.

A mesma estratégia é frequentemente usada por pessoas que acreditam que os ataques do 11 de Setembro foram "um trabalho interno". Uma das alegações principais delas é que o combustível dos aviões não poderia ter esquentado o suficiente para derreter as vigas de aço nas Torres Gêmeas e, portanto, os edifícios não deveriam ter desmoronado. O aço derrete em torno de 1.510°C, enquanto o combustível dos aviões queima ao redor dos 825°C. Embora o aço não se transforme em líquido nessa temperatura, os engenheiros mostraram que ele perde muito de sua força, o que significa que as vigas teriam se curvado sob o peso do edifício. A lição, portanto, é tomar cuidado com o uso de anomalias antes de pôr em dúvida um conjunto de dados e, também, considerar explicações alternativas antes de permitir que um detalhe intrigante reescreva a história.[44]

Shermer enfatiza a importância de manter a mente aberta. Com o Holocausto, por exemplo, é importante aceitar que haverá revisionismo à medida que mais evidências forem surgindo, mas não se pode deixar de levar em conta o grande número de fundamentos já sólidos e aceitos.

Shermer também nos aconselha a sair da nossa bolha e aproveitar a oportunidade para explorar outras visões de mundo. Ao conversar com um negacionista da mudança climática, por exemplo, ele acha que pode ser útil descobrir e entender as preocupações econômicas sobre a regulação do consumo de combustível fóssil, extraindo do negacionista os pressupostos que moldam sua interpretação da ciência. "Porque os fatos sobre o aquecimento global não são políticos, eles são o que são: fatos." Estamos falando dos mesmos princípios já ressaltados: explorar, ouvir e aprender; procurar explicações e pontos de vista alternativos em vez daquele que vem à cabeça de imediato; e aceitar que você não tem todas as respostas.

Ao ensinar aos seus alunos esse tipo de abordagem, Shermer espera que eles sejam capazes de manter a mente aberta e, ao mesmo tempo, de analisar melhor as fontes de novas informações. "Isso é equipá-los para o futuro, para, quando se depararem com afirmações que nem consigo imaginar daqui a vinte anos, sejam capazes de pensar: 'Isso me lembra o que aprendemos na aula do Shermer'", explicou ele. "É só um kit de ferramentas para se usar a qualquer momento [...]. É o que todas as faculdades deveriam estar fazendo."

Depois de explorar os fundamentos da armadilha da inteligência na Parte 1, vimos como a nova área da sabedoria baseada em evidências descreve outras habilidades e formas do pensamento, entre as quais a humildade intelectual, o pensamento ativo e de mente aberta, a diferenciação e a regulação das emoções e a reflexão cognitiva. Tudo isso nos ajuda a assumir o controle do poderoso mecanismo de pensamento da mente, fugindo das armadilhas em que pessoas inteligentes e instruídas costumam cair.

Também exploramos estratégias práticas que permitem aprimorar a tomada de decisões. Entre elas, a álgebra moral de Benjamin Franklin, o autodistanciamento, a atenção plena e o raciocínio reflexivo, bem como várias técnicas para aumentar a autoconsciência emocional e melhorar a intuição. E, neste capítulo, vimos como esses métodos, combinados com a alta capacidade de pensamento crítico, podem nos proteger da desinformação. Eles nos mostram que devemos tomar cuidado com a armadilha da fluência cognitiva e nos ajudam a formar opiniões mais sábias sobre política, saúde, meio ambiente e negócios.

Um tema central é a ideia de que a armadilha da inteligência surge porque temos dificuldade em parar e refletir além do óbvio (as ideias e os sentimentos que acessamos com mais facilidade), o que nos permitiria enxergar de modo diferente o mundo à nossa volta. Essa dificuldade é uma falha muito básica da imaginação. As técnicas abordadas ensinam a evitar esse caminho e, como mostrou Silvia Mamede, até uma simples pausa no pensamento pode ter um efeito poderoso.

Esses resultados são uma inestimável prova de conceito (termo que denomina um modelo prático que prova o conceito teórico estabelecido por uma pesquisa ou um artigo), o que é ainda mais importante do que as estratégias em si. Eles mostram que, de fato, existem muitas técnicas fundamentais de pensamento – além das mensuradas em testes acadêmicos padrão – que podem guiar a inteligência e garantir que ela seja usada da maneira mais precisa e exata. E, embora hoje não sejam cultivadas em escolas e universidades padrão, essas técnicas *podem* ser ensinadas. Todos podemos nos treinar para pensar com mais sabedoria.

Na Parte 3 vamos elaborar essa ideia para explorar as maneiras como a sabedoria baseada em evidências também pode aprimorar os modos como aprendemos e lembramos, descartando a ideia de que para explorar essas qualidades precisamos abrir mão de medidas mais tradicionais de inteligência. Para isso, primeiro precisamos conhecer alguns dos homens mais curiosos do mundo.

PARTE 3

~

A arte da aprendizagem
bem-sucedida: como a
sabedoria baseada
em evidências pode
melhorar a memória

7

Lebres e tartarugas: por que pessoas inteligentes fracassam no processo de aprendizagem

Vamos voltar para os Estados Unidos do fim da década de 1920. Na Califórnia, os gênios de Lewis Terman acabaram de entrar no ensino médio e, lá no horizonte, um futuro brilhante começa a acenar para esses jovens – mas estamos mais interessados num jovem garoto apelidado Ritty e nos experimentos caseiros que ele conduz em seu pequeno laboratório em Far Rockaway, Nova York.

O "laboratório" nada mais é do que uma antiga caixa de madeira provida de prateleiras, um aquecedor, uma célula de armazenamento de eletricidade, um circuito elétrico com lâmpadas incandescentes, interruptores e resistores. Um dos projetos dos quais Ritty mais se orgulhava era um sistema caseiro que alertava contra ladrões, composto por um sino que tocava sempre que seus pais entravam em seu quarto. O garoto usava um microscópio para estudar o mundo natural e vez ou outra levava o kit de química para a rua, onde fazia pequenos shows para as outras crianças.

Os experimentos nem sempre saíam conforme o planejado. Um dia, ele começou a investigar uma bobina de ignição de um Ford. Será que aquelas faíscas podiam fazer buracos num pedaço de papel? Bom, elas faziam, só que o papel todo começou a pegar fogo. Quando o papel ficou tão quente que Ritty teve que soltá-lo, ele o jogou num cesto de lixo, que também começou a queimar. Sabendo que sua mãe estava jogando cartas no andar de baixo da casa, Ritty fechou a porta cuidadosamente e abafou o fogo com uma revista antiga. Ao final, despejou as brasas pela janela.[1]

Nada disso significa que Ritty fosse uma criança extraordinária: centenas de crianças daquela geração tiveram kits de química, brincaram com circuitos elétricos e estudaram o mundo natural pelas lentes de um microscópio. O próprio Ritty admitiu mais tarde que era uma criança "certinha" na escola, mas longe de ser extraordinária: penava com literatura, desenho e línguas estrangeiras. Talvez por conta da dificuldade de se comunicar, conseguiu apenas 125 pontos num teste de QI, resultado que, embora acima da média, não chegava nem perto dos resultados dos "gênios" da Califórnia.[2] Ele certamente não teria chamado a atenção de Lewis Terman, especialmente se comparado com crianças como Beatrice Carter e seu astronômico QI de 192.

Mas Ritty continuou a aprender. Leu a enciclopédia da família de cabo a rabo e, na adolescência, começou a estudar matemática por conta própria, usando os livros escolares: encheu os cadernos com anotações sobre trigonometria, cálculo e geometria analítica, chegando a criar e resolver questões para exercitar a mente.[3] Quando começou os estudos na escola de ensino médio Far Rockaway, Ritty ingressou no Clube de Física e na Liga Interescolar de Álgebra. Tempos depois, conquistou o primeiro lugar no campeonato anual de matemática da Universidade de Nova York, superando estudantes de toda a cidade. No ano seguinte, começou a estudar no Instituto de Tecnologia de Massachusetts – e o resto, como dizem, é história.

Décadas mais tarde, novas gerações de crianças ouviriam o nome completo de Ritty, Richard Feynman, e o reconheceriam como um dos físicos mais influentes do século XX. A abordagem inovadora de Feynman na área da eletrodinâmica quântica revolucionou o estudo de partículas subatômicas[4] e fez dele, Shin'ichiro Tomonaga e Julian Schwinger os ganhadores do Prêmio Nobel em 1965 (honra jamais atingida pelos pupilos de Terman).[5] Feynman também ajudou a descobrir o processo físico por trás do decaimento radioativo e contribuiu bastante para o desenvolvimento da bomba atômica durante a Segunda Guerra Mundial, embora tenha se arrependido terrivelmente de seu envolvimento no projeto.

Seus colegas acreditavam que as profundezas do pensamento lógico de Feynman eram quase incomensuráveis. O matemático polonês Mark Kac, por exemplo, escreveu em sua autobiografia:

> Existem dois tipos de gênio: os "normais" e os "mágicos". Um gênio normal é aquele que nos faz pensar que poderíamos ser tão bons quanto ele caso fôssemos muito melhores. A mente desse gênio não é um mistério. Depois que entendemos o que ele fez, somos invadidos pela certeza de que nós também poderíamos ter feito aquilo. Mas, com os mágicos, a coisa é diferente [...]. O funcionamento de suas mentes é, para todos os objetivos e propósitos, incompreensível. Mesmo entendendo o que eles fizeram, o processo que usam é completamente obscuro [...]. E Richard Feynman é um mágico do mais alto calibre.[6]

No entanto, o gênio de Feynman não se restringia ao mundo da física. Durante um ano sabático no Instituto de Tecnologia da Califórnia, o pesquisador se dedicou ao estudo da genética e descobriu como as mutações internas de um gene podem suprimir outras. Apesar da sua aparente inaptidão para aprender idiomas estrangeiros, ele desenvolveu uma considerável habilidade artística, aprendeu a falar português e japonês e até mesmo a ler hieróglifos maias – tudo com o mesmo rigor que havia guiado seus estudos quando mais jovem. Feynman ainda desenvolveu outros projetos, como um estudo sobre o comportamento das formigas, aulas de bongô e uma fascinação de longa data pelo conserto de rádios. Foi sua mente inquisitiva e obstinada que expôs a falha de engenharia responsável pelo desastre espacial ocorrido no lançamento do ônibus espacial *Challenger*, em 1986.

Como James Gleick, biógrafo de Feynman, escreveu no obituário publicado pelo *The New York Times*: "Feynman nunca estava satisfeito com o que ele próprio sabia ou com o que os outros sabiam [...]. Ele perseguiu o conhecimento sem barreiras e sem preconceitos."[7]

As histórias de vida dos "gênios" de Lewis Terman já nos mostraram como pessoas com alto nível de inteligência geral muitas vezes falham quando precisam desenvolver seu potencial inicial. Apesar das expectativas, grande parte dos Termites chegou à idade adulta com o sentimento de que poderia ter ido mais longe com seus talentos. Tal como a lebre da conhecida fábula de Esopo, eles começaram a corrida com uma vantagem natural, mas não conseguiram tirar o máximo proveito dela.

Feynman, por outro lado, alegava ter começado com uma "inteligência limitada" quando criança,[8] mas optou por aplicá-la da forma mais produtiva possível conforme ampliava os conhecimentos na idade adulta. Em 1986, dois anos antes de sua morte, ele disse a um fã: "A graça da vida é poder experimentar constantemente para ver até onde é possível levar o potencial."[9]

Pesquisas mais recentes de orientação psicológica voltadas para a área de aprendizagem e desenvolvimento pessoal começam a apontar uma forte convergência com a teoria da sabedoria baseada em evidências que temos explorado neste livro, revelando qualidades cognitivas adicionais e hábitos mentais que, junto com a inteligência, podem determinar se seguiremos ou não os passos de Feynman.

Essas características nos incentivam a exercitar a mente e podem potencializar nosso processo de aprendizagem e nos ajudar a superar desafios, garantindo que usemos ao máximo nosso potencial natural. E o mais importante: elas também atuam como um antídoto para a avareza cognitiva e o pensamento unilateral, que contribuem para certas formas de armadilha da inteligência – o que significa que também podem gerar um raciocínio mais sábio e menos sujeito a vieses.

Essas observações são especialmente interessantes para pais e profissionais da área de educação, mas também podem ser úteis para quem deseja utilizar a inteligência da maneira mais eficiente.

Falemos, primeiro, da curiosidade, um traço comum em outras pessoas de sucesso além de Feynman.

Charles Darwin, por exemplo, não começou bem na escola e, assim como Feynman, não acreditava ter uma inteligência acima da média. Na verdade, ele próprio afirmou que "não tinha grande rapidez na compreensão e tampouco a perspicácia dos homens inteligentes".[10] Num ensaio autobiográfico, Darwin afirmou que, ao terminar a escola, "não estava nem acima nem abaixo da média":

> Meus professores e meu pai me consideravam um menino bastante comum, até um pouco abaixo do intelecto mediano. [...] Avaliando minha personalidade durante o período escolar, acredito que as únicas qualidades que eu cultivava e que seriam úteis no futuro eram meus gostos categóricos e diversificados, o zelo por tudo que me interessava e um grande e pungente prazer em entender temas complexos.[11]

É difícil imaginar que Darwin teria conseguido realizar o diligente trabalho a bordo do *Beagle* – e os projetos que o seguiriam nos anos seguintes – não fosse sua sede de conhecimento. Ele certamente não estava atrás de riqueza e sucesso: a pesquisa demorou décadas para ser concluída e foi pouco lucrativa. No entanto, sua vontade de aprender e saber mais o fez olhar além e questionar o dogma que o cercava.

Para além do seu revolucionário trabalho sobre a evolução, o interesse incessante de Darwin pelo mundo ao seu redor inspirou alguns escritos sobre o tema da curiosidade, nos quais ele descreveu como as crianças usam naturalmente um incansável processo de experimentação para aprender sobre o mundo ao redor.[12]

Como alguns psicólogos infantis notaram mais tarde, essa "necessidade de saber mais" funciona quase como um impulso biológico básico para uma criança. Apesar desse fundamento científico, psicólogos de gerações mais recentes não exploraram de maneira sistemática o impacto que tal impulso pode exercer na vida adulta, tampouco tentaram explicar por que algumas pessoas são naturalmente mais curiosas do que outras.[13] Como resultado, nós só sabíamos que a curiosidade era crucial para o desenvolvimento intelectual de uma criança e mais quase nada além disso.

O baixo número de pesquisas sobre o tema se deve, em parte, a dificuldades de natureza prática. Ao contrário do que ocorre com a inteligência geral, não contamos com testes definitivos e padronizados para avaliar a curiosidade, o que significa que muitos psicólogos acabam tendo que usar indicadores de natureza tangencial. É possível observar com que frequência uma criança faz perguntas, por exemplo, ou com que intensidade ela explora um ambiente; também é possível criar brinquedos com características e desafios ocultos e medir o tempo de interação da criança. Em experimentos com adultos, uma opção é aplicar questionários ou testes comportamentais que avaliem se a pessoa está disposta a descobrir um novo tema ou se prefere ignorá-lo. Quando a psicologia usou essas ferramentas, descobriu que a curiosidade é tão importante quanto a inteligência geral no desenvolvimento humano – seja na infância, na adolescência ou na maturidade.

Grande parte das pesquisas feitas sobre a curiosidade humana avalia o papel que esse elemento desempenha na memória e na aprendizagem,[14] e os resultados indicam que a curiosidade pode determinar o que é lembrado, o nível de entendimento sobre determinado tema e por quanto tempo aquilo ficará retido.[15] Não é só questão de motivação: mesmo quando fatores adicionais como esforço pessoal e entusiasmo individual são levados em conta, as pessoas naturalmente mais curiosas ainda parecem ter mais facilidade em se lembrar de fatos.

Exames de imagem podem explicar os motivos por trás disso. Quando analisamos um cérebro humano, vemos que a curiosidade ativa uma rede de regiões neurais conhecidas como "sistema dopaminérgico". O neurotransmissor dopamina costuma estar presente no desejo por comida, drogas ou sexo – indicando que, ao menos num nível neural, a curiosidade funciona como vontade ou desejo. No entanto, esse mesmo neurotransmissor também parece fortalecer o armazenamento duradouro de memórias no hipocampo, o que ajuda a explicar por que pessoas curiosas não só se mostram mais motivadas a aprender como também mais propensas a se lembrar do que aprenderam, mesmo se levarmos em conta o tempo empregado no processo de aprendizado.[16]

A descoberta mais interessante dessas pesquisas foi a identificação do chamado "efeito de transbordamento": quando o participante tem o interesse despertado por algo que genuinamente o interessa e recebe aquela primeira dose de dopamina no cérebro, é mais fácil memorizar até informações secundárias. Em outras palavras: esse efeito prepara o cérebro para aprender sobre qualquer tema.

A pesquisa com exames de imagem também indicou que algumas pessoas demonstram um interesse constante na realidade que as cerca e que os diferentes níveis de curiosidade individual têm uma relação apenas modesta com a inteligência geral. Isso significa não só que duas pessoas com o mesmo QI podem ter trajetórias pessoais radicalmente opostas, dependendo apenas do nível de curiosidade de cada uma, mas que um interesse genuíno em certo tema pode ser mais importante do que a determinação de ser bem-sucedido.

É por esse motivo que alguns psicólogos já consideram a inteligência geral, a curiosidade e a consciência os "três pilares" do sucesso acadêmico. Não cultivar uma dessas qualidades, portanto, pode ser prejudicial.

Os benefícios de ser uma pessoa curiosa não estão restritos apenas à realidade educacional. A curiosidade também é essencial no mundo do trabalho, pois não só nos ajuda a apurar o "conhecimento tácito" de que falamos no Capítulo 1 como também pode nos proteger do estresse e da exaustão: com ela, conseguimos nos manter motivados mesmo nos momentos difíceis. Além de tudo, a curiosidade alimenta nossa inteligência criativa, uma vez que nos incentiva a investigar problemas sequer considerados por outras pessoas e provoca o pensamento contrafactual, que é aquele em que nos perguntamos: "Mas e se [...]?"[17]

O interesse genuíno pelas necessidades dos outros também pode refinar nossa competência social e nos ajudar a descobrir a melhor solução conciliatória para as situações, impulsionando a inteligência emocional.[18] A curiosidade nos incentiva a olhar com mais cuidado para as motivações ocultas, e isso pode gerar negociações mais inteligentes.

O resultado? Uma vida mais feliz e satisfatória. Um estudo inovador acompanhou a vida de quase oitocentas pessoas durante dois períodos de seis meses, questionando os participantes sobre seus objetivos pessoais. Por meio de questionários autoaplicáveis para avaliar dez traços de personalidade distintos – como autocontrole e envolvimento –, os pesquisadores descobriram que a curiosidade era o traço que melhor previa a chance de os participantes alcançarem seus objetivos.[19]

Se você está se perguntando como seria o seu desempenho, responda às três questões a seguir, com pontuações de 1 (discordo totalmente) a 5 (concordo totalmente):

- Estou sempre buscando o máximo de informações que puder em situações novas.
- Aonde quer que eu vá, estou atrás de novas informações ou experiências.
- Sou muito receptivo a pessoas, eventos e locais desconhecidos ou pouco familiares.[20]

As pessoas que concordaram totalmente com as três afirmações durante o experimento tinham maior probabilidade de ser bem-sucedidas em seus objetivos. Vale notar que a curiosidade foi o único fator que amplificou o bem-estar dos participantes durante os doze meses de pesquisa. Em outras palavras: a curiosidade não só era um elemento que potencializava as chances de sucesso, mas também um recurso que fazia com que os participantes desfrutassem o processo.

Analisando os dados, podemos compreender como sujeitos como Darwin e Feynman alcançaram tantas conquistas. O desejo de explorar fez com que eles fossem expostos a novas experiências e ideias que não se encaixavam na ortodoxia corrente. Foi esse mesmo desejo que os fez ir além para tentar compreender o que estavam vendo e encontrar soluções inovadoras para os problemas que tinham descoberto.

Se comparada a Darwin e Feynman, uma pessoa com um alto nível de inteligência geral poderia até ter tido mais facilidade para processar informações complexas, mas, sem a curiosidade natural, essa vantagem provavelmente seria perdida. Isso só mostra, mais uma vez, que a inteligência geral é um dos ingredientes essenciais para o pensamento bem-sucedido, mas ela precisa de vários outros traços complementares para realmente se desenvolver.

O verdadeiro mistério, no entanto, está no fato de que pouquíssimas pessoas conseguem preservar o nível de curiosidade infantil durante o resto da vida, já que um grande número de pesquisas mostra que a maioria de nós perde essa característica logo após a infância. Se todos nascemos com um desejo natural de aprender, e se esse desejo pode trazer tantos benefícios durante toda a vida, o que leva as pessoas a deixarem de ser curiosas conforme envelhecem? Como impedir que isso ocorra?

Susan Engel, pesquisadora da Williams College, em Massachusetts, passou a maior parte das duas últimas décadas tentando encontrar respostas – e os dados que coletou são impressionantes. Em seu livro *The Hungry Mind* (A mente faminta) ela narra um experimento no qual crianças no jardim de infância eram instruídas a observar um de seus pais em outra sala, separada apenas por um vidro espelhado. Em seguida, os pais deveriam brincar com os objetos que estavam na mesa, apenas olhar para os objetos ou então simplesmente ignorar os itens e conversar com outro adulto. Mais tarde a criança recebia os objetos, e a probabilidade de que ela tocasse ou explorasse os objetos era mais alta apenas se ela tivesse visto o pai ou a mãe fazendo o mesmo.

Por mais sutil que fosse, o comportamento do pai ou da mãe servia como indicador para a criança avaliar se podia ou não mexer nos objetos, aumentando ou reduzindo o interesse dela. São ações como essa que, ao longo do tempo, ficam enraizadas em nossa mente. Segundo Engel: "A curiosidade é contagiante e, para um pai, é muito difícil incentivar a curiosidade em seu filho se ele próprio não for uma pessoa curiosa."

Também é possível observar a influência que um pai exerce sobre o filho nas conversas em família. Ao gravar as conversas de doze famílias durante o jantar, Engel observou que alguns pais davam respostas mais diretas às perguntas de uma criança. Não há nada de errado nisso – eles não pareciam nitidamente desinteressados –, mas outros pais usaram a oportunidade para expandir a discussão sobre o tema, o que levava a criança a fazer mais perguntas. O resultado era que nessas casas as crianças eram bem mais curiosas e ativas.

A pesquisa de Engel traz um retrato ainda mais desanimador do sistema escolar norte-americano. Crianças pequenas costumam fazer, em média, 26 perguntas para os pais quando estão em casa (uma criança chegou a fazer 145 perguntas quando Engel a observou!), mas esse número cai para apenas duas por hora no ambiente escolar. É possível verificar esse mesmo recuo em outras formas de expressar curiosidade, como a probabilidade de a criança explorar brinquedos novos ou outros objetos interessantes. Essa é uma característica que se torna cada vez mais evidente conforme a criança cresce. Enquanto observava aulas do quinto ano do ensino fundamental, não era raro que Engel passasse quase duas horas inteiras sem notar uma única expressão de interesse por parte das crianças.

Tal comportamento se deve, em parte, às compreensíveis preocupações dos professores, que precisam manter a turma em ordem e cumprir o cronograma de atividades. Mas Engel acredita que muitas vezes os professores se mostram rígidos demais e preferem seguir o plano de aula predefinido em vez de permitir que os alunos façam suas perguntas. Enquanto observava uma aula sobre a Revolução Americana, Engel notou que um aluno educadamente levantou a mão para fazer uma pergunta após 15 minutos de aula ininterrupta. O professor respondeu rapidamente: "Agora não é hora de perguntar, agora é hora de aprender." É óbvio que esse tipo de atitude vai influenciar rapidamente o comportamento de uma criança, fazendo com que até indivíduos muito inteligentes simplesmente parem de tentar descobrir os fatos por conta própria.

Darwin dizia que o modelo rígido e tradicional de ensino quase aniquilou seu interesse, pois ele foi forçado a decorar passagens inteiras de Virgílio e Homero. "Nada poderia ter sido pior para o desenvolvimento do meu intelecto", escreveu ele mais tarde. Por sorte, Darwin tinha pais que o incentivaram a seguir seus interesses, mas, sem nenhum tipo de incentivo ou encorajamento em casa e na escola, o desejo de aprender e explorar pode desaparecer ao longo do tempo.

Engel observou que a ansiedade também pode aniquilar a curiosidade e que ações sutis podem ter grande impacto; segundo ela, o interesse de um aluno está diretamente correlacionado ao número de vezes que o professor sorri em sala.

Em outro experimento, Engel concentrou-se em grupos compostos por crianças de 9 anos de idade em uma aula de ciências. A tarefa dada às crianças era simples: elas deviam despejar algumas uvas-passas em uma mistura de vinagre, bicarbonato de sódio e água para averiguar se as bolhas da solução fariam as passas boiarem. Para alguns grupos, a professora passou as instruções e deixou as crianças fazerem os experimentos; em outros, ela desviava sutilmente do plano de aula: pegava uma balinha e dizia: "Quero saber o que vai acontecer se eu deixar essa balinha cair ali dentro em vez das passas."

Pode parecer pouco, mas, percebendo a curiosidade da professora, as crianças do segundo grupo se mostraram mais empolgadas com a atividade, continuando os experimentos mesmo quando a professora saía de sala. Foi nítida a diferença para o grupo de controle, no qual as crianças se distraíram com grande facilidade, ficaram mais agitadas e menos produtivas.

Embora a pesquisa de Engel ainda esteja em andamento, ela é categórica ao afirmar que está na hora de aplicar esses resultados ao ambiente escolar: "Há muitas coisas que não sabemos, o que é empolgante para nós, pesquisadores. Mas descobrimos o suficiente para afirmar que as escolas precisam incentivar [de maneira ativa] a curiosidade dos alunos [...] e que isso pode ser algo poderoso. É quase impossível deter uma criança que realmente quer aprender."

Nós já vamos descobrir as estratégias que Feynman utilizou para manter a curiosidade viva e atingir seu potencial máximo e como essas ações podem nos ajudar a pensar e raciocinar melhor. Mas, antes de chegarmos a essas descobertas inovadoras, precisamos examinar outro ingrediente crucial para a realização pessoal e intelectual: uma característica conhecida como "*mindset* de crescimento".

O conceito foi cunhado por Carol Dweck, professora de psicologia da Universidade Stanford, durante a pesquisa pioneira que foi amplamente difundida em 2007 pelo lançamento do best-seller *Mindset: a nova psicologia do sucesso*. Mas o sucesso e o reconhecimento mundial foram apenas o primeiro passo. Durante a última década, uma série de experimentos notáveis tem sugerido que nossos *mindsets* podem explicar por que pessoas à primeira vista inteligentes não conseguem aprender com seus erros. A teoria de Dweck, portanto, é essencial para compreendermos a armadilha da inteligência.

Assim como Robert Sternberg, Dweck usou suas experiências escolares como elemento motivador. Durante o sexto ano do ensino fundamental, sua professora dividira a sala de acordo com os resultados do teste de QI – os "melhores" alunos se sentavam na frente da sala, e os "piores", no fundo. Às crianças com os resultados mais baixos não era permitido sequer realizar tarefas rotineiras, como carregar a bandeira durante o hino ou levar um bilhete para o diretor. Embora estivesse sentada na primeira cadeira da primeira fileira, Dweck sofreu com o peso das expectativas da professora:[21] "Ela era taxativa ao dizer que, para ela, o QI era a principal medida de inteligência e caráter."[22] Para Dweck, a possibilidade de falhar era tão alta que novos desafios sempre pareciam assustadores.

Todos esses sentimentos voltaram à tona quando Dweck começou a trabalhar na área de psicologia do desenvolvimento. Um de seus primeiros grupos era composto por crianças de 10 e 11 anos, e ela costumava aplicar quebra-cabeças para o desenvolvimento do pensamento lógico. O sucesso das crianças nesses jogos não estava necessariamente relacionado ao talento pessoal de cada uma. Algumas das mais inteligentes se frustravam e desistiam rapidamente, enquanto outras perseveravam e iam até o fim.

A diferença fundamental estava nas crenças que cada criança carregava sobre seus talentos e habilidades. Aquelas com o *mindset* de crescimento acreditavam que o desempenho no jogo poderia melhorar com um pouco de prática, enquanto as crianças com um *mindset* fixo achavam que o talento que tinham era inato e, por isso, não poderia ser modificado. O resultado foi que este último grupo se mostrou mais propenso a desistir diante de problemas mais complexos, pois as crianças pensavam que, se falhassem naquela ocasião, falhariam sempre. "Para alguns, o fracasso é o fim do mundo; para outros, é uma oportunidade estimulante."[23]

Em experimentos realizados em escolas, universidades e empresas, Dweck identificou uma série de atitudes que podem levar pessoas inteligentes a desenvolver um *mindset* fixo. Você, por exemplo, acredita que:

- Falhar ao realizar uma tarefa é algo que reflete seu valor como pessoa?
- Aprender uma tarefa nova ou desconhecida pode colocá-lo numa posição vergonhosa?
- Só os incompetentes precisam se esforçar?
- Você é inteligente demais para se esforçar?

Se você respondeu "Sim" a essas quatro perguntas, é provável que tenha um *mindset* mais fixo e esteja correndo o risco de sabotar suas chances de sucesso, pois prefere evitar desafios que o obriguem a sair da sua zona de conforto.[24]

Na Universidade de Hong Kong, por exemplo, Dweck averiguou o *mindset* de calouros. Como todas as aulas da universidade são ministradas em inglês, a proficiência no idioma é vital para o sucesso acadêmico, mas muitos alunos cresceram falando apenas cantonês e não eram totalmente fluentes no idioma estrangeiro. Dweck descobriu que alunos com um *mindset* fixo não se mostravam muito empolgados com a possibilidade de fazer faculdade em inglês, como se tivessem medo de expor suas fraquezas – embora, a longo prazo, fosse uma experiência que aumentaria suas chances de sucesso.[25]

Além de determinar como reagimos a um desafio ou um fracasso, o *mindset* parece influenciar nossa habilidade de aprender com os erros cometidos – algo que pode ser averiguado pela atividade elétrica do cérebro durante testes com eletrodos no couro cabeludo. Quando recebiam um feedback negativo, participantes com *mindset* fixo apresentavam alta atividade no lobo frontal anterior, área responsável pelo processamento social e emocional, enquanto a atividade neural registrada parecia refletir o comportamento de um ego ferido. Apesar da forte reação, essas pessoas mostraram baixos níveis de atividade no lobo temporal, associado ao processamento conceitual e ao detalhamento de informações. É possível inferir que estavam tão preocupados com o ego ferido que não conseguiam prestar atenção aos detalhes do que estava sendo dito e aos conselhos que poderiam usar para otimizar o desempenho numa segunda tentativa. Isso quer dizer que uma pessoa com um *mindset* fixo corre o risco de repetir continuamente os mesmos erros, arruinando seus talentos em vez de aperfeiçoá-los.[26]

As consequências do *mindset* fixo são particularmente relevantes no ambiente escolar, em especial para crianças que vêm de condições econômicas e sociais precárias. Em 2016, a equipe de Dweck publicou o resultado de um questionário que avaliou o *mindset* de mais de 160 mil adolescentes chilenos matriculados no primeiro ano do ensino médio – a primeira avaliação feita em um país inteiro. Tal como averiguado na pesquisa anterior, o *mindset* de crescimento poderia ser usado para prever a chance de sucesso acadêmico, mas os pesquisadores também queriam verificar a forma como o *mindset* de crescimento poderia beneficiar participantes de camadas socioeconômicas menos privilegiadas. Embora a parcela 10% mais pobre dos adolescentes tivesse maior probabilidade de desenvolver um *mindset* fixo, o *mindset* de crescimento funcionava tanto para os adolescentes menos privilegiados quanto para os mais ricos, de famílias com salários até treze vezes maiores que as dos mais pobres. Ainda que um estudo correlacional tenha suas limitações, é possível inferir que o *mindset* de crescimento tenha atuado como fator decisivo para que os participantes menos privilegiados tentassem superar as dificuldades impostas pela pobreza.[27]

Para além do âmbito da educação, Dweck já trabalhou com pilotos de corrida, jogadores profissionais de futebol americano e nadadores olímpicos, com o objetivo de mudar o *mindset* deles e otimizar o desempenho em competições.[28]

Até aqueles que estão no auge da carreira podem ser influenciados por um *mindset* fixo. A tenista Martina Navratilova, por exemplo, era campeã mundial quando perdeu para Gabriela Sabatini, então com apenas 16 anos, durante o Aberto da Itália de 1987. Tempos depois, Navratilova revelou: "Eu me sentia tão ameaçada por aquela geração mais nova que sequer ousava jogar com todo o meu potencial. Eu tinha medo de descobrir que elas poderiam me vencer mesmo se eu desse o meu melhor."[29]

Navratilova identificou o problema e trabalhou para mudá-lo, e depois disso venceu Wimbledon e o Aberto dos Estados Unidos, mas há pessoas que acabam passando a vida longe de desafios. Dweck conta: "Acho que é assim que limitamos nossas vidas. Você tem a chance de não correr riscos e escolhe se acomodar, mas ao final da vida vai perceber que simplesmente não evoluiu, não cresceu."

Embora a pesquisa de Dweck tenha ganhado reconhecimento internacional, é comum encontrar aqueles que interpretam seu trabalho de forma incorreta. Um artigo do jornal *The Guardian* em 2016, por exemplo, descreveu o trabalho como "a teoria de que basta tentar para ser bem-sucedido",[30] o que está longe de ser um retrato fiel das opiniões de Dweck como pesquisadora: ela não está afirmando que o *mindset* de crescimento pode funcionar milagrosamente mesmo quando não há talento ou aptidão, mas, sim, que ele é um elemento importante, sobretudo em situações que envolvem novos desafios ou que nos fazem questionar nossas habilidades. O senso comum diz que é necessário ao menos um pouco de inteligência para construir uma trajetória de sucesso, mas o *mindset* pode ser um fator importante para ajudar você a vencer mesmo fora da sua zona de conforto.

Outros preferem citar o *mindset* de crescimento como razão para comemorar toda e qualquer façanha de uma criança e ignorar as falhas ou os fracassos. Na verdade, a mensagem de Dweck é justamente o oposto: elogiar em excesso uma criança pode ser quase tão danoso quanto criticá-la em excesso pelos fracassos. Dizer para uma criança que ela é inteligente após um bom resultado, por exemplo, pode ser uma forma de reforçar um *mindset* fixo. A criança pode se sentir constrangida se precisar se dedicar mais aos estudos, já que isso iria contra a imagem de um indivíduo inteligente. Da mesma forma, é provável que ela evite desafios futuros que ameacem derrubá-la do pedestal. Ironicamente, Eddie Brummelman, da Universidade de Amsterdã, descobriu que elogios excessivos podem ser particularmente prejudiciais a crianças com baixa autoestima, levando-as a desenvolver o medo de não corresponder às expectativas dos pais.[31]

Isso não quer dizer, claro, que não devemos elogiar nossos filhos ou alunos por suas vitórias, ou que não devemos apontar suas falhas. Nos dois casos, os pesquisadores indicam que o melhor caminho é enfatizar a jornada que os levou até aquele ponto, e não o resultado em si.[32] De acordo com Dweck: "A ideia é ser honesto sobre a trajetória da criança e propor trabalhar junto com ela para que ela se torne mais inteligente."

Sara Blakely, fundadora da empresa de lingerie feminina Spanx, nos oferece um exemplo prático desse princípio educacional. Quando criança, Sara era diariamente recebida em casa pelo pai com a mesma pergunta: "No que você falhou hoje?" Tirada de contexto, pode parecer uma pergunta cruel, mas Blakely sabia o que seu pai queria dizer: se não tivesse falhado em nada, ela não havia saído da sua zona de conforto e, por isso mesmo, estava limitando seu potencial.

Numa entrevista, ela contou mais sobre essa história: "Ele tentava me ensinar que o fracasso é o que acontece quando você não tenta e, mesmo assim, se preocupa com o resultado final. E isso me ajudou a adotar uma postura mais livre e a ter coragem de abrir as asas." Foi esse *mindset* de crescimento, aliado à imensa criatividade, que ajudou Blakely a largar o emprego de vendedora de faxes e investir 5 mil dólares numa empresa própria. Hoje a Spanx está avaliada em mais de um bilhão de dólares.[33]

Recentemente, Dweck tem explorado intervenções mais simples no *mindset* humano que poderão, um dia, ser implementadas em larga escala e descobriu que um curso virtual que institui crianças e adolescentes em idade escolar sobre a neuroplasticidade – a capacidade do cérebro humano de se adaptar e de aprender – reduz a crença de que a inteligência e o talento são qualidades fixas, inatas.[34] No entanto, o benefício dessas intervenções é mais imediato do que duradouro,[35] de modo que uma mudança mais significativa precisaria não só envolver lembretes constantes sobre o tema, mas também a participação ativa de todos os envolvidos.

No fim das contas, o objetivo é apreciar o processo e não se concentrar apenas no resultado – sentir prazer em aprender mesmo quando for difícil. E isso é algo que envolve trabalho duro e perseverança, especialmente se você passa a vida inteira acreditando que o talento é algo inato e que o sucesso deve vir de maneira rápida e fácil.

Quando consideramos os dados que acabamos de apresentar, o extraordinário desenvolvimento pessoal de Feynman, que passou de garoto curioso que gostava de fazer experimentos a cientista mundialmente renomado, começa a fazer mais sentido.

Desde muito novo, Feynman transbordava com um desejo irreprimível de compreender o mundo – algo que aprendeu com o pai: "Todo lugar que visitávamos estava sempre cheio de maravilhas por descobrir: as montanhas, as florestas, o mar."[36]

Com uma enorme curiosidade, Feynman não precisava de outra motivação para estudar. Como aluno, o simples prazer de procurar uma resposta o fazia passar a noite inteira tentando resolver um problema; como cientista, essa mesma motivação o ajudou a superar frustrações profissionais.

Quando começou a trabalhar como professor na Universidade Cornell, Feynman preocupou-se com a possibilidade de jamais corresponder às expectativas de seus colegas; começou a se sentir esgotado, e o simples ato de pensar na física como disciplina o deixava "enjoado". Foi então que ele lembrou que, quando garoto, costumava "brincar" com a física como se esta fosse um brinquedo. A partir daí, decidiu que só trabalharia com as questões que de fato o interessassem, sem se preocupar com a opinião dos outros.

Num momento em que muitos teriam perdido por completo a curiosidade, Feynman a reacendeu – e foi seu desejo de "brincar" com ideias complexas que o levou à sua maior descoberta. Certo dia, na cafeteria da universidade, ele observou um homem fazendo malabarismos com pratos. Feynman ficou maravilhado com o movimento: a forma como os pratos balançavam e como esse balançar dependia da velocidade em que giravam. Ao traduzir esse movimento em equações, o cientista começou a identificar alguns paralelos surpreendentes com a órbita de um elétron, o que tempos depois resultaria na sua influente teoria da eletrodinâmica quântica, pela qual recebeu um Prêmio Nobel. Mais tarde Feynman diria: "Foi como tirar a rolha de uma garrafa. Os diagramas e tudo aquilo pelo qual eu recebi o Nobel vieram do tempo que eu fiquei à toa olhando o balançar dos pratos."[37] E diria ainda: "A imaginação está sempre tentando atingir um nível a mais de compreensão, até que de repente eu me vejo sozinho por um instante, diante de um novo canto dos padrões de beleza e majestade da natureza. Essa foi a minha recompensa."[38]

O *mindset* de crescimento o ajudou a lidar com o fracasso e a decepção – algo que ele deixou claro no discurso que proferiu ao receber o Nobel: "Quando escrevemos artigos científicos para publicação em revistas acadêmicas, temos o costume de mostrar algo completo, apagar os caminhos trilhados, ignorar os becos sem saída, esconder que começamos com uma ideia incorreta, e por aí vai." Mas Feynman decidiu usar o momento para explicar os desafios que havia encarado na carreira, tanto "naquilo em que não fui bem-sucedido e que me custou tanto esforço quanto naquilo que deu certo".

Feynman também contou como não tinha enxergado falhas aparentemente fundamentais na sua teoria inicial, que teriam resultado em impossibilidades físicas e matemáticas, e também foi extraordinariamente sincero ao relembrar a decepção que sentiu quando seu mentor lhe mostrou essas falhas: "De repente eu percebi que era um cara estúpido." As respostas para esses percalços não vieram na forma de um insight genial; os momentos de inspiração eram intercalados por longos períodos de "esforço" (palavra que ele repetiu seis vezes ao longo do discurso).

Mark Kac pode até ter considerado seu colega um "mágico do mais alto calibre" e um gênio "incompreendido", mas o próprio Feynman cultivava uma visão mais pé no chão de si mesmo. Ao contrário de tantos outros vencedores, ele estava disposto a reconhecer o sangue, o suor, as lágrimas e até o eventual trabalho penoso e entediante que precisou encarar antes de experimentar aquele sentimento de pura "empolgação, de que possivelmente ninguém ainda considerou essa possibilidade louca que está diante de você".[39]

—

Uma vez que são recursos importantes para otimizar nosso processo de aprendizagem e superar nossos fracassos pessoais, a curiosidade e o *mindset* de crescimento deveriam ser considerados duas características mentais importantes e independentes da inteligência geral, capazes de alterar o rumo de nossas vidas. Se você deseja tirar proveito máximo do seu potencial intelectual, o cultivo dessas características é essencial.

Mas o real valor delas vai além. Em uma convergência impressionante com as teorias da sabedoria baseada em evidências, pesquisas mais recentes começaram a indicar que tanto a curiosidade quanto o *mindset* de crescimento podem nos proteger do raciocínio perigosamente dogmático e unilateral que exploramos nos primeiros capítulos. As mesmas qualidades imprescindíveis para *aprender* de maneira mais produtiva, portanto, podem ajudar você a argumentar e *raciocinar* de maneira mais sábia, e vice-versa.

Para entendermos os motivos por trás dessa convergência, precisamos primeiro revisitar o trabalho de Dan Kahan, da Universidade Yale. Talvez você lembre que Kahan descobriu que a inteligência e o aprendizado podem exacerbar o raciocínio motivado em temas como o aquecimento global – gerando opiniões cada vez mais polarizadas. O problema era que esses experimentos não haviam levado em conta o interesse natural dos participantes, e Kahan estava curioso para averiguar se o desejo de descobrir novas informações poderia influenciar a capacidade humana de assimilar pontos de vista diferentes.

Para descobrir, primeiro Kahan projetou uma escala que media o nível de curiosidade dos participantes pelo tema da ciência, com questões sobre os hábitos de leitura (se eles liam sobre ciência por prazer), se acompanhavam as notícias especializadas e com que frequência conversavam sobre ciência com amigos ou familiares. Para seu espanto, Kahan verificou que algumas pessoas tinham grande conhecimento sobre o tema, mas um baixo nível de curiosidade, e vice-versa. Esse resultado seria crucial para a etapa seguinte do experimento, na qual Kahan pediu aos participantes que expressassem suas opiniões sobre temas de alto teor político – por exemplo, o aquecimento global.

Como ele havia mostrado anteriormente, um maior conhecimento sobre a ciência significava um aumento na polarização entre esquerda e direita, mas o mesmo não acontecia com a curiosidade, que reduzia a distância entre os dois grupos. Apesar da opinião corrente de muitos pensadores conservadores, republicanos mais curiosos apresentavam maior probabilidade de concordar com o consenso científico sobre temas como o aquecimento global.

Os resultados da pesquisa indicam que o desejo de aprender superava os preconceitos dos participantes, o que os tornava mais propensos a ler materiais que contrariavam suas opiniões. De fato, quando os participantes eram convidados a escolher entre dois artigos para leitura, os mais curiosos se mostravam mais dispostos a ler algo que desafiava a ideologia na qual acreditavam. No artigo em que listou suas descobertas, Kahan indicou que "esses participantes demonstraram uma preferência notável por informações novas, mesmo que elas estivessem em desacordo com suas predisposições políticas".[40] Em outras palavras, a curiosidade permitiu que evidências concretas ultrapassassem os "compartimentos à prova de lógica" que costumam proteger as crenças mais próximas às nossas identidades.

O próprio Kahan admite que ficou "boquiaberto" com os resultados; em uma conversa, ele me contou que esperava que a "força gravitacional" de nossas identidades sobrepujasse o fascínio da curiosidade. No entanto, os resultados parecem coerentes quando consideramos que a curiosidade nos ajuda a tolerar a incerteza. Se, por um lado, as pessoas indiferentes se sentem ameaçadas pela surpresa, por outro, as curiosas apreciam o mistério. Elas gostam de ser pegas de surpresa – e descobrir algo de novo é como uma injeção de dopamina. Se a nova informação adquirida gerar mais perguntas, melhor ainda. É por isso que pessoas curiosas costumam ter a mente mais aberta e são mais propensas a mudar de opinião; e é isso que as impede de ficar presas a visões dogmáticas.

Em uma pesquisa ainda em andamento, Kahan tem encontrado padrões similares em temas como porte de armas, imigração ilegal, legalização da maconha e a influência da indústria pornográfica. Em todos os casos, a vontade de descobrir algo novo e surpreendente ajudou a neutralizar o raciocínio motivado.[41]

Outros estudos de vanguarda têm revelado que, ao aumentar a nossa humildade intelectual, o *mindset* de crescimento também pode ser útil para nos proteger do raciocínio dogmático. Enquanto trabalhava na sua pesquisa de doutorado sob a orientação de Carol Dweck na Universidade Stanford, Tenelle Porter desenvolveu e testou uma escala de humildade intelectual na qual pedia aos participantes que classificassem afirmações como "Estou disposto(a) a admitir que não conheço determinado tema", "Estou sempre buscando feedback sobre minhas ideias, mesmo que ele seja negativo" e até "Gosto de elogiar outras pessoas por suas qualidades intelectuais". Para testar se as respostas eram reflexo do comportamento real dos participantes, Porter verificou se as pontuações no teste condiziam com a forma como esses participantes reagiam a pontos de vista antagônicos aos seus em temas como porte de armas – isto é, se eles buscavam e processavam evidências contraditórias.

Em seguida, Porter dividiu os participantes em dois grupos. Um deles leu um artigo científico bastante conhecido, que enfatizava o fato de que o cérebro humano é maleável e capaz de se adequar a novas informações, estimulando o *mindset* de crescimento; o outro grupo leu um artigo no qual o potencial humano era descrito como inato e fixo. Em seguida, Porter avaliou os níveis de humildade intelectual dos participantes. Os resultados foram exatamente aqueles que ela esperava: quando comparadas às pessoas do segundo grupo, aquelas que haviam lido sobre a flexibilidade do cérebro apresentaram indicações de um *mindset* de crescimento, o que, por sua vez, produzia uma humildade maior.[42]

A explicação que Porter me deu foi a seguinte: "Pessoas com um *mindset* fixo passam o tempo todo tentando descobrir que posição ocupam na hierarquia, já que para elas todos estão dentro de uma classificação. Se você está no topo da hierarquia, não quer cair para uma posição mais baixa ou ser removido do topo, então qualquer sugestão de que você não tem o conhecimento necessário ou que alguém sabe mais do que você é vista como uma ameaça." Para proteger sua posição, essa pessoa se torna excessivamente defensiva: "Ela começa a rejeitar as ideias dos outros porque acredita que 'Eu sei mais do que os outros, então não preciso escutar o que eles têm a dizer.'"

Com o *mindset* de crescimento, no entanto, o indivíduo não se mostra tão preocupado em provar sua posição em relação a quem está próximo e o conhecimento não é visto como algo que represente o valor pessoal: "E o melhor: essas pessoas sentem-se mais estimuladas a aprender pois sabem que podem se tornar mais inteligentes, o que significa que é mais fácil admitir que desconhecem um tema. Para elas, a falta de conhecimento sobre certo assunto não diminui a posição que ocupam numa hierarquia."

Igor Grossmann encontrou resultados semelhantes em um dos seus estudos mais recentes, indicando que o *mindset* de crescimento está diretamente relacionado às pontuações dos participantes num teste de raciocínio geral no dia a dia.[43]

Com sua curiosidade e seu *mindset* de crescimento, Feynman certamente não sentia vergonha alguma em reconhecer suas limitações e acolhia essa mesma humildade intelectual em outras pessoas. Numa entrevista para a BBC em 1981, ele disse: "Eu posso conviver com a dúvida, com a incerteza e com o desconhecimento. Acho que é muito mais interessante viver sem conhecer nada do que viver com respostas que possam estar erradas. Eu tenho respostas aproximadas, crenças possíveis e diferentes níveis de certeza sobre temas diversos, mas não tenho certeza absoluta de nada."[44]

O mesmo poderia ser dito de Benjamin Franklin. Como sabemos, ele se dedicou ao desenvolvimento das virtudes e entendia que a mente humana era um objeto maleável, moldável e aprimorável. Entre suas muitas "distrações científicas" estão a invenção da bateria elétrica, a descoberta de que o resfriado comum é contagioso, a física da evaporação e as mudanças fisiológicas ocasionadas pelo exercício físico. Nas palavras do historiador Edward Morgan: "Franklin nunca deixou de pensar naquilo que não podia explicar. Ele não podia beber uma xícara de chá sem se perguntar por que as folhas do chá se amontoavam de uma maneira, e não de outra."[45] Para Franklin, assim como para Feynman, a recompensa sempre estava na descoberta de um novo conhecimento, e, não fosse sua atitude sempre inquisitiva, talvez ele não tivesse uma mente tão tolerante para a política.

E Darwin? Sua sede de conhecimento não acabou com a publicação de *A origem das espécies*, e ele manteve uma longa correspondência com céticos e críticos de sua teoria. Darwin conseguia pensar de maneira independente e, ao mesmo tempo, se envolvia, e às vezes até aprendia, com argumentos de outras pessoas.

Essas qualidades talvez sejam ainda mais cruciais na nossa realidade atual, num mundo em que tudo acontece cada vez mais rápido. Como observou o jornalista Tad Friend na revista *The New Yorker*, "na década de 1920, a 'vida útil do saber' de um engenheiro – ou seja, o tempo que demorava até que seu conhecimento se tornasse obsoleto – era de 35 anos. Na década de 1960, caiu para dez anos. Atualmente, é no máximo de cinco anos e, para um engenheiro de software, de menos de três anos".[46]

Porter acredita que as crianças de hoje precisam estar mais bem equipadas para atualizar seus conhecimentos: "Aprender bem pode ser mais importante do que aprender sobre um tema específico ou desenvolver um determinado conjunto de habilidades. Hoje em dia é comum trocar de carreira, e, como estamos numa realidade globalizada, somos expostos a muitas perspectivas diferentes e a diversas maneiras de fazer as coisas."

A pesquisadora também ressalta que algumas empresas, como a Google, já anunciaram que não estão procurando profissionais com medidores tradicionais de sucesso acadêmico (como o QI e as notas da faculdade), mas, sim, pessoas que não só sejam apaixonadas pelo que fazem, mas que também cultivem qualidades como a humildade intelectual. Laszlo Bock, vice-presidente sênior de operações ligadas a pessoas da Google, contou ao *The New York Times* que "sem humildade, é impossível aprender".[47]

Ele continua: "Pessoas inteligentes e bem-sucedidas raramente lidam com o fracasso e por isso mesmo não aprendem a aprender com o fracasso. Em vez disso, cometem um grave erro fundamental de atribuição (também conhecido como viés de correspondência), que é: se algo de bom acontece, é porque sou um gênio. Se algo de ruim acontece, é porque a outra pessoa é uma idiota, porque eu não recebi os recursos necessários ou porque o mercado está mudando. O que vemos aqui na Google é que as pessoas mais bem-sucedidas dentro da empresa ou as que queremos contratar têm uma posição intensa. Elas discutem o tempo todo. Defendem seus pontos de vista com unhas e dentes. Mas, assim que apresentamos um fato novo que elas desconhecem, mudam completamente e aceitam o ponto de vista contrário."

Os comentários de Bock indicam que há um movimento de distanciamento de medidores acadêmicos como representação total do potencial intelectual de um indivíduo. No entanto, métodos novos e antigos de cultivar a mente humana não precisam se opor. No próximo capítulo vamos analisar como algumas das melhores instituições de ensino do mundo estão investindo em novas técnicas de aprendizagem e o que isso pode nos ensinar sobre a arte da aprendizagem profunda.

Se as pesquisas listadas neste capítulo inspiraram você a estimular sua curiosidade, uma das maneiras mais simples de fazer isso é tornando-se mais autônomo em situações de aprendizado. Você pode, por exemplo, listar tudo aquilo que já sabe sobre o material que vai estudar e, em seguida, escrever as questões para as quais quer resposta. A ideia desse exercício é evidenciar as lacunas no seu conhecimento, algo que, como sabemos, estimula a curiosidade ao criar um mistério que precisa ser resolvido; além disso, esse é um exercício que se torna pessoalmente relevante, o que também aumenta o interesse.

Não importa se as perguntas elaboradas forem similares às de provas ou exames. O efeito de transbordamento da dopamina aumentará suas chances de lembrar outros detalhes, já que estudos indicam que mesmo uma pequena tentativa de provocar nosso envolvimento pode estimular a memória e tornar o processo de aprendizagem mais divertido. Você também vai notar que terá aprendido de maneira mais eficiente do que se tivesse apenas estudado o material que parecia ser o mais *útil*, e não necessariamente o mais interessante.

O mais curioso das pesquisas relatadas neste capítulo é o fato de que a aprendizagem parece fomentar novas aprendizagens: quanto mais você aprende, mais curioso se torna e mais fácil é aprender – formando um círculo vicioso. É por isso que alguns pesquisadores afirmam que o melhor indicador para prever a quantidade de novos temas e assuntos que você pode aprender não é o QI, mas o conhecimento prévio sobre o tema. Mesmo uma pequena semente pode gerar frutos imensos. Como Feynman disse certa vez: "Tudo pode ser interessante se você mergulhar de cabeça."

Se você acha que está velho demais para reacender a curiosidade, talvez seja uma boa ideia recontar aqui o último grande projeto de Feynman. Assim como havia ocorrido com as descobertas que o levaram a ganhar o Nobel, o interesse nasceu de um incidente que à primeira vista parecia trivial. Num jantar em meados de 1977, Ralph Leighton, amigo de Feynman, mencionou por acaso um jogo de geografia no qual cada jogador dizia o nome de um país.

Feynman respondeu, com audácia: "Você acha que conhece todos os países do mundo, é? Então o que foi que aconteceu com Tuva?" Naquele momento ele lembrou que, quando criança, guardara um selo vindo do país; segundo ele, era "uma manchinha roxa no mapa, perto da Mongólia". Uma olhada rápida no atlas da família mostrou que ele estava correto.

A história poderia ter acabado aí, não fosse o fascínio que esse país desconhecido rapidamente começou a exercer sobre os dois homens, tornando-se quase uma obsessão. Eles começaram a ouvir a Rádio Moscou, a rádio oficial do então governo comunista, atrás de qualquer menção sobre aquela obscura região soviética, vasculharam bibliotecas universitárias atrás de registros sobre possíveis expedições, que proporcionaram pequenos vislumbres dos belos lagos tanto de água salgada quanto de água doce da área rural do país, do assombroso canto gutural praticado na região e de sua religião xamânica. Os amigos descobriram também que a capital, Quizil, ostentava um monumento que marcava o "ponto central da Ásia" – embora não estivesse claro quem o havia construído – e que o país era a fonte do maior depósito de urânio da União Soviética.

Um dia, Leighton e Feynman encontraram um dicionário de expressões em russo-mongol-tuvano, que um amigo ajudou a verter para o inglês. Com esse material nas mãos, os dois começaram a trocar cartas com o Instituto de Pesquisa Tuvano de Língua, Literatura e História, solicitando um intercâmbio cultural. Mas toda vez que achavam estar perto de atingir esse objetivo encontravam uma nova dificuldade gerada pela burocracia soviética. Mesmo assim, persistiram.

No fim da década de 1980, Feynman e Leighton finalmente acreditaram ter encontrado uma forma de chegar ao país: numa viagem a Moscou, Leighton conseguiu permissão para que uma mostra soviética sobre as culturas monádicas eurasianas fosse exibida nos Estados Unidos e, como organizador, negociou uma viagem de pesquisa e filmagem a Tuva. Em fevereiro de 1989, a exposição foi aberta ao público no Museu de História Natural de Los Angeles. Foi um sucesso estrondoso e apresentou uma cultura ainda hoje pouco conhecida no Ocidente.

Feynman, infelizmente, não conseguiu conhecer o país – morreu em 15 de fevereiro de 1988 de câncer abdominal, antes de poder realizar a tão aguardada viagem. Mas sua paixão pelo tema continuou a animá-lo até o fim da vida. Em seu livro de memórias, *Tuva or Bust* (Tuva ou nada), Leighton lembra que, "quando Feynman começava a falar sobre Tuva, a doença desaparecia. Seu rosto se iluminava, os olhos brilhavam: seu entusiasmo pela vida era contagiante". Leighton se recordaria também de caminhar pelas ruas com o amigo logo após uma cirurgia, os dois testando seus conhecimentos com frases em tuvano e sonhando com um passeio por Quizil: uma forma de fazer Feynman recuperar as forças e se distrair da dor que sentia.

Nos seus últimos anos de vida, Feynman conseguiu despertar o interesse de mais gente para o tema, o que resultou na fundação dos Amigos de Tuva, uma pequena organização de pessoas que compartilhavam da fascinação pelo país. Assim, a curiosidade de Feynman construiu uma pequena ponte que atravessou a Cortina de Ferro. Quando Leighton enfim visitou Quizil, deixou lá uma placa comemorativa em homenagem ao amigo. Michelle Feynman, filha de Richard Feynman, faria a própria viagem ao final da década de 2000. Em seu livro, Leighton reconta: "Assim como Fernão de Magalhães antes dele, Richard Feynman completou sua última viagem em nossos corações e mentes. Ao inspirar os outros, seu sonho ganhou vida própria."

8

Os benefícios de "comer amargo": a educação no Leste Asiático e os três princípios da aprendizagem profunda

James Stigler estava com o coração acelerado, as palmas de suas mãos suadas – e nem era ele quem estava passando pelo martírio.

Na época, Stigler era aluno de pós-graduação na Universidade de Michigan e estava em sua primeira viagem de pesquisa pelo Japão, observando uma sala de aula do quarto ano na cidade de Sendai. Os alunos estavam aprendendo a desenhar cubos tridimensionais, uma tarefa nada fácil para algumas crianças. Enquanto avaliava o progresso da classe, a professora notou um menino que desenhava cubos particularmente desajeitados e lhe ordenou que os desenhasse no quadro, na frente de toda a turma.

Stigler também era professor e imediatamente ficou curioso. Por que alguém escolheria o pior aluno, e não o melhor, para demonstrar o trabalho no quadro-negro? Aquilo parecia uma humilhação pública, e não um exercício produtivo.

Mas o martírio não acabou aí. A cada nova tentativa, a professora pedia que o resto da turma julgasse o desenho do menino. Os alunos balançavam a cabeça dizendo que o cubo estava incorreto e ele desenhava outro. O menino passou 45 minutos em pé, de frente para o quadro, enquanto seus fracassos eram expostos diante de toda a turma.

Stigler estava se sentindo cada vez pior pelo garoto: "Foi como uma tortura." Ele achava que o menino iria cair no choro a qualquer momento. Nos Estados Unidos, um professor poderia ser demitido por tratar um aluno assim. E o garoto só tinha 9 ou 10 anos de idade. Não era cruel explorar seu fracasso de maneira pública?[1]

◆

Qualquer pessoa criada num país ocidental provavelmente concorda com a opinião de Stigler quando lê a história. Em culturas da Europa e das Américas, é praticamente impensável discutir os erros de uma criança de maneira pública, e nenhum professor pensaria em tratar um aluno dessa forma. Talvez você esteja pensando que esse relato só serve para destacar as graves falhas dos sistemas educacionais do Leste Asiático.

É verdade que, quando o assunto é educação, países como Japão, China, Taiwan, Hong Kong e Coreia do Sul costumam apresentar resultados superiores aos de países ocidentais em avaliações como o Programa Internacional de Avaliação de Estudantes (Pisa), uma rede mundial de desempenho escolar. No entanto, muitos jornalistas ocidentais especializados no tema suspeitam que esses bons resultados são resultado de ambientes escolares extremamente rigorosos. Segundo eles, as escolas do Leste Asiático incentivam técnicas de memorização e alto rigor disciplinar, sacrificando a criatividade, o pensamento independente e o próprio bem-estar da criança.[2]

À primeira vista, a observação de Stigler em Sendai parece confirmar essas suspeitas. Mas, quando o pesquisador começou a observar com mais atenção, descobriu que as suposições ocidentais sobre o sistema educacional do Leste Asiático eram infundadas. Longe de utilizar técnicas de memorização, as estratégias utilizadas nas escolas japonesas estimulam diversos princípios do raciocínio inteligente e plural, como a humildade intelectual e o pensamento não dogmático, ao mesmo tempo que otimizam o aprendizado factual. Na verdade, é o sistema ocidental – sobretudo o dos Estados Unidos e o do Reino Unido – que parece restringir o pensamento flexível e independente e não consegue transmitir conceitos e dados factuais.

Dessa forma, o comportamento da professora de Sendai e a experiência daquele aluno em frente ao quadro-negro parecem, na verdade, refletir as teorias mais recentes da neurociência sobre a memória.

Com base nas pesquisas discutidas no capítulo anterior, as comparações interculturais deste capítulo podem não só revelar algumas técnicas práticas capazes de otimizar o processo de aprendizagem de uma nova disciplina, mas também delimitar como podemos evitar a armadilha da inteligência no ambiente escolar.

Antes de voltarmos para a sala de aula em Sendai, é importante que você considere as próprias opiniões sobre a forma como aprende um novo conteúdo e também sobre as evidências científicas que compactuam ou não com essas opiniões.

Imagine que você está aprendendo uma nova habilidade – um instrumento musical, um idioma ou uma nova tarefa no ambiente de trabalho – e avalie se você concorda ou não com as afirmações a seguir:

- Quanto mais eu melhorar meu desempenho hoje, mais terei aprendido.
- Quanto mais fácil for entender o material, maiores serão as chances de eu memorizar o conteúdo.
- A confusão é inimiga de uma boa aprendizagem e deve ser evitada.
- Esquecer é sempre contraproducente.
- Para obter resultados mais rápidos, é melhor aprender uma coisa de cada vez.
- Eu retenho mais informações quando sinto que estou me esforçando do que quando as coisas vêm com facilidade.

Das seis frases, só a última é comprovada pelas áreas da neurociência e da psicologia; as demais refletem apenas mitos populares sobre o processo de aprendizado.

Embora estejam relacionadas ao trabalho de Carol Dweck sobre o *mindset* fixo e o *mindset* de crescimento, essas crenças também fazem parte de algo maior. O *mindset* de crescimento, afinal, reflete as crenças e as preocupações que uma pessoa tem sobre si mesma e se ela acredita ou não que suas habilidades podem melhorar com o tempo. E, embora isso signifique que há mais chance de ela encarar um desafio *quando necessário*, é perfeitamente possível – na verdade, é bem provável – que, mesmo com o *mindset* de crescimento, ela não acredite que elementos como a confusão e a frustração otimizem o processo de aprendizado.

Mas a verdade é que pesquisas recentes realizadas na área da neurociência indicam que aprendemos melhor quando estamos confusos: limitar o desempenho hoje, portanto, pode significar um resultado melhor amanhã. E ignorar esse elemento é apenas mais um dos motivos pelos quais muita gente – até mesmo pessoas com QI alto – não consegue aprender.

Por mais estranho que pareça, um dos primeiros estudos sobre esse fenômeno foi encomendado pelo Serviço Postal Britânico, que, no fim da década de 1970, pediu ao psicólogo Alan Baddeley que determinasse as melhores estratégias de treinamento para novos funcionários.*

O Serviço Postal Britânico acabara de investir uma alta quantia em máquinas que separavam e classificavam cartas de acordo com os códigos postais, mas os 10 mil funcionários precisavam aprender a digitar e a usar o teclado especial das máquinas. O trabalho de Baddeley, portanto, era descobrir a maneira mais eficiente de treiná-los.

Na época, muitos psicólogos acreditavam que a melhor estratégia seria impor um treinamento intensivo: os funcionários deveriam estudar por algumas horas, todos os dias, até dominar a técnica. Os próprios funcionários pareciam preferir essa estratégia, já que podiam ver progressos concretos durante as horas de estudo. Ao final de cada sessão, eles conseguiam digitar com mais agilidade e acreditavam que memorizariam esse progresso de forma permanente.

Para efeito de comparação, Baddeley criou alguns grupos com períodos de aprendizagem mais curtos, estendidos por um intervalo de tempo maior do que o programado inicialmente. No lugar de treinarem por quatro horas todos os dias, esses novos grupos estudavam por apenas uma

---

* Aliás, é por causa do trabalho de Baddeley que os códigos postais britânicos têm, no máximo, seis ou sete caracteres: esse é o limite máximo suportado pela memória humana. Ele também determinou a melhor forma de ordenar números e letras, aumentando as chances de que o código fosse decorado.

hora. Os trabalhadores desses grupos não pareciam gostar da abordagem: ao final das sessões, sentiam que não estavam evoluindo tão rápido quando os que estudavam por quatro horas.

Mas eles estavam enganados. Embora as sessões de estudo de uma hora parecessem muito aquém do esperado, comparadas com as sessões de quatro horas – nas quais os funcionários pareciam aprender muito mais em apenas um dia –, os funcionários colocados no segundo grupo acabaram aprendendo e retendo muito mais durante as sessões de uma hora. Na média, os funcionários que estudaram em sessões de uma hora dominaram o básico do que estavam aprendendo em 35 horas, enquanto os que tiveram aulas intensivas demoraram até 55 horas para atingir o mesmo resultado – uma diferença de mais de 30%. Ao analisar os resultados individuais dos funcionários, viu-se que até o indivíduo com o ritmo de aprendizagem mais lento colocado no segundo grupo dominara a habilidade em menos tempo do que aquele com o ritmo de aprendizagem mais rápido inserido no grupo com sessões de quatro horas. Meses mais tarde, os pesquisadores verificaram que os funcionários submetidos à abordagem espaçada ainda eram mais ágeis e mais precisos do que os demais colegas.[3]

O efeito da aprendizagem espaçada é amplamente conhecido por psicólogos, pesquisadores e professores e costuma ser utilizado para demonstrar os benefícios do descanso e os perigos das maratonas de estudo. Mas o verdadeiro mecanismo por trás desse efeito é bem mais contraintuitivo do que parece e depende da mesma frustração vivida pelos funcionários dos correios que se mostraram insatisfeitos com as aulas de uma hora.

Ao dividir o mesmo tempo de estudo em aulas mais curtas e mais espaçadas, criamos períodos nos quais podemos esquecer o que já aprendemos. Isso significa que, ao início da próxima aula, precisaremos nos esforçar ainda mais para lembrar o que fazer. Esse processo – o de esquecer e depois forçar a mente a reaprender o que já foi aprendido – fortalece a memória, o que nos ajuda a lembrar mais coisas por mais tempo. Ao estudar por longas horas a fio, não passamos por essas etapas cruciais de esquecer e reaprender – justamente as etapas que, por sua dificuldade, auxiliam a memória de longa duração. O estudo de Baddeley, portanto, forneceu os primeiros indícios de que a memória pode se beneficiar de "dificuldades desejáveis": desafios adicionais que a princípio prejudicam o desempenho, mas, a longo prazo, promovem ganhos significativos.

Robert e Elizabeth Bjork, neurocientistas da Universidade da Califórnia, em Los Angeles, são pioneiros nessa área de estudos. Os dois mostraram que as dificuldades desejáveis podem ter um impacto importante nas mais variadas circunstâncias: seja no aprendizado da matemática ou de idiomas estrangeiros, no estudo da história da arte ou de um instrumento musical ou até mesmo na prática esportiva.

Pense, por exemplo, numa turma de física fazendo uma revisão final antes da prova. No Ocidente, é comum que o professor liste alguns pontos principais sobre o tema e, em seguida, peça à turma que repita uma série de exercícios intermináveis e bem similares, até que os alunos atinjam quase 100% de exatidão. Os Bjork mostraram que o processo de aprendizado costuma ser mais eficiente quando o aluno resolve apenas alguns poucos exercícios para refrescar a memória, segue para outro tema (talvez relacionado ao que ele estava estudando) e só mais tarde volte ao assunto inicial.

Tal como o efeito de espaçamento, o processo de alternar tarefas, também conhecido como estudo intercalado, causa uma sensação de confusão e sobrecarga no estudante – sobretudo quando comparado ao modelo tradicional, no qual ele pode se concentrar exclusivamente em um único tópico. No entanto, quando testamos o desempenho de um estudante que teve um estudo intercalado, descobrimos que ele retém muito mais do que aqueles que utilizam o modelo tradicional.[4]

Outras dificuldades desejáveis são o "pré-teste", também denominado "fracasso produtivo", no qual os alunos precisam responder a questões sobre temas que ainda não aprenderam ou solucionar problemas complexos que desconhecem por completo.

Vamos fazer um exercício prático. Sem olhar as respostas na página ao lado, tente encontrar o equivalente em português para as palavras em italiano.

- *I pantaloni* — Gravata
- *L'orologio* — Calças
- *La farfalla* — Bota
- *La cravatta* — Gravata-borboleta
- *Lo stivale* — Relógio

Agora consulte o rodapé para ver as respostas.*

Você provavelmente acertou algumas associações, seja por conta da similaridade das palavras com o português ou mesmo devido a um conhecimento prévio de italiano. Mas o que é realmente impressionante nesses exercícios de pré-teste é que não importa se as respostas estavam certas ou se você desconhece o tema por completo, mas, sim, que o próprio exercício de pensar estimula o aprendizado. Assim como acontece com o esquecimento gerado pelo estudo espaçado, a frustração que sentimos ao não compreender os termos em italiano nos faz decodificar a informação de maneira mais profunda. Mesmo que você não tenha aptidão para aprender idiomas estrangeiros, vai descobrir que essas cinco palavras italianas ficarão retidas na sua cabeça.[5] Esse, aliás, foi o motivo pelo qual pedi que você adivinhasse, lá no início do capítulo, se as afirmações sobre o processo de aprendizagem eram verdadeiras ou falsas. Ao questionar conhecimentos prévios, conseguimos nos lembrar de novas informações com mais objetividade.

O fracasso produtivo parece ser especialmente positivo em disciplinas como a matemática, em que o professor pode pedir aos alunos que resolvam equações e problemas antes mesmo de ensinar o método adequado. Estudos sugerem que, em situações como essa, os alunos não só poderão compreender os conceitos com mais facilidade no longo prazo como também conseguirão aplicar esse conhecimento a situações novas e desconhecidas.[6]

A introdução de dificuldades desejáveis também pode melhorar os materiais de aprendizado. A maioria dos livros escolares apresenta conceitos de maneira condensada e coerente, com diagramas agradáveis e listas com fatos objetivos para ilustrá-los. O problema é que isso pode *reduzir* o potencial da memória de longa duração. Muitos estudantes – em especial aqueles com maior capacidade cognitiva – aprendem melhor quando o texto é escrito de maneira idiossincrática e com certas nuances, com mais discussões sobre as possíveis complicações e contradições nas evidências. Leitores da prosa complexa de Oliver Sacks, por exemplo, têm mais facili-

---

* *I pantaloni* – Calças. *L'orologio* – Relógio. *La farfalla* – Gravata-borboleta. *La cravatta* – Gravata. *Lo stivale* – Bota.

dade para se lembrar da percepção visual do que aqueles que leem livros escolares cheios de listas extensas.[7]

Em todas as situações abordadas, vemos que a confusão – justamente o elemento que nosso sistema educacional tanto quer evitar – pode proporcionar um processo de aprendizado e uma compreensão mais eficientes; basta deixar que os alunos se sintam um pouco frustrados.

Quando conheci os Bjork na UCLA, Robert afirmou que "o desempenho acadêmico de um aluno serve para avaliar a acessibilidade (de informações), mas a experiência de aprendizagem deve ser entendida como um processo de mudanças significativas que serão verificadas após um intervalo, ou como uma transferência desse conhecimento para outro espaço. Se interpretarmos o desempenho atual do aluno como um medidor para o nível de aprendizagem, chegaremos a muitas conclusões equivocadas".

Do ponto de vista científico, os resultados que discutimos até aqui já se tornaram ponto pacífico. As evidências são indiscutíveis: a introdução de dificuldades desejáveis na sala de aula por meio de estratégias como espaçamento, intercalação ou dificuldades desejáveis aumenta as chances de os alunos aprenderem de maneira mais eficiente.

Infelizmente, ainda é difícil convencer as pessoas a ver o efeito positivo dessas estratégias. Assim como os funcionários dos correios que trabalharam com Baddeley, muitos alunos, pais e até professores continuam acreditando na falácia de que, quanto mais fácil for o processo de aprendizagem hoje, maiores serão as chances de um bom desempenho amanhã. Robert explica: "Nós temos todas as diversas pesquisas que mostram que a maioria das pessoas prefere os métodos tradicionais e pouco eficientes de aprendizagem. Então, os alunos certamente não ficarão nada felizes se tiverem que estudar por métodos alternativos, mesmo que a longo prazo eles sejam melhores."[8] Elizabeth concorda: "Eles enxergam a confusão de maneira negativa, e não como uma oportunidade para melhor aprender ou compreender algo."

É como se você fosse à academia para definir os músculos mas só treinasse com pesos leves. Os Bjork descobriram que essas "ilusões metacognitivas" são supreendentemente resistentes, mesmo quando a pessoa vê os resultados concretos da pesquisa ou ela própria vivencia os benefícios desse método de aprendizagem. O resultado decepcionante é que um número ínfimo de escolas vem tentando aplicar dificuldades desejáveis em sala de aula e um número imenso de alunos sai prejudicado, pois poderiam estar aprendendo de maneira muito mais eficaz, se aprendessem a aceitar a confusão e as dificuldades.

~

Essa, ao menos, é a realidade dos Estados Unidos e do Reino Unido.

Como vimos, é preciso ter cautela ao presumir que esses vieses documentados nos países WEIRD representam verdades universais, já que muitos estudos realizados em culturas do Leste Asiático mostram resultados bem diferentes.

Muitas pesquisas, incluindo a de Stigler, mostram que em países como o Japão os estudantes acreditam que o esforço é parte essencial do processo de aprendizado. Para alunos das culturas do Leste Asiático, a situação preocupante é quando o ensino parece ser fácil demais.

Essa percepção também está presente nas atitudes de pais e professores, em ditos populares como o *"Doryoki ni masaru, tensai nashi"* ("Nem mesmo o gênio transcende o esforço") e até no folclore. É raro encontrar um estudante que não conheça a história de Ninomiya Sontoku, pesquisador de século XIX que teve uma infância difícil e, dizem, usava toda e qualquer oportunidade que tinha para estudar, mesmo enquanto estava catando lenha na floresta. Hoje em dia, muitas escolas têm estátuas que imortalizam Sontoku com um livro diante do rosto e lenha amarrada nas costas. Desde muito cedo, as crianças japonesas são imersas numa cultura que é receptiva aos esforços e desafios.

Essa tolerância ao esforço também está presente no *mindset* dos estudantes japoneses e no modo como eles entendem os próprios talentos. Para eles, as habilidades estão em desenvolvimento contínuo, o que contribui para o *mindset* de crescimento. Stigler explica: "Não é que os japoneses não acreditem nas diferenças individuais. É que eles não as enxergam como algo tão sério." Isso significa que erros ou falhas não são considerados sinais que antecedem um fracasso permanente e inevitável, mas como algo que Stigler classifica como "um indicativo do que ainda precisa ser aprendido".

Essa crença ajuda a explicar por que os estudantes do Leste Asiático são, de modo geral, mais dispostos a estudar por mais tempo e por que, mesmo quando não são naturalmente talentosos, se mostram dispostos a estudar ainda mais para compensar possíveis atrasos. Igualmente importante, no entanto, é o fato de que essas crenças se fazem presentes no modo como os professores controlam o processo de aprendizagem, o que possibilita a introdução de dificuldades desejáveis nas aulas. Como resultado, os métodos pedagógicos dessas escolas usam a confusão como instrumento para otimizar o aprendizado e a compreensão.

Sempre que um professor de matemática ou ciências precisa introduzir um novo assunto em sala, é comum que ele comece a aula pedindo para os alunos resolverem um problema *sem explicar* o método que precisa ser usado – criando uma situação de "fracasso produtivo". O restante da aula é planejado para resolver os desafios suscitados pelo problema e, embora o professor ofereça certa orientação, espera-se que a maior parte do empenho venha dos alunos.

Os alunos norte-americanos e britânicos ficam atônitos diante de situações como essa, que geram grande confusão – e, quando começam a apresentar sinais dessa confusão, os professores geralmente intervêm e fornecem a resposta correta.[9] Já os estudantes japoneses que participaram do estudo de Stigler pareciam apreciar o desafio e, como consequência, refletiam mais sobre as características subjacentes do problema, o que aumenta o nível de compreensão e a retenção de longa duração.

No sistema educacional japonês, os alunos também são incentivados a considerar soluções alternativas à mais tradicional ou óbvia, e a explorar seus erros (e os erros cometidos pelos colegas) para entender os motivos que fazem determinada abordagem funcionar e outra não. Desde muito cedo os alunos são estimulados a adotar uma visão holística ao lidar com problemas e a analisar as conexões implícitas entre diferentes ideias. Nas palavras de um professor de matemática que participou do estudo de Stigler: "Diariamente enfrentamos diversos problemas no mundo real. Precisamos lembrar que não há uma única forma de solucioná-los."

As escolas britânicas e norte-americanas costumam desencorajar esse tipo de exploração por parte dos alunos, com medo de que o processo gere mais confusão; dessa forma, para cada tipo de problema matemático, os alunos aprendem apenas uma estratégia para encontrar o resultado.

Contudo, estudos científicos mostram que comparar e contrastar diferentes estratégias pode proporcionar uma compreensão mais ampla dos princípios implícitos ao tema – ainda que, de cara, o processo possa gerar mais confusão.

Voltemos à descrição de Stigler do sistema japonês: "Eles criaram um ambiente escolar que tenta sustentar a extensão prolongada da confusão. Para os japoneses, os alunos aprendem mais nessas situações. No sistema ocidental, nossa maior preocupação é simplesmente encontrar a resposta certa. E, se o objetivo é fazer com que os alunos encontrem a resposta certa, o professor simplifica ao máximo o processo de aprendizagem."

Agora nossa reação à história de Stigler sobre o menino que não conseguia desenhar um cubo tridimensional faz mais sentido. Se para nós, ocidentais, a dificuldade inicial do menino é vista como sinal de fraqueza ou estupidez, para seus colegas de sala aquela era uma situação de perseverança. Stigler elabora: "Os erros da criança não eram motivo de preocupação; seria preocupante, porém, se o menino não se esforçasse para acertar." O menino não chorou, como Stigler havia inicialmente imaginado, porque o contexto cultural da situação não carregava a vergonha pessoal que nós consideramos natural.

Na verdade, Stigler percebeu que, conforme o menino ia desenhando os cubos, a sala era inundada por uma onda de "bondade vinda dos colegas e da professora". Ele conta: "Ninguém iria facilitar e dizer que ele tinha feito um bom trabalho até que realmente fizesse. No entanto, dava para perceber que eles estavam ali para ajudá-lo." Todos sabiam que o esforço era a melhor estratégia para que o menino aprendesse e alcançasse o nível dos colegas.

Embora algumas disciplinas escolares de fato envolvam elementos tradicionais – como a memorização automatizada –, para garantir que alguns fatos sejam decorados e facilmente retomados, estudos como o de Stigler indicam que as salas de aula japonesas oferecem um espaço muito mais amplo para o pensamento independente do que imaginavam os ocidentais. E os benefícios dessa abordagem podem ser averiguados não só nos resultados do Pisa, mas também em testes que avaliam a resolução criativa de problemas e o pensamento flexível – situações nas quais os estudantes japoneses também apresentam um desempenho melhor que os americanos e britânicos. Isso indica que esses alunos também estão mais bem equipados para aplicar seus conhecimentos em tarefas novas e inesperadas.[10]

Embora as evidências mais concretas venham do Japão, o valor do esforço parece ser um traço comum à cultura escolar de outros países asiáticos, como China, Hong Kong e Taiwan. No mandarim, o conceito de *chiku*, ou "comer amargo", é usado para descrever o trabalho duro e as dificuldades que fazem parte do caminho para o sucesso. Stigler expandiu o foco de sua pesquisa para analisar outros países que apresentam resultados melhores que os Estados Unidos e o Reino Unido, como os Países Baixos. Ainda que os parâmetros do estudo possam variar de acordo com o tamanho da classe ou os métodos específicos utilizados por cada professor, as escolas com melhores resultados são as que incentivam os alunos a vivenciar os períodos de confusão inerentes ao aprendizado.

Stigler vem desenvolvendo essas ideias há décadas e, com base nelas, sugere três etapas de aprendizagem capazes de agregar suas descobertas:[11]

- **Esforço produtivo:** longos períodos de confusão, nos quais os alunos tentam absorver conceitos complexos que vão além do conhecimento previamente adquirido.

- **Consolidação de conexões:** durante o momento de confusão intelectual, os alunos são encorajados a fazer comparações e analogias que os ajudem a identificar padrões subjacentes entre conceitos distintos. Dessa forma, a confusão resulta em uma lição útil, e não em frustração.

- **Prática calculada:** uma vez ensinado o conceito, o professor deve garantir que os alunos pratiquem a nova habilidade da maneira mais produtiva possível. Mas, ao contrário do que acontece na maioria das salas de aula ocidentais, isso não significa repetir eternamente problemas quase idênticos. Pelo contrário, o professor acrescenta desafios diferentes e variados, gerando uma nova situação de esforço produtivo.

Essas grandes descobertas oferecem maneiras sólidas para melhorar a educação e o desempenho acadêmico, e mais adiante veremos como qualquer um pode utilizar as dificuldades desejáveis para dominar novas habilidades. No entanto, essas pesquisas não são interessantes apenas pelo que nos dizem sobre a memória humana. Na minha opinião, elas também são significativas porque revelam insights poderosos sobre as origens culturais da armadilha da inteligência.

Se analisarmos novamente as salas de aula dos Estados Unidos e do Reino Unido, veremos que o valor intelectual dos alunos muitas vezes é julgado pela rapidez com que eles levantam a mão para responder às perguntas: um sinal sutil de que é melhor dar uma resposta imediata e intuitiva, sem refletir sobre detalhes. Além disso, os alunos não são recompensados quando admitem não saber a resposta; portanto, a humildade intelectual é desencorajada.

Pior ainda, as aulas costumam ser simplificadas para que os estudantes possam digerir o material o mais rapidamente possível – o que os faz preferir informações "fluentes" no lugar de materiais que exijam uma análise mais detida. Nas primeiras séries escolares, o modelo de aprendizagem padrão também envolve o apagamento de possíveis nuances. É o que acontece, por exemplo, com interpretações alternativas de evidências históricas ou com a evolução das ideias na ciência: os fatos são apresentados como certezas absolutas, que devem ser apreendidas e memorizadas.[12] Esse movimento baseia-se na crença de que introduzir elementos complexos pode ser muito confuso para os alunos, especialmente em se tratando de crianças. Ainda que exista mais flexibilidade no ensino médio e na universidade, grande parte dos alunos já internalizou esse estilo mais rígido de pensamento quando chega a esses espaços.

Até algumas tentativas bem-intencionadas de reforma educacional acabam caindo nessas armadilhas. Existem, por exemplo, modelos que à primeira vista parecem progressistas, nos quais os professores identificam o estilo de aprendizagem de cada criança – se ela é visual, verbal ou sinestésica. Na prática, contudo, esse tipo de classificação só reforça a ideia de que as pessoas cultivam preferências fixas e que, por isso mesmo, o aprendizado deve ser simplificado; dessa forma, os alunos não são encorajados a enfrentar problemas mais complexos.

Não é de espantar, portanto, que estudantes norte-americanos e britânicos não apresentem bons resultados nos testes criados para avaliar a sabedoria baseada em evidências de Igor Grossmann ou nos marcadores de pensamento crítico que preveem nossa suscetibilidade a informações falsas.

Agora compare essas atitudes com aquelas identificadas no sistema educacional japonês, no qual até os alunos do ensino fundamental são incentivados a enfrentar a complexidade diariamente: esses estudantes são ensinados a descobrir novas formas de resolver problemas por conta própria e a, quando encontrarem uma resposta, procurar soluções alternativas. Mesmo que um aluno não entenda algum ponto de cara, a resposta não é ignorar a confusão criada e fortalecer a crença na própria habilidade, mas, sim, continuar explorando as nuances da situação. E essa exploração não é vista como sinal de fraqueza ou estupidez; na verdade, é entendida como a capacidade de "comer amargo" para alcançar um nível mais profundo de conhecimento. Mesmo que você falhe numa primeira tentativa, não há problema em admitir o erro, pois é possível melhorar.

Os estudantes japoneses, portanto, estão mais bem preparados para os problemas complexos, cheios de nuances e ambíguos da vida adulta – e isso se reflete nos bons resultados que atingem em situações que avaliam a capacidade de pensamento flexível e não dogmático.[13] Muitos estudos indicam que, quando são questionados sobre assuntos controversos, como política ou meio ambiente, os japoneses (assim como pessoas de outros países do Leste Asiático) costumam demorar mais para avaliar as perguntas e evitam oferecer respostas automáticas; eles também são mais propensos a explorar atitudes contraditórias e a pensar a longo prazo quando consideram as consequências de quaisquer políticas implementadas.[14]

Voltando à ideia da mente como um carro, é possível pensar que os sistemas educacionais britânico e norte-americano são projetados para oferecer a rota mais tranquila possível, para que cada pessoa dirija na velocidade que seu carro permitir. O sistema educacional japonês, por outro lado, está mais para uma pista de obstáculos do que para uma pista de corrida e requer que você considere rotas alternativas e persista mesmo em terrenos acidentados. É um sistema que treina alunos para dirigir de maneira eficiente, e não um sistema que só ensina a acelerar o carro.

É claro que estamos generalizando e que há grandes níveis de variação em qualquer cultura. Contudo, esses resultados indicam que a armadilha da inteligência é, em parte, um fenômeno cultural gerado nas nossas escolas. E, ao reconhecer esse fato, começamos a perceber que mesmo pequenas intervenções podem não só incentivar as formas de pensamento e raciocínio que exploramos neste livro como também melhorar o ensino factual que as escolas tentam cultivar.

Mesmo uma pequena pausa estratégica pode ser algo poderoso.

Depois de fazer uma pergunta à turma, um professor estadunidense espera, em média, menos de um segundo para escolher o aluno que deverá respondê-la: um forte indicativo de que a velocidade é mais importante do que o pensamento complexo. No entanto, um estudo da Universidade da Flórida descobriu que algo fantástico acontece quando o professor espera três segundos para escolher o aluno.

O benefício mais imediato está no tamanho da resposta que as crianças formulavam. Aqueles três segundos permitiam que eles passassem mais tempo elaborando seus pensamentos (um período de três a sete vezes mais longo do que os professores dão em geral) e as respostas incluíam vestígios de opiniões próprias e normalmente levavam em conta teorias alternativas. O tempo prolongado de espera também encorajava as crianças a escutar a opinião dos colegas e a desenvolver as próprias ideias. Esse raciocínio mais sofisticado também se fez presente na produção escrita dos alunos, que se tornou mais variada e complexa. São resultados incríveis, gerados pela simples paciência de um professor.[15] Nas palavras de Mary Budd Rowe, pesquisadora responsável pelo estudo, "desacelerar pode ser uma forma de acelerar".

A psicóloga Ellen Langer, da Universidade Harvard, tem estudado a maneira como o material complexo vem sendo simplificado de forma a evitar ambiguidades e como isso afeta o pensamento humano. Nos ramos da física e da matemática, por exemplo, existem diversas maneiras de resolver um problema – só que na escola aprendemos que existe apenas um método e não somos incentivados a ir além dele. A hipótese tradicional era a de que mesmo o menor sinal de complexidade poderia gerar confusão – elemento que, acreditava-se, era prejudicial ao aprendizado. Por que fazer a criança misturar fórmulas e equações quando só uma já basta?

A pesquisa de Langer, no entanto, mostrou que até uma simples alteração na formulação do problema, com vistas a introduzir essas ambiguidades, pode incentivar uma aprendizagem mais profunda. Numa aula de física do ensino médio, os alunos assistiram a um vídeo de trinta minutos que demonstrava princípios básicos do tema da aula e, em seguida, precisavam responder a perguntas com base nas informações apreendidas. Para além das instruções básicas, alguns participantes foram comunicados de que "o vídeo apresenta apenas uma análise de várias possíveis, o que pode ou não ser útil para você. Sinta-se à vontade para usar outros métodos na resolução dos problemas". Esse pequeno aviso ajudou esse grupo de alunos a pensar com mais liberdade e a aplicar seus conhecimentos de maneira criativa.[16]

Em outro experimento, uma estratégia para resolver um tipo específico de problema matemático era ensinada aos alunos. Divididos em dois grupos, esses estudantes receberam as mesmas instruções – com apenas duas palavras diferentes: enquanto um grupo foi informado de que aquela era "*apenas uma* forma de resolver o problema", o outro recebeu a instrução de que aquela era "*a única* forma de resolver o problema". Os alunos do primeiro grupo apresentaram um resultado melhor e tiveram 50% mais chances de acertar a resposta. Além disso, mostraram um entendimento profundo do conceito que estavam aprendendo e determinaram com mais precisão quando a estratégia funcionaria e quando não funcionaria.[17] Situação semelhante ocorre nas ciências humanas e sociais: os alunos de geografia que aprenderam que "esta *pode* ser uma das causas para a evolução dos bairros da cidade" mostraram mais compreensão do que aqueles que receberam os fatos como se fossem absolutos e incontestáveis.

A verdade é que, longe de criar confusão, uma simples sugestão de ambiguidade nos faz considerar explicações alternativas e explorar caminhos que, num sistema tradicional, seriam descartados. O resultado dessa experimentação é uma forma de pensar menos restritiva e mais reflexiva, semelhante à que exploramos no Capítulo 4. Vale destacar ainda que, em tarefas de pensamento criativo, a formulação de perguntas com termos condicionais também pode melhorar o desempenho dos alunos.

Talvez você lembre que Benjamin Franklin procurava evitar o uso de termos "dogmáticos" que indicassem certeza total e que aceitar a incerteza é um elemento importante para os superprevisores. Agora a pesquisa de

Langer nos dá outras evidências de que esse tipo de pensamento complexo pode ser incentivado desde muito cedo.[18] A incerteza pode gerar certa confusão, mas isso só aumenta o envolvimento da criança e potencializa sua aprendizagem.

Outro exercício interessante é encorajar os alunos a imaginar um texto de história a partir de diferentes perspectivas e os argumentos que cada uma pode gerar. Numa turma de ciências, é possível criar dois estudos de caso que mostrem argumentos à primeira vista contraditórios e pedir que os alunos avaliem as evidências de cada texto e tentem chegar a um acordo. Vale lembrar que o modelo tradicional de aprendizagem considera esses exercícios contraproducentes – uma distração daquilo que precisa ser aprendido em sala de aula. Na verdade, porém, esses exercícios apresentam uma nova camada de dificuldades desejáveis aos alunos, fazendo com que eles se lembrem com mais facilidade dos dados factuais do que quando são instruídos a decorar o texto.[19]

Se combinarmos esses métodos com os elementos que exploramos anteriormente – como o treinamento para diferenciar emoções do Capítulo 5 e as habilidades de pensamento crítico discutidas no Capítulo 6 –, veremos que as escolas podem oferecer uma educação abrangente, que inclua todas as habilidades e recursos essenciais para uma forma de pensar mais inteligente.[20] As pesquisas mencionadas indicam que essas intervenções podem melhorar o desempenho acadêmico de pessoas com baixa habilidade cognitiva[21] e, ao mesmo tempo, desencorajar o pensamento preguiçoso e dogmático de muitas pessoas inteligentes e de muitos especialistas em suas áreas de atuação.

Essas mudanças podem beneficiar todo o sistema educacional: de crianças no ensino fundamental até doutorandos. Contudo, só é possível cultivar um pensamento inteligente se permitirmos que os alunos – mesmo aqueles que acabaram de entrar na escola – enfrentem momentos ocasionais de confusão e frustração.

Essas pesquisas não beneficiam apenas professores e alunos. Seja por conta do trabalho ou apenas por prazer, a maioria dos indivíduos continua a aprender na vida adulta, e saber regular os estudos é essencial para otimizar as oportunidades de aprendizagem. Como vimos, muitas pessoas – até aquelas muito inteligentes – utilizam técnicas ineficientes na hora de estudar, e o uso estratégico das dificuldades desejáveis pode melhorar a memória e treinar o cérebro para lidar com a confusão e a incerteza em qualquer contexto.[22]

Você pode, por exemplo:

- Espaçar seus estudos, dedicando menos horas por dia ao longo de mais dias e semanas. Tal como os funcionários do experimento de Baddeley, talvez você sinta que o progresso será mais lento, sobretudo quando comparado a situações de estudo intenso. No entanto, o ato de forçar a mente a rememorar o material estudado na última aula ajuda a fortalecer a memória.
- Tomar cuidado com materiais muito fluidos. Livros didáticos e superficiais podem causar a impressão de que você está aprendendo bem, quando na verdade eles estão reduzindo sua chance de reter a informação de forma duradoura. Tente optar por materiais complexos e que demandem uma análise mais detalhada, mesmo que de cara possam parecer mais confusos.
- Fazer um pré-teste. Assim que começar a estudar um novo tópico, explique para si próprio tudo que já sabe sobre o tema. Mesmo que esse conhecimento prévio esteja totalmente errado, experimentos mostram que ao fazer isso você prepara a mente para uma aprendizagem profunda e otimiza o potencial de memória, já que também usará a oportunidade de estudo para corrigir erros.
- Variar. Se você estuda num só lugar por muito tempo, sua mente começa a associar o ambiente ao material a ser estudado. Buscar novos espaços ajuda a evitar que sua mente fique muito dependente do ambiente – e, assim como acontece com qualquer outra dificuldade desejável, essa mudança pode até reduzir o desempenho imediato, mas melhorará sua memória de longa duração. Um experimento mostrou que a simples mudança de ambiente pode levar a resultados até 21% melhores.
- Aprender ensinando. Depois de estudar (e sem olhar para as anotações), imagine que você vai explicar tudo que aprendeu para outra

pessoa. Várias pesquisas indicam que aprendemos mais quando precisamos ensinar o que acabamos de estudar, pois o ato de explicar nos faz processar o material de maneira mais profunda.
- Testar os conhecimentos regularmente. A chamada "prática da recuperação" é de longe o melhor recurso para melhorar a memória, mas evite desistir e conferir as respostas rápido demais. A tentação de ver a resposta quando ela não vem à mente é grande, mas você precisa deixar seu cérebro se esforçar para recuperar a informação – caso contrário, não exercitará a memória de longa duração.
- Diversificar. Quando estiver testando seus conhecimentos, tente combinar questões de assuntos diferentes em vez de se concentrar em apenas um tema. Essa variação força a memória a vincular fatos supostamente não relacionados e pode ajudá-lo a identificar padrões.
- Sair da zona de conforto e tentar realizar tarefas consideradas muito difíceis para seu nível de habilidade. E tentar encontrar várias soluções para um mesmo problema em vez de buscar uma única resposta. Mesmo que suas soluções não sejam perfeitas, o fracasso produtivo o ajudará a entender o conceito do que você está tentando fazer.
- Tentar explicar o ponto que está gerando confusão, caso você perceba que está errado. De onde veio o erro? Esse exercício evita que você cometa o mesmo erro novamente e fortalece a memória como um todo.
- Tomar cuidado com o viés de antecipação. A pesquisa conduzida por Robert e Elizabeth Bjork mostra que não sabemos julgar com precisão o nível de nosso conhecimento com base no desempenho atual. Estudos indicam que, quanto *maior* nossa confiança na lembrança de um fato, *menor* é a probabilidade de nos recordarmos dele depois. E isso, mais uma vez, se deve aos materiais simplificados: costumamos nos sentir mais confiantes quando nos lembramos de coisas com facilidade, mas a verdade é que raramente processamos esses fatos de maneira detalhada. Por isso, teste a si próprio periodicamente para verificar seu conhecimento tanto dos temas que conhece quanto daqueles que são pouco familiares.

Além de auxiliar na aprendizagem factual, as dificuldades desejáveis podem ser especialmente úteis em situações nas quais é necessário aprender uma habilidade motora, como quando aprendemos a tocar um instrumento musical. O dogma atual é o de que a prática de um instrumento musical é um processo altamente disciplinado e extremamente repetitivo, com o aluno passando longas horas tocando as mesmas notas até atingir a perfeição.

O que a pesquisa dos Bjork sugere, no entanto, é que pode ser mais produtivo alternar pequenos trechos de música, passando apenas alguns minutos em cada um. Dessa forma o aluno sempre terá que refrescar a memória ao recomeçar o exercício.[23]

Outro caminho possível é injetar variabilidade na própria performance musical. Como parte de sua pesquisa sobre "aprendizagem condicional", Ellen Langer pediu a um grupo de pianistas que "alternassem o estilo depois de alguns minutos e evitassem se ater a um único padrão". Os pianistas também deveriam "estar atentos ao contexto, que poderia incluir variações sutis, e evitar se desligar dos sentimentos, emoções ou pensamentos que estivessem vivendo naquele momento". Ao ouvi-los, uma série de avaliadores independentes declarou que os pianistas pareciam ser mais habilidosos do que os colegas que tocaram da maneira tradicional, calcada na memorização.

Langer já replicou esse experimento com uma orquestra sinfônica, que, não raro, costuma apresentar casos de músicos exaustos devido às longas horas de ensaio repetitivo. Quando os músicos eram convidados a explorar as nuances da performance, o interesse deles aumentava e a apresentação era considerada mais atraente por um grupo independente de músicos.[24]

Uma orquestra pode parecer um ambiente muito diferente de uma sala de aula, mas o fato é que aceitar e abraçar as nuances e complexidades do processo de aprendizado é algo que pode ser aplicado a qualquer contexto.

Depois de conversar com os Bjork na UCLA, visitei uma escola situada em Long Beach, também na Califórnia, que está realizando o que possivelmente é a tentativa mais abrangente de aplicar, numa única instituição, todos os princípios da aprendizagem baseada em evidências.

A escola se chama Intellectual Virtues Academy (Academia das Virtudes

Intelectuais ou, na sigla em inglês, IVA) e foi concebida por Jason Baehr, professor de filosofia da Universidade Loyola Marymount, em Los Angeles. O trabalho de Baehr está voltado para a "epistemologia das virtudes", que avalia a relevância filosófica de traços de personalidade como a humildade intelectual, a curiosidade e a mente aberta para o bom raciocínio. Recentemente o pesquisador trabalhou com alguns psicólogos que têm estudado temas similares.

Quando a IVA foi fundada, o interesse de Baehr era puramente teórico, mas isso mudou quando ele recebeu uma ligação de Steve Porter, seu amigo e colega de profissão. Porter comentou que ouvira no rádio uma notícia sobre as escolas que as filhas de Barack Obama frequentavam. O rádio mencionava as chamadas escolas autônomas: instituições escolares que recebem dinheiro público, mas operam de maneira independente de acordo com seus valores e sua visão de educação.

Os dois filósofos tinham filhos pequenos, então Porter sugeriu que talvez fosse uma boa ideia criarem uma escola autônoma. Os dois começaram a se encontrar regularmente para discutir como aplicar um modelo de ensino que cultivasse, intencionalmente, virtudes intelectuais como a curiosidade – "não como um complemento ou como um programa extracurricular, mas como algo que fizesse parte do funcionamento da escola", explicou-me Baehr.

Assim que entro no prédio da escola, vejo como isso funciona na prática. Nas paredes de todas as salas estão listadas as "nove virtudes" que a IVA considera essenciais para um bom raciocínio e um bom aprendizado, todas acompanhadas por slogans. As virtudes estão divididas em três categorias:

Primeiros passos

- **Curiosidade:** disposição para questionar, refletir e perguntar. Sede de conhecimento e desejo de explorar.
- **Humildade intelectual:** boa vontade para assumir limitações e erros, sem se preocupar com o status ou o prestígio intelectual.
- **Autonomia intelectual:** capacidade de pensar ativamente e por conta própria. Habilidade de pensar e raciocinar sozinho.

Como agir

- **Atenção:** facilidade para estar "pessoalmente presente" no processo de aprendizagem e evitar distrações. Busca estar atento e engajado.
- **Cautela intelectual:** disposição de observar e evitar ciladas intelectuais e outros erros. Busca a exatidão.
- **Meticulosidade intelectual:** disposição para procurar e fornecer explicações. Aparências e respostas simples são insuficientes. Busca compreender e encontrar sentidos mais profundos.

Como lidar com desafios

- **Mente aberta:** aptidão para pensar além do óbvio e disposição para escutar outras perspectivas.
- **Coragem intelectual:** disposição para continuar pensando ou se comunicando diante do medo, mesmo que seja o medo de passar vergonha ou fracassar.
- **Tenacidade intelectual:** vontade de aceitar e encarar o desafio intelectual e o esforço envolvido. Mantém o foco no objetivo e nunca desiste.

Algumas dessas virtudes, como a humildade intelectual, a mente aberta e a curiosidade, são idênticas aos elementos que Igor Grossmann incluiu em seus estudos; outras, como a "cautela intelectual" e a "meticulosidade intelectual", estão mais próximas do cultivo do ceticismo que exploramos no Capítulo 6. Virtudes como a "coragem intelectual", a "tenacidade intelectual" e a "autonomia intelectual" reforçam a presença do esforço e da confusão presentes nos estudos de Stigler e dos Bjork.

Mesmo que você não esteja interessado no modelo educacional proposto pela IVA, essa lista pode servir como um bom guia para o cultivo das qualidades mentais essenciais para indivíduos que queiram evitar a armadilha da inteligência.

Na IVA, os alunos absorvem os conceitos de maneira explícita durante uma sessão de "aconselhamento" semanal, que conta com a presença de professores, pais e responsáveis. Durante minha visita à escola, assisti a uma sessão que explorava a "escuta eficaz" como recurso para fazer as crianças refletirem sobre o modo como conversam com os outros. Em seguida, elas eram convidadas a considerar os benefícios de algumas virtudes, como a humildade intelectual e a curiosidade, durante uma conversa – mas também tinham que considerar situações nas quais essas virtudes poderiam ser entendidas como inapropriadas. Ao final da sessão, os alunos ouviram um episódio do podcast *This American Life* (Vidas norte-americanas), que contava a história de Rosie, uma menina que tinha sérios problemas para se comunicar com seu pai, um físico viciado em trabalho. Esse é um exercício importante que permite entender a perspectiva do outro. O objetivo de tudo isso é estimular as crianças a serem mais críticas e reflexivas sobre o modo como pensam.

As virtudes também são incorporadas no ensino das disciplinas escolares. Depois da sessão de aconselhamento, assisti a uma aula do sétimo ano do ensino fundamental (com alunos entre 12 e 13 anos), que tinha Cari Noble como professora responsável. A turma estava aprendendo a calcular os ângulos internos de um polígono, mas, em vez de aprenderem as fórmulas logo de cara, eles tinham que tentar descobrir a fórmula por conta própria – estratégia que me lembrou dos relatos de Stigler sobre o sistema escolar japonês. Mais tarde assisti a uma aula de inglês na qual os alunos discutiam gostos musicais. Durante a aula, eles assistiram a um TED Talk do maestro Benjamin Zander em que ele comentava suas dificuldades ao aprender a tocar piano – reforçando mais uma vez a ideia do esforço intelectual como elemento essencial ao progresso.

Ao longo do dia, percebi que os professores também "serviam de modelo" das virtudes de acordo com a situação em sala, admitindo que não sabiam a resposta para uma pergunta (uma expressão de humildade intelectual) ou demonstrando curiosidade genuína quando algo os interessava. Como Dweck, Engel e Langer indicaram, esses sinais sutis são fundamentais para aguçar a capacidade da criança de pensar por conta própria.

Eu estive na escola por apenas um dia, mas, ao conversar com os professores e a equipe, percebi que a estratégia de ensino da IVA está baseada em pesquisas reconhecidas e tem como objetivo garantir que um pensamento mais sofisticado esteja presente em todas as disciplinas – sem que seja preciso, para isso, sacrificar o rigor acadêmico. Nas palavras de Jacquie Bryant, diretora da escola: "Os alunos não podem praticar as virtudes intelectuais se não estiverem inseridos em um currículo escolar complexo e desafiador.

E nós não podemos avaliar o que eles estão aprendendo sem feedbacks e exercícios por escrito. Esses dois elementos andam de mãos dadas."

A metacognição dos alunos da IVA – ou seja, a capacidade de reconhecer possíveis erros de raciocínio e tentar corrigi-los – parece, a meu ver, incrivelmente avançada quando comparada à metacognição do adolescente mediano.

Os pais dos alunos também parecem impressionados. Natasha Hunter, mãe que atua como conselheira nas sessões, conta: "Os resultados são incríveis. Muitos de nós só aprendem esses traços depois de adultos – isso quando aprendemos." Hunter é professora em uma universidade local e ficou feliz ao ver crianças tão pequenas com um pensamento tão sofisticado: "O pensamento crítico precisa ser desenvolvido desde cedo, pois, quando eles chegam na universidade, muitos não raciocinam no nível em que precisamos que raciocinem."

Os resultados acadêmicos dos alunos falam por si sós. No primeiro ano de funcionamento, a IVA ficou entre as três melhores escolas do distrito escolar de Long Beach; e, em um teste que avaliou o desempenho acadêmico durante o ano escolar de 2016-2017 em todo o estado da Califórnia, mais de 70% dos alunos da IVA atingiram os parâmetros esperados na disciplina inglês, enquanto a média do estado foi de 50%.[25]

O sucesso da IVA precisa ser analisado com cautela: afinal, ela é apenas uma escola com professores altamente motivados que se dedicam a manter a visão e os valores da instituição, e muitos psicólogos com os quais conversei indicam que pode ser difícil incitar uma reforma educacional profunda e abrangente.

Mesmo assim, a IVA me deu um gostinho de como a educação ocidental pode começar a cultivar outras formas de pensamento, tão importantes para um bom raciocínio durante a vida adulta – o que poderia, quem sabe, produzir uma nova geração de adultos mais sábios.

PARTE 4

A loucura e a sabedoria da multidão: como equipes e organizações podem evitar a armadilha da inteligência

9

Os ingredientes de um "dream team": como formar a equipe dos sonhos

De acordo com a maioria dos especialistas, a Islândia não deveria estar na Euro 2016, campeonato continental de seleções de futebol masculino. O país ocupava a 131ª posição no mundo quatro anos antes.[1] Como poderia competir como uma das 24 melhores equipes do continente?

O primeiro choque ocorreu durante as eliminatórias para o torneio, entre 2014 e 2015, quando eles eliminaram a Holanda e se tornaram a menor nação a se classificar para a fase final. Depois veio o empate surpresa com Portugal, na primeira rodada. O sucesso inesperado foi suficiente para abalar o craque português Cristiano Ronaldo, que ficou irritado com a tática adversária. "Foi uma noite de sorte para eles", disse aos repórteres após a partida. "Eles não tentam jogar, e apenas defendem, defendem, defendem, e na minha opinião isso revela que eles têm uma mentalidade pequena e que não farão nada na competição."

Os islandeses não se intimidaram. Empataram a partida seguinte com a Hungria e venceram a Áustria por 2 a 1. Os comentaristas esportivos estavam certos de que a sorte da pequena nação logo acabaria. No entanto, eles continuaram, dessa vez contra a Inglaterra, uma seleção quase toda composta por jogadores dos vinte maiores clubes de futebol do mundo. Os comentaristas de TV do Reino Unido ficaram literalmente sem palavras com o gol final,² e o jornal *The Guardian* descreveu a partida como uma das "derrotas mais humilhantes da história da Inglaterra".³

O sonho da Islândia acabou quando eles sucumbiram ao time da casa nas quartas de final, mas os comentaristas de futebol do mundo todo ficaram estupefatos com o sucesso da seleção. Como afirmou Kim Wall, da revista *Time*: "A mera presença da Islândia no campeonato já foi muito mais do que qualquer um poderia imaginar. Uma ilha vulcânica coberta por geleiras durante todo o ano, a Islândia tem a menor temporada de futebol do mundo. De vez em quando, a grama do estádio nacional, projetado para resistir aos ventos e à neve do Ártico, morre congelada."⁴ E, com uma população de 330 mil habitantes, eles tinham um grupo menor de jogadores em potencial do que muitos bairros de Londres; o técnico da equipe ainda trabalhava meio período como dentista.⁵ Aos olhos de muita gente, os islandeses foram os verdadeiros heróis do campeonato, e não Portugal, seleção que se sagrou campeã.

Enquanto eu escrevia este livro (em 2018), a Islândia estava perto do 20º lugar no ranking mundial e se tornara o menor país a se classificar para uma Copa do Mundo. Ao contrário das críticas de Cristiano Ronaldo, o sucesso deles não foi mero acaso, afinal. Como essa pequenina nação conseguiu derrotar países vinte vezes maiores e mais populosos e com equipes compostas por algumas das maiores estrelas do esporte?

É possível que o sucesso inesperado deles tenha acontecido *por causa* – e não *apesar* – do fato de terem tão poucos jogadores famosos?

A história dos esportes é cheia de incríveis reviravoltas do destino. Certamente uma das mais famosas é o "Milagre no Gelo", quando um time de universitários americanos venceu o time de hóquei soviético nos Jogos Olímpicos de Inverno de 1980. Mais recentemente houve a surpresa da medalha de ouro da Argentina no basquete, nas Olimpíadas de 2004, derrotando os Estados Unidos, forte favorito, na semifinal. Em ambos os casos, os azarões tinham jogadores menos conhecidos, mas de alguma forma o talento deles em conjunto era maior do que a soma das partes. Apesar desses exemplos, pensando na ousadia do desafio e no trabalho em equipe que permitiu superar obstáculos, o sucesso da Islândia talvez seja o mais instrutivo.

O talento esportivo é muito diferente dos tipos de inteligência que temos explorado até agora, mas as lições desses sucessos inesperados podem ir além do campo de futebol. Muitas organizações empregam pessoas superinteligentes e qualificadas, pressupondo que elas automaticamente combinarão sua capacidade cerebral coletiva para produzir resultados mágicos. Inexplicavelmente, porém, esses grupos muitas vezes não conseguem se beneficiar de seus talentos, demonstrando pouca criatividade, perda de eficiência e, às vezes, tomando decisões arriscadas demais.

Nos oito capítulos anteriores, vimos como a inteligência e a expertise acima da média às vezes podem ser um tiro no pé individualmente falando, mas as mesmas questões podem afetar equipes, pois certas características valorizadas em pessoas de alto desempenho podem prejudicar o grupo como um todo. É realmente possível que o "excesso de talento" atrapalhe uma equipe.

Essa é a armadilha da inteligência não de um cérebro, mas de muitos. E a mesma dinâmica que permitiu à Islândia vencer a Inglaterra também pode nos ajudar a entender a política do ambiente de trabalho em qualquer organização.

Antes de examinar a dinâmica específica que vincula o time de futebol da Inglaterra à sala da diretoria corporativa, vamos refletir sobre algumas intuições mais gerais sobre o pensamento em grupo.[6]

Uma ideia que tem sido muito divulgada é a da "sabedoria das multidões", segundo a qual muitos cérebros, trabalhando juntos, podem corrigir os erros uns dos outros nos julgamentos, aprimorando-se mutuamente.* Uma boa evidência defendendo esse ponto de vista vem de uma

---

* Um argumento em defesa da sabedoria das multidões foi dado pelo primo de Charles Darwin, Francis Galton. Para um artigo publicado na revista Nature em 1907, ele pediu aos transeuntes de uma feira pecuária que estimassem o peso de um boi. A estimativa média chegou a 543 quilos – apenas 4 quilos (ou 0,8%) distante do valor correto. E mais de 50% das estimativas erraram o peso por até 4% do valor real, para mais ou para menos. Com base nessa descoberta, alguns comentaristas argumentaram que alcançar um consenso em grupo geralmente é a melhor maneira de aumentar a precisão de nossos julgamentos. Assim, você provavelmente terá mais garantia de sucesso recrutando o maior número possível de pessoas talentosas.

análise dos artigos de revistas científicas que descobriu que é muito mais provável que artigos colaborativos sejam citados e aplicados do que artigos com apenas um autor. Ao contrário do que diz a noção de gênio solitário, as conversas e trocas de ideias extraem o melhor dos membros da equipe; a capacidade intelectual coletiva lhes permite enxergar conexões antes invisíveis.[7] No entanto, também existem muitos exemplos notórios de que o pensamento em equipe falha e às vezes isso tem um custo elevado. Vozes contrárias à ideia de sabedoria das multidões gostam de apontar para o fenômeno do "pensamento de grupo", descrito pela primeira vez em detalhes pelo psicólogo Irving Janis, da Universidade Yale. Inspirado pelo desastre da Baía dos Porcos em 1961, ele explorou as razões por que o governo Kennedy decidiu invadir Cuba e concluiu que os conselheiros do presidente estavam impacientes para chegar a um consenso e ansiosos demais para questionar os julgamentos uns dos outros. Em vez disso, eles reforçaram seus vieses preexistentes, exacerbando o raciocínio motivado uns dos outros. A inteligência dos indivíduos não teve qualquer importância, uma vez que o desejo de estar de acordo com os outros conselheiros os impedira de fazer um julgamento neutro e correto.

Os críticos do raciocínio coletivo também podem apontar para as tantas vezes em que grupos chegam a impasses e não tomam nenhuma decisão, ou então incorporam todos os pontos de vista e complicam demais um problema. Esse impasse é o oposto do pensamento de grupo mais decidido, mas pode ser muito prejudicial para a produtividade de uma equipe. É sempre bom evitar tomar decisões levando em conta todos os pontos de vista.

Pesquisas recentes nos ajudam a harmonizar todas essas visões, oferecendo novas ferramentas inteligentes para determinar se um grupo de pessoas talentosas pode explorar sua capacidade coletivamente ou se será vítima de um pensamento de grupo.

Anita Williams Woolley esteve na vanguarda dessas descobertas, com a invenção de um teste de "inteligência coletiva" que promete revolucionar nossa compreensão da dinâmica de grupo. Estive com ela em seu laboratório na Universidade Carnegie Mellon, em Pittsburgh, onde ela conduzia a última rodada de experimentos.

Projetar o teste foi uma tarefa hercúlea. Um dos maiores desafios foi fazer com que ele capturasse toda a gama de pensamentos com os quais um grupo deveria se comprometer: o brainstorming, por exemplo, envolve um tipo de pensamento "divergente", que é diferente do pensamento mais moderado e crítico necessário para se tomar uma decisão. A equipe Woolley acabou se decidindo por uma grande bateria de tarefas – com duração de cinco horas no total – que, juntas, testaram quatro tipos diferentes de pensamento: *gerar* novas ideias; *escolher* uma solução com base no bom senso; *negociar* para chegar a um acordo; e, por fim, uma habilidade geral na *execução de tarefas* (por exemplo, coordenar movimentos e atividades).

Diferentemente de um teste de inteligência individual, muitas das tarefas eram de natureza prática. Num teste de capacidade de negociação, por exemplo, os grupos tiveram que imaginar que dividiam a mesma casa e compartilhavam um carro numa viagem à cidade, cada um com uma lista de compras. Eles tiveram que planejar a viagem para obter as melhores ofertas dirigindo o mínimo de tempo possível. Enquanto isso, em um teste de raciocínio moral, os participantes desempenharam o papel de júri, descrevendo como julgariam um jogador de basquete que tinha subornado seu treinador. Para testar a execução geral das tarefas, cada membro da equipe se sentava em frente a um computador separado e tinha que inserir palavras em um documento on-line compartilhado – um desafio enganosamente simples, que testava quão bem podiam coordenar suas atividades, evitando repetir palavras ou passar por cima das contribuições dos colegas.[8] Os participantes também foram convidados a executar algumas tarefas de raciocínio verbal ou abstrato que poderiam ser incluídas em um teste tradicional de QI, mas eles respondiam como um grupo, e não individualmente.

A primeira descoberta animadora foi que a pontuação de cada equipe em uma tarefa tinha correlação com a pontuação nas demais tarefas. Em outras palavras, parecia haver um fator subjacente (um pouco como a "energia mental" que supostamente é refletida em nossa inteligência geral) que denotava que o desempenho de algumas equipes era consistentemente melhor que o de outras.

O essencial – que está de acordo com grande parte do trabalho que vimos sobre criatividade individual, tomada de decisões e aprendizado – é que o sucesso de um grupo não parecia refletir somente o QI médio dos membros (o que poderia explicar apenas 2,25% da variação na inteligência coletiva). Também não poderia estar fortemente ligado ao QI mais alto do grupo (que representava 3,6% da variação na inteligência coletiva). As equipes não estavam simplesmente dependendo do membro mais inteligente para pensar em tudo.

Desde que publicou o primeiro artigo na *Science*, em 2010, a equipe de Woolley aplicou seu teste em muitos contextos diferentes, mostrando que ele pode prever o sucesso de diversos projetos da vida real, alguns convenientemente "perto de casa". Eles estudaram os alunos que concluíam um projeto de grupo de dois meses em um curso de gestão universitária, por exemplo. A pontuação da inteligência coletiva previu o desempenho da equipe em várias tarefas. Curiosamente, equipes com inteligência coletiva mais alta evoluíram e se aproveitaram ainda mais de suas vantagens durante o projeto: não só foram melhores no início como também melhoraram mais ao longo das oito semanas.

Woolley também aplicou seu teste no Exército, em um banco, em equipes de programadores de computador e em uma grande empresa de serviços financeiros, que ironicamente teve uma das mais baixas pontuações de inteligência coletiva que ela já tenha visto. Ficou decepcionada por não ter sido convidada a retornar lá, o que talvez seja um sintoma do pensamento coletivo pobre da empresa.

Esse teste é muito mais do que uma ferramenta de diagnóstico: ele permitiu a Woolley investigar as razões latentes por que algumas equipes têm maior ou menor inteligência coletiva, bem como as formas de aprimorar essa dinâmica.

Um dos indicadores mais fortes e consistentes é a sensibilidade social dos membros da equipe. Para dimensionar essa qualidade, Woolley usou uma medida clássica de percepção emocional, na qual os participantes observam fotos dos olhos de um ator para determinar que emoção o sujeito deve estar sentindo, ou seja, se ele está feliz, triste, bravo ou assustado. A pontuação média dos participantes foi um forte indicativo do desempenho deles nas tarefas em grupo. E o mais notável: a mesma dinâmica pode determinar o destino das equipes que trabalham juntas remotamente, pela internet.[9] Mesmo sem se encontrar cara a cara, uma maior sensibilidade social lhes permite ler nas entrelinhas de mensagens diretas e coordenar melhor suas ações.

Além do teste de "leitura dos olhos", Woolley investigou as interações que podem elevar ou destruir o pensamento de uma equipe. As empresas podem avaliar alguém que está disposto a assumir o comando quando um grupo carece de hierarquia, por exemplo – o tipo de pessoa que talvez se considere um "líder natural". No entanto, quando a equipe de Woolley mediu com que frequência cada membro falou, descobriu que os melhores grupos tendem a permitir que cada membro participe igualmente. Os piores grupos, ao contrário, tendem a ser dominados por apenas uma ou duas pessoas.

Não necessariamente essas pessoas mais dominadoras são barulhentas ou rudes, mas, se elas derem a impressão de que já sabem tudo, os outros membros da equipe vão achar que não têm nada a contribuir, o que priva o grupo de informações valiosas e pontos de vista alternativos.[10] Excesso de entusiasmo pode ser um defeito.

Woolley descobriu que a dinâmica mais destrutiva se dá quando os membros da equipe começam a competir entre si. Esse era o problema da empresa de serviços financeiros e de sua cultura corporativa. A cada ano a empresa promovia apenas um número fixo de pessoas com base em suas avaliações de desempenho, de maneira que cada funcionário se sentia ameaçado pelos outros e, como consequência, o trabalho em grupo ficava prejudicado.

Desde que Woolley publicou esses primeiros resultados, sua pesquisa despertou um interesse particular pelos insights sobre o sexismo no ambiente de trabalho. Nos últimos anos, muitos especialistas têm abordado o irritante hábito que alguns homens têm de explicar algo a mulheres de forma simplificada demais (também conhecido como "*mansplain*"), ou de interromper ou se apropriar de ideias de mulheres. Encerrar um assunto de forma abrupta e precoce e impedir que as mulheres compartilhem seus conhecimentos são os gestos masculinos que sabotam o desempenho do grupo.

Woolley mostrou que, pelo menos em seus experimentos nos Estados Unidos, as equipes com mais mulheres têm uma inteligência coletiva mais alta e que isso pode estar relacionado à maior sensibilidade social delas em comparação aos grupos compostos majoritariamente por homens.[11] Isso também foi verificado quando Woolley testou a inteligência coletiva de equipes de League of Legends (jogo on-line de batalhas entre equipes) escondendo o gênero dos jogadores. Ficou claro que a questão não era apenas que os homens agiam diferente quando sabiam que havia uma mulher presente.[12]

Ainda não sabemos a causa exata dessas diferenças de gênero. Pode haver uma base biológica – a testosterona tem efeitos conhecidos no comportamento e, em níveis mais altos, torna as pessoas mais impulsivas e dominantes, por exemplo. Apesar disso, certas diferenças na sensibilidade social também podem ser aprendidas via cultura.

Woolley me contou que essas descobertas já provocaram mudanças de opinião. "Com base no que descobrimos, algumas organizações passaram a contratar mais mulheres."

Quer você procure alterar ou não o percentual de pessoas de cada sexo com base nessas descobertas, contratar pessoas de ambos os sexos com maior sensibilidade social é certamente a melhor maneira de aumentar a inteligência coletiva de uma organização.

O próprio nome – *soft skills* (habilidades comportamentais) – que atribuímos à inteligência social sugere que essa é a contraparte mais fraca e secundária de outras formas de inteligência, e os testes que usamos para explorar a dinâmica interpessoal (como a tipologia de Myers-Briggs) são indicadores fracos do comportamento real.[13] Se você está tentando recrutar uma equipe inteligente, a pesquisa de Woolley recomenda fortemente que as habilidades sociais sejam a preocupação principal e, da mesma forma que medimos a capacidade cognitiva usando testes padronizados, que devemos começar a usar medidas cientificamente comprovadas para avaliar essas outras qualidades.

Ao mostrar que a inteligência coletiva tem uma correlação fraca com o QI, os testes de Woolley começam a explicar por que alguns grupos de pessoas inteligentes fracassam. Mas, considerando a pesquisa sobre a armadilha da inteligência individual, eu também quis saber se equipes com alto desempenho correm um risco ainda *maior* de fracassar do que as demais.

Podemos intuir que pessoas especialmente inteligentes ou poderosas têm dificuldade para se dar bem com as outras, por terem o excesso de confiança ou a mente fechada (algo típico entre esses indivíduos), e que isso pode prejudicar o desempenho geral delas. Mas essas intuições se justificam?

Angus Hildreth, da Universidade Cornell, pode nos dar algumas respostas. Ele fez uma pesquisa inspirada em sua experiência numa empresa de consultoria global, em que muitas vezes supervisionava reuniões com os principais executivos. "Eram indivíduos realmente eficazes que chegaram ali porque eram bons no que faziam, mas, quando reunidos nesses contextos de grupo, fiquei surpreso com a disfunção e as dificuldades que enfrentavam", revelou-me ele durante uma das suas frequentes visitas a Londres. "Eu esperava um ideal platônico de liderança: você coloca todas as melhores pessoas na sala e, obviamente, algo de bom vai acontecer. Mas havia uma incapacidade de tomar decisões. Estávamos sempre atrasados."

Ao retornar aos Estados Unidos para um doutorado em comportamento organizacional na Universidade da Califórnia em Berkeley, Hildreth decidiu investigar o fenômeno mais a fundo. Num experimento publicado em 2016, reuniu executivos de uma multinacional do ramo da saúde, dividiu-os em grupos e pediu que imaginassem que estavam recrutando um novo diretor financeiro a partir de uma seleção de candidatos fictícios. A difusão de poder entre os grupos não foi igual: alguns eram compostos por executivos de alto nível, que gerenciavam muitas pessoas, enquanto outros eram compostos principalmente por seus subordinados. Para garantir que não estivesse vendo apenas os efeitos da concorrência existente entre os executivos, Hildreth garantiu que os executivos dos grupos não tivessem trabalhado juntos anteriormente. "Caso contrário, poderia haver um passado em que um ganhou um cargo derrotando outro."

Apesar das credenciais e da experiência, os grupos dos bem-sucedidos e ambiciosos muitas vezes não conseguiam chegar a um consenso; 64% das equipes altamente capazes chegaram a um impasse, em comparação com apenas 15% das equipes menos poderosas.[14]

Um problema era o "conflito de status" – os altamente capazes estavam menos focados na tarefa em si e mais interessados em afirmar sua autoridade no grupo e determinar quem seria o líder. Além disso, essas equipes eram menos propensas a compartilhar informações e integrar pontos de vista, dificultando acordos.

Você pode argumentar que, antes de tudo, é preciso ter mais confiança para chegar ao topo. Talvez essas pessoas sempre tenham sido um pouco mais egoístas. Mas outro experimento de laboratório com estudantes demonstrou que é muito fácil levar as pessoas a ter esse tipo de *ego trip*.

A primeira tarefa dos alunos era simples: separados em pares, eles foram instruídos a fazer uma torre usando blocos de construção de brinquedo. Com base em suas respostas a um questionário, um de cada par era avisado de que fazia o papel de líder e de que o outro fazia o papel de subordinado. O sucesso ou fracasso na tarefa não era importante. O objetivo de Hildreth era empoderar alguns participantes. No exercício seguinte, reorganizou os alunos em grupos de três, compostos apenas por líderes ou por subordinados, e testou a criatividade deles para inventar uma nova empresa e definir seu plano de negócios.

Embriagados com a pequena dose de poder concedida no exercício anterior, os ex-líderes tendiam a ser menos cooperativos e tinham mais dificuldade para compartilhar informações e chegar a um acordo, puxando para baixo o desempenho geral de seus grupos. Eles apresentaram o comportamento típico da "sabotagem mútua", que Woolley descobriu ser tão destrutivo para a inteligência coletiva de uma equipe.

Hildreth diz que nesses grupos as lutas por poder eram nítidas. "As interações eram bastante frias", disse-me ele. "Com frequência, pelo menos um aluno do grupo se retirava, porque não gostava da dinâmica ou porque não se envolvia na conversa, pois suas ideias não estavam sendo ouvidas. Eles pensavam: 'Sou eu quem toma as decisões, e as minhas decisões são as melhores.'"

Embora o estudo de Hildreth tenha explorado essas dinâmicas em uma única empresa do ramo da saúde, várias pesquisas de campo sugerem que elas são onipresentes. Uma análise das instituições financeiras e de telecomunicações neerlandesas, por exemplo, avaliou o comportamento das equipes na hierarquia da empresa e constatou que, quanto mais alta a posição, maior o nível dos conflitos relatados.

Vale notar que esse comportamento parecia depender da compreensão que os membros tinham de suas posições na hierarquia. Se cada membro de uma equipe soubesse sua posição relativa no grupo, ela era mais produtiva, pois esse conhecimento evitava a disputa constante por autoridade.[15] Os piores grupos eram compostos por indivíduos de alto status que desconheciam sua posição na hierarquia.

O exemplo mais marcante dessas manobras – e a evidência mais clara de que talento de mais pode ser contraproducente – vem de um estudo de analistas de patrimônio em bancos de Wall Street. Todo ano a publicação *Institutional Investor* classifica os principais analistas de cada setor, dando a eles um tipo de status de estrela entre seus colegas, que pode se traduzir em milhões de dólares em rendimentos extras ou também alçá-los à posição de comentaristas especialistas nos meios de comunicação. Nem é preciso dizer que essas pessoas geralmente vão parar nas mesmas empresas de prestígio, mas nem sempre elas trazem as recompensas que tais empresas esperavam.

Estudando informações e dados de todo o setor acumulados em cinco anos, Boris Groysberg, da Harvard Business School, descobriu que as equipes com mais estrelas de fato se saíam melhor, mas só até certo ponto. A partir dele, os benefícios desse talento excepcional diminuíam. E, quando mais de 45% do departamento era preenchido por funcionários já destacados pela *Institutional Investor*, ele se tornava *menos* eficaz.

Os grupos pareciam ser particularmente frágeis quando as áreas de especialização das estrelas coincidiam, colocando-as em competição direta. Esse fator era menos importante quando as estrelas eram de áreas diferentes e, portanto, não competiam de forma direta. Nesse caso, a empresa podia contratar mais algumas estrelas – até cerca de 70% da força de trabalho. A partir daí, o ego desses indivíduos destruía o desempenho da equipe.[16]

A teoria de Hildreth é baseada nas interações entre os poderosos do grupo. Mas, além de interromper a comunicação e a cooperação, o conflito de status pode afetar a capacidade de processamento de informações do cérebro. Como resultado de suas interações individuais, pelo menos durante a reunião cada membro pode se mostrar um pouco mais estúpido.

O estudo, conduzido na Virginia Tech, reuniu pequenos grupos de pessoas, deu a cada indivíduo alguns problemas abstratos e mostrou, na própria interface do computador, como cada um se saía em relação aos outros membros da equipe. O feedback teve um efeito paralisante para alguns candidatos, fazendo com que suas pontuações fossem mais baixas do que em testes anteriores. Apesar de terem começado com QIs aproximadamente iguais, os participantes acabaram se separando em dois grupos distintos, com alguns deles demonstrando forte sensibilidade à competição.[17]

A diminuição da capacidade intelectual também ficou evidente nas ressonâncias magnéticas realizadas na hora do teste: ela parecia estar associada ao aumento da atividade na amígdala – um aglomerado de neurônios no fundo do cérebro relacionado ao processamento das emoções – e à redução da atividade no córtex pré-frontal, atrás da testa, ligado à resolução de problemas.

A equipe concluiu que não podemos separar nossas habilidades cognitivas do ambiente social: o tempo todo, a capacidade de usar o cérebro será influenciada pela percepção dos que estão em volta.[18] Dadas essas descobertas, é fácil ver como a presença de um membro brilhante, porém arrogante, na equipe pode prejudicar tanto a inteligência coletiva quanto a inteligência individual dos colegas mais sensíveis, um golpe duplo que diminuirá a produtividade geral.

Como diz Read Montague, um dos pesquisadores: "Você pode até brincar dizendo que as reuniões fazem você se sentir com morte cerebral, mas nossas descobertas indicam que elas podem fazer você agir como se realmente isso tivesse acontecido!"

A área esportiva pode parecer muito diferente de uma sala de reuniões, mas observamos a mesma dinâmica em muitos esportes.

Veja o caso da sina do time de basquete Miami Heat no início da década de 2010. Ao reunir LeBron James, Chris Bosh e Dwyane Wade, três grandes jogadores, a equipe transbordava talento, mas a equipe só decolou de verdade quando Bosh e Wade se lesionaram e ficaram fora de combate por um tempo. Como disse um famoso jornalista esportivo americano: "Menos talento se tornou mais."[19]

Para descobrir se esse é um fenômeno comum, o psicólogo social Adam Galinsky examinou primeiro o desempenho das seleções na Copa do Mundo de 2010, na África do Sul, e na Copa do Mundo de 2014, no Brasil. Para determinar o "maior talento" do país, ele calculou quantos jogadores convocados estavam em um dos trinta clubes mais ricos do mundo segundo a Deloitte Football Money League (a lista incluía clubes como Real Madrid, Barcelona e Manchester United). Depois esse valor foi comparado ao ranking do país nas eliminatórias.

Assim como Groysberg tinha observado nos analistas de Wall Street, a equipe de Galinsky identificou um relacionamento "curvilíneo". As seleções se beneficiavam por terem algumas estrelas, mas o equilíbrio piorava quando mais de 60% dos jogadores eram estrelas. A partir desse ponto, o desempenho da equipe era prejudicado.

Um bom exemplo é a seleção holandesa. Após a decepção na Euro 2012, o treinador, Louis van Gaal, remontou a equipe, reduzindo a porcentagem de "grandes talentos" de 73% para 43%. Foi uma decisão extraordinária, pois Van Gaal estimou a dinâmica corretamente: a Holanda não perdeu um único jogo nas eliminatórias da Copa do Mundo de 2014, como apontam Galinsky e seus coautores.

Para apreender o efeito do excesso de talento em um novo contexto, Galinsky aplicou o mesmo pensamento aos rankings de basquete, observando dez temporadas da NBA (a associação de basquete dos Estados Unidos), de 2002 a 2012. Para identificar as estrelas do esporte, ele e seus colegas usaram uma medida de "estimativa de vitórias acrescentadas", que usa as estatísticas do jogo para calcular se um membro da equipe costuma ser decisivo no resultado de uma partida. A equipe de Galinsky decidiu que os "grandes talentos" ficam no terço superior desses rankings. É um ponto de corte que eles admitem ser arbitrário, mas frequentemente usado em muitas organizações para estipular quem tem desempenho excepcional. Aliás, muitos jogadores no ranking de estrelas das equipes coincidiam com os selecionados para o torneio de estrelas da NBA, o All-Star, indicativo de que era uma medida válida para determinar os maiores talentos.

Mais uma vez, os pesquisadores calcularam a proporção de estrelas em cada clube e compararam com as vitórias dos times em cada temporada. O padrão foi quase igual aos resultados da Copa do Mundo.

Em um último experimento, a equipe examinou dados da Major League Baseball (MLB, a liga americana de beisebol), esporte que não requer tanta coordenação entre os jogadores. Nesse caso, não encontraram evidências do efeito do excesso de talento, o que apoia a ideia de que o status só é prejudicial quando precisamos cooperar e fazer com que o companheiro melhore seu desempenho.[20] Para esportes como o beisebol, em que os atletas são menos interdependentes do que no basquete ou no futebol, vale a pena ter todos os grandes talentos possíveis.

Voltando à inesperada vitória da Islândia sobre a Inglaterra na Euro 2016, fica claro que o sucesso da seleção do pequeno país decorreu de diversos fatores. A federação de futebol passou anos investindo na melhoria dos programas de treinamento e a seleção estava em excelentes mãos, com o técnico sueco Lars Lagerbäck e seu assistente, Heimir Hallgrímsson. Individualmente, aquela era a melhor safra de jogadores da história do país. Mas, embora muitos jogassem fora do país, apenas um (Gylfi Sigurðsson) jogava num dos 30 principais clubes de acordo com a Deloitte Football Money League. Ou seja, os jogadores ainda não tinham alcançado um status internacional que pudesse vir a ser prejudicial.

Na seleção da Inglaterra, por outro lado, 21 dos 23 jogadores convocados eram dessas equipes super-ricas – ou seja, eles representavam mais de 90% do time, bem acima do limiar ideal. Na verdade, de acordo com meus cálculos, nenhum time que passou para as quartas de final tinha tantas estrelas (a seleção mais próxima era a Alemanha, com 74%). A derrota da Inglaterra para a Islândia no Estádio Allianz Riviera, em Nice, é quase um encaixe perfeito no modelo de Galinsky.

Embora não tenham conhecimento do trabalho científico de Galinsky, especialistas em futebol notaram a dinâmica desastrosa da equipe na Euro 2016. "Embora contasse com inúmeros talentos, a seleção inglesa precisava de apenas um", escreveu o jornalista esportivo Ian Herbert no *The Independent* após a vitória da Islândia. "A razão para o país ter dificuldade em sentir empatia ou conexão com muitos desses jogadores é o ego. Essa seleção era composta por jogadores famosos, importantes, ricos, poderosos demais para alcançar o ritmo e demonstrar a garra necessários para enfrentar um dos menores países europeus a jogar futebol. Essa é a Inglaterra."[21] A seleção de Portugal, que se sagrou campeã, levou apenas quatro jogadores que estavam em clubes listados na Deloitte Football Money League. O time podia ter Cristiano Ronaldo, talvez a maior estrela mundial do esporte, mas não excedeu o limiar de Galinsky.

O "Milagre no Gelo", ocorrido nos Jogos Olímpicos de Inverno de 1980, em Lake Placid, Nova York, mostra exatamente o mesmo padrão. A equipe soviética tinha um recorde: havia ganhado medalha de ouro nos quatro Jogos de Inverno anteriores. De 29 partidas, tinha vencido 27. Oito dos seus jogadores tinham competido em ao menos uma Olimpíada de Inverno anterior e atuavam em grandes equipes em seu país. A seleção americana, por outro lado, era a mais jovem de todo o torneio: um bando de universitários com idade média de 21 anos e pouca experiência internacional.

O treinador, Herb Brooks, não estava iludido: era uma luta de "Davi contra Golias". Mas, mesmo assim, Davi triunfou – os Estados Unidos venceram a União Soviética por 4 a 3 e jogaram a final contra a Finlândia. Ganharam a medalha de ouro.

Não é preciso ser uma estrela internacional para que esse tipo de dinâmica se aplique a você e seus colegas. Como Hildreth descobriu com seus experimentos na universidade, para alcançar um desempenho de elite, em parte é preciso que você tenha a *percepção* correta dos seus talentos em relação àqueles que estão ao seu redor.

Anita Williams Woolley, que me alertou para a pesquisa de Galinsky, identificou esse fenômeno até no time de futebol amador dos seus filhos. "Eles tinham um time muito bom no ano passado e venceram um torneio estadual", disse ela. "Com isso, atraíram vários jogadores muito bons de outros clubes e isso arruinou a dinâmica da equipe. Já perderam cinco jogos este ano."

Com esse novo entendimento da inteligência coletiva e do efeito do excesso de talento, agora estamos perto de descobrir algumas estratégias simples para melhorar o desempenho de *qualquer* equipe. Antes disso, porém, precisamos explorar mais detalhadamente o papel do líder – e o melhor estudo de caso surge de uma tragédia nas encostas do Everest.

Em 9 de maio de 1996, a quase 8 mil metros de altitude, duas expedições estavam prontas para partir do Acampamento IV, na rota Sul Col, no Nepal. Rob Hall, um neozelandês de 35 anos, liderava a equipe da Adventure Consultants. Eles se juntaram a um grupo da Mountain Madness, liderado por Scott Fischer, de 40 anos, morador de Michigan, Estados Unidos. Cada equipe contava com um líder, dois guias assistentes, oito clientes e vários xerpas (moradores da etnia das montanhas do Nepal, acostumados com a região).

A experiência deles era inquestionável. Hall já havia chegado ao cume quatro vezes, guiando com sucesso 39 clientes. Era conhecido por ser meticuloso na sua organização. Fischer havia subido o Everest até o topo só uma vez antes, mas tinha feito sua reputação em muitos dos picos mais desafiadores do mundo. E estava confiante em seus métodos. Um dos sobreviventes, Jon Krakauer, lembra-se de ouvir Fischer dizer: "Nós sabemos como chegar ao pico do Everest. Está tudo sob controle, vai ser fácil."

Embora trabalhassem para empresas diferentes, Hall e Fischer haviam decidido trabalhar juntos na subida final, mas logo foram afetados por atrasos e dificuldades. Um dos xerpas não conseguiu instalar uma "corda fixa" para orientar a subida do grupo, o que adicionou uma hora à jornada, e um gargalo de alpinistas começou a se acumular ladeira abaixo enquanto aguardavam a instalação da corda. No início da tarde, ficou claro que muitos não seriam capazes de chegar ao cume e voltar para o acampamento-base antes de escurecer. Alguns decidiram voltar, mas a maioria, inclusive Hall e Fischer, seguiu em frente.

Foi uma decisão fatal. Às 15h a neve começou a cair e às 17h30 havia uma grande nevasca. Hall, Fischer e três membros da equipe morreram enquanto desciam.

Por que eles decidiram continuar subindo, mesmo com as condições piorando? O próprio Fischer já havia falado da "regra das 14 horas" – que consistia em descer de volta para o acampamento caso não chegassem ao cume até esse horário, evitando exposição às intempéries ao cair da noite. Apesar disso, eles seguiram em frente, marchando para a morte.

Michael Roberto, da Harvard Business School, analisou os relatos do desastre – entre os quais um best-seller de Jon Krakauer – e acredita que as decisões das equipes podem ter sido influenciadas por vieses cognitivos hoje familiares, incluindo a falácia dos custos irrecuperáveis (os alpinistas haviam investido 70 mil dólares na tentativa, além de semanas de esforço, que seriam desperdiçados), e pelo excesso de confiança por parte de Hall e Fischer.[22]

Para nós, porém, o mais interessante são as dinâmicas de grupo e, em particular, a hierarquia que Hall e Fischer haviam estabelecido em torno deles. Já vimos razões pelas quais uma hierarquia pode ser produtiva, uma vez que pode eliminar conflitos causados por status e brigas internas dentro de um grupo. Nesse caso, porém, a hierarquia foi um tiro no pé. Além de Hall e Fischer, havia guias juniores e xerpas locais que conheciam bem o pico e poderiam ter corrigido os erros do grupo. Mas o grupo não se sentiu à vontade para expor suas preocupações. Krakauer descreve um tipo de "ordem hierárquica" estrita, segundo a qual os clientes estariam com medo de questionar os guias, e os guias, por sua vez, estariam com medo de questionar os líderes Hall e Fischer. Como disse depois um dos guias mais jovens, Neal Beidleman: "Com certeza eu era considerado o terceiro guia [...]; então tentei não ser muito insistente. Como consequência, eu nem sempre falava em situações nas quais talvez devesse ter falado, e agora me culpo por isso." Outro guia, Anatoli Boukreev, também teve receio de expressar a preocupação de que talvez a equipe não tivesse se acostumado ao ar rarefeito. "Tentei não argumentar e acabei optando por menosprezar minha intuição."

Segundo Krakauer, Hall deixou bem claro seu sentimento sobre a hierarquia antes de partirem: "Não vou tolerar nenhuma divergência lá em cima. Minha palavra será lei absoluta, a palavra final."

Lou Kasischke, um dos membros da equipe que decidiram voltar, concordou. "É preciso haver franqueza entre o líder e os seguidores", disse ele a um canal de TV, acrescentando que, numa expedição, o líder precisa de feedback de sua equipe, mas Hall não foi receptivo a essas opiniões. "Rob não estabeleceu um relacionamento em que pudéssemos dizer essas coisas."[23] Como vemos, uma hierarquia pode ser produtiva, mas também pode ser perigosa.

Temos que ter cuidado ao basear nossas conclusões em um único estudo de caso, mas Adam Galinsky confirmou isso analisando registros de 5.104 expedições ao Himalaia. Como não poderia questionar todos os alpinistas, ele examinou as diferenças culturais nas atitudes em relação à autoridade. Vários estudos demonstraram que algumas nacionalidades têm mais probabilidade de acreditar que você deve respeitar estritamente a posição das pessoas dentro de um grupo, enquanto outras aceitam que você desafie e questione seus superiores. Cidadãos da China, do Irã e da Tailândia, por exemplo, tendem a respeitar a hierarquia muito mais do que os dos Países Baixos, da Alemanha, da Itália ou da Noruega, de acordo com uma medição amplamente aceita. Estados Unidos, Austrália e Reino Unido ficam no meio da tabela.[24]

Comparando esses dados com os registros do Everest, Galinsky descobriu que as equipes com pessoas de países que respeitavam a hierarquia eram, de fato, mais propensas a chegar ao cume, confirmando as suspeitas de que a hierarquia aumenta a produtividade e facilita a coordenação na equipe. Mas elas também eram mais propensas a perder membros no caminho.

Para verificar se por acaso não estavam medindo outros traços (como a determinação individual) que também poderiam ter correlação com as atitudes culturais predominantes em relação à hierarquia e influenciado suas chances de sucesso, o grupo de Galinsky examinou dados de mais de mil viagens individuais. Dessa vez, não encontraram diferenças gerais entre as diversas culturas. Foram as interações em grupo que realmente fizeram a diferença.[25]

A mesma dinâmica pode estar por trás de muitos desastres nos negócios. Os executivos da Enron, por exemplo, tinham uma espécie de reverência pelos que estavam acima na hierarquia, e discordâncias ou dúvidas eram vistas como graves sinais de deslealdade. Eles diziam que, para sobreviver na empresa, "você tinha que continuar bebendo da água da Enron".

Há um aparente paradoxo nessas descobertas: se os membros da equipe entenderem claramente seu lugar na hierarquia, o desempenho geral do grupo será melhor; mas isso *só vale* se os membros sentirem que suas opiniões são valorizadas e que podem contestar seus líderes quando estes tomarem más decisões ou quando surgirem problemas.

~

Indo dos estádios de futebol da Euro 2016 na França até Wall Street e as encostas do Everest, vimos como algumas dinâmicas comuns moldam as interações em grupo e determinam o funcionamento da inteligência coletiva. Essa nova pesquisa parece ter descoberto as forças subjacentes ao trabalho em equipe em qualquer contexto.

Da mesma maneira que nossa compreensão da armadilha da inteligência individual oferece estratégias simples para escapar de erros, essa pesquisa sugere formas testadas e comprovadas de evitar os erros mais comuns no raciocínio em grupo.

A partir dos estudos de Woolley e Galinsky, é possível mudar a maneira de recrutar novos membros para uma equipe. À luz do efeito do excesso de talento, seria tentador dizer que a solução é simplesmente parar de selecionar pessoas com habilidades excepcionais, sobretudo se sua equipe já ultrapassou o limiar mágico de 50% a 60% de estrelas.

É melhor não ficar muito fixado nesse número específico – em geral, a proporção exata dependerá das personalidades dos membros e do nível de cooperação necessário entre eles –, mas a pesquisa científica sugere que precisamos valorizar as habilidades interpessoais que melhorarão a inteligência coletiva da equipe, mesmo que isso signifique rejeitar alguém que tenha uma pontuação muito maior em medidas de habilidade padrão. Para isso, talvez seja necessário julgar a percepção emocional e a capacidade de comunicação de um indivíduo, ou seja, se ele aproxima as pessoas e escuta o que têm a dizer ou se costuma interromper e dominar. Se você comanda uma equipe multinacional, talvez deva escolher alguém com alta inteligência cultural (que exploramos no Capítulo 1), com mais facilidade de lidar com diferentes normas sociais.[26]

A partir do que sabemos sobre conflitos de status, podemos melhorar as interações entre os talentos que já estão na equipe. Por exemplo, Hildreth descobriu estratégias para evitar o conflito de egos numa empresa de consultoria global em que trabalhava anteriormente. Uma forma, segundo ele, é sublinhar a expertise de cada pessoa em cada reunião e a razão de sua participação no grupo, o que ajuda a garantir que terão oportunidade de compartilhar experiências relevantes. "Muitas vezes isso fica perdido no meio do conflito."

Hildreth também recomenda estipular, no início da reunião, um tempo fixo para que cada um contribua com sua opinião. Eles não precisam necessariamente falar sobre o problema em questão, mas essa prática permite que cada um sinta que já contribuiu para o funcionamento do grupo, neutralizando ainda mais o conflito de status e facilitando a conversa a seguir. "Há mais igualdade na discussão, para que todos contribuam", explicou Hildreth. E, quando finalmente o grupo começa a lidar com o problema, ele sugere que seja definida uma estratégia firme, determinando quando e como a decisão será tomada – se por votação unânime ou majoritária, por exemplo. O objetivo é evitar o tipo de impasse que costuma surgir quando muitas pessoas inteligentes e experientes batem cabeça.

Por fim, o mais importante: o líder deve incorporar em si as qualidades que deseja ver na equipe e deve incentivar as discordâncias. É aqui que a pesquisa do pensamento de grupo se aproxima mais da nova ciência da sabedoria baseada em evidências, à medida que mais e mais psicólogos organizacionais veem como a humildade intelectual de um líder não só aprimora sua tomada de decisões individual, mas também beneficia os colegas mais próximos.

Usando questionários para avaliar as mais conceituadas equipes de gerência de 105 empresas de tecnologia, Amy Yi Ou, da Universidade Nacional de Singapura, provou que funcionários subordinados a um líder humilde são mais inclinados a dividir informações, a colaborar em momentos de estresse e a contribuir para uma visão compartilhada. Ao explorar a inteligência coletiva, essas empresas se mostraram mais capazes de superar desafios e incertezas, o que resultou em maiores lucros anuais um ano depois.[27]

Infelizmente, Amy Yi Ou diz que os próprios CEOs tendem a se dividir sobre a virtude da humildade; vários acreditam que ela pode minar a confiança da equipe em seu poder de liderança. Isso ficou evidente até na China, onde Yi Ou esperava encontrar mais respeito por mentalidades humildes. "Mesmo na China, CEOs de destaque com quem falei rejeitaram o termo 'humildade'", disse-me ela. "Pensam que, se você é humilde, não consegue gerenciar bem sua equipe. Mas meus estudos mostram que a humildade de fato funciona."

A história nos oferece exemplos impressionantes dessas dinâmicas na prática. Acredita-se que a capacidade de Abraham Lincoln de ouvir as vozes dissidentes em seu gabinete – uma "equipe de rivais" – tenha sido uma das razões por que ele venceu a Guerra Civil Americana. E, segundo consta, ele inspirou a estratégia de liderança de Barack Obama como presidente.

Enquanto isso, Jungkiu Choi, então chefe de varejo no Standard Chartered Banking, na China, nos oferece um estudo de caso moderno em que a humildade está no topo. Antes de ele assumir o cargo, os altos executivos esperavam ser recebidos com tapete vermelho ao visitar filiais da empresa, mas um dos primeiros movimentos de Jungkiu foi tornar as reuniões bem menos formais. Ele aparecia sem avisar e aconchegava amigavelmente os funcionários para perguntar como poderia melhorar os negócios.

Em pouco tempo Choi descobriu que essas reuniões geravam algumas das ideias mais frutíferas da empresa. Um de seus grupos, por exemplo, sugeriu que o banco alterasse o horário de funcionamento, passando a abrir no fim de semana, junto com as lojas da região. Em poucos meses, eles estavam ganhando mais com essas poucas horas de funcionamento a mais do que no resto da semana. Com todos os funcionários aptos a contribuir para a estratégia do banco, o serviço foi totalmente transformado e a satisfação do cliente aumentou mais de 50% em dois anos.[28]

O CEO da Google, Sundar Pichai, também defende essa filosofia. Para ele, o único papel do líder é "permitir que outros tenham sucesso". Como ele explicou num discurso para sua alma mater, o Instituto Indiano de Tecnologia Kharagpur: "Liderança tem menos a ver com você mesmo tentar ser bem-sucedido e mais com tentar se rodear de pessoas competentes. Seu trabalho é remover essa barreira. Remova barreiras para que eles possam ter sucesso no que fazem."

Assim como muitos outros princípios do bom trabalho em equipe, a humildade do líder pode trazer benefícios para a área esportiva. Um estudo constatou que os times de basquete de ensino médio mais bem--sucedidos eram aqueles cujos treinadores se viam como "servos" do time, em comparação com aqueles cujos treinadores se achavam acima dos alunos.[29] Com treinadores mais humildes, os jogadores se mostraram mais determinados, mais capazes de lidar com o fracasso e venciam mais jogos. A humildade modelada pelo treinador levou todos a trabalhar um pouco mais e a apoiar os colegas.

Vejamos o caso de John Wooden, considerado o mais bem-sucedido treinador de basquete universitário de todos os tempos. Ele levou a UCLA a vencer dez títulos nacionais em doze anos e, entre 1971 e 1974, ficou invicto 88 jogos. Apesar do êxito, as atitudes de Wooden deixavam claro que ele não estava acima de seus jogadores, o que podia ser visto quando, por exemplo, ele ajudava a varrer o vestiário após cada jogo.

No livro de memórias *Coach Wooden and Me* (O técnico Wooden e eu), a lenda do basquete Kareem Abdul-Jabbar, ex-jogador de seu time e amigo de longa data, descreveu inúmeras situações em que viu a humildade de Wooden na prática, mesmo quando tinha que lidar com confrontos difíceis com seus jogadores. "Era matematicamente inevitável: quando um jogador dizia algo, Wooden entendia, se sentia compelido a consertar a situação e, ao mesmo tempo, dava a todos nós uma lição de humildade."[30] Wooden deixava claro que todos ali podiam aprender uns com os outros, inclusive ele, e a consequência disso era que os pontos fortes do time só cresciam.

Após o inesperado sucesso da Islândia na Euro 2016, muitos comentaristas esportivos destacaram a atitude prática de Heimir Hallgrímsson, um dos treinadores da seleção, que, além de comandar o time, trabalhava meio período como dentista. Ao que parece, ele se dedicava a ouvir e entender o ponto de vista dos outros e tentava cultivar esse comportamento em todos os jogadores.

"Num país como o nosso, a formação de equipes é algo essencial. Só podemos vencer os grandes times trabalhando unidos", disse ele ao canal esportivo ESPN. "Se você olha para o nosso time, temos caras como Gylfi Sigurðsson no Swansea [clube de futebol inglês], que provavelmente é o nosso jogador mais famoso, mas ele é o que mais trabalha em campo. Se esse cara é o que trabalha mais, quem na equipe pode ser preguiçoso?"[31]

Assim como os outros elementos da sabedoria baseada em evidências, o estudo da inteligência coletiva ainda é recente, mas, aplicando esses princípios, você pode ajudar a garantir que os membros de sua equipe joguem um pouco mais como a Islândia e um pouco menos como a Inglaterra. Essa estratégia permitirá que cada um estimule os outros ao redor a dar o melhor de si.

10

Quando a estupidez se espalha como fogo: por que desastres acontecem e como evitá-los

Estamos numa plataforma de petróleo no meio do oceano. É uma noite tranquila, com uma brisa suave.

A equipe de técnicos terminou a perfuração e agora está tentando vedar o poço com cimento. Eles verificaram a pressão na vedação e tudo parece bem. Em breve a extração poderá começar e o dinheiro brotará do fundo da terra. Deveria ser hora de comemorar.

Mas os testes de pressão estavam errados: o cimento não endureceu e a vedação no fundo do poço não é segura. Enquanto os técnicos finalizam o trabalho satisfeitos, o petróleo e o gás começam a se acumular dentro dos tubos, subindo rapidamente. No meio da comemoração dos técnicos, lama e óleo começam a jorrar do chão da plataforma e a tripulação é capaz de sentir o gosto do gás. Se não agirem rapidamente, em breve enfrentarão uma "explosão".

Se você se lembra por alto do noticiário em 2010, pode pensar que sabe o que acontece a seguir: uma tremenda explosão e o maior derramamento de petróleo da história.

Mas não foi o que aconteceu dessa vez. Talvez o vazamento esteja longe o suficiente da sala de máquinas ou o vento esteja movendo o ar numa direção que impede que o gás que escapa pegue fogo. Ou talvez a equipe de campo simplesmente observe o aumento da pressão e consiga evitar a explosão a tempo. Seja qual for o motivo, um desastre é evitado. A empresa perde alguns dias de extração – e alguns milhões de dólares de lucro –, mas ninguém morre.

~

Esse não é um cenário hipotético ou um modo mais agradável de reimaginar o passado. Nos vinte anos anteriores ao derramamento de petróleo da plataforma *Deepwater Horizon* no poço Macondo, em abril de 2010, houve dezenas de pequenas explosões somente no golfo do México. Porém, graças a circunstâncias aleatórias, como a direção e a velocidade do vento, desastres generalizados não ocorreram e as petrolíferas conseguiram controlar os danos.[1]

A Transocean, empresa encarregada de cimentar a *Deepwater Horizon*, havia sofrido um incidente bastante semelhante no mar do Norte apenas quatro meses antes. Na ocasião, os técnicos também interpretaram equivocadamente uma série de "testes de pressão negativa", não enxergando sinais de que a vedação do poço estava ruim. Ainda assim, eles conseguiram conter o estrago antes que houvesse uma explosão. O saldo foi de alguns dias de trabalho perdido em vez de uma catástrofe ambiental.[2]

Em 20 de abril de 2010, no entanto, não havia vento para dissipar o petróleo e o gás, e, graças a equipamentos defeituosos, todas as tentativas da equipe de evitar a explosão falharam. O gás que escapava começou a se acumular na casa de máquinas, provocou um incêndio e lançou inúmeras línguas de fogo que se alastraram pela plataforma.

O resto é história. Onze funcionários morreram e, nos meses seguintes, mais de 200 milhões de galões de petróleo foram despejados no golfo do México, naquela que foi a pior catástrofe ambiental da história americana. A BP teve que pagar mais de 65 bilhões de dólares de indenização.[3]

Por que tantas pessoas não enxergariam tantos sinais de alerta? Desde situações anteriores em que acidentes quase se concretizaram até um erro na leitura da pressão interna no dia da explosão, os funcionários pareciam ignorar o potencial de desastre.

Como concluiu Sean Grimsley, advogado da Comissão Presidencial dos Estados Unidos que investigou o desastre: "O poço tinha vazão. Os hidrocarbonetos estavam vazando, mas, por algum motivo, passadas três horas naquela noite, a tripulação concluiu que o teste de pressão negativa estava bom. [...] A pergunta é: por que aqueles homens experientes na plataforma se convenceram de que o resultado do teste estava bom? [...] Nenhum deles queria morrer."[4]

Desastres como a explosão da *Deepwater Horizon* exigem uma expansão do nosso foco para além dos grupos e equipes, para enxergar as maneiras surpreendentes como certas culturas corporativas podem exacerbar erros de pensamento individuais e, sutilmente, inibir o raciocínio sábio. É quase como se a organização inteira estivesse sofrendo de um viés do ponto cego.

Essa mesma dinâmica é encontrada em muitas catástrofes provocadas pelo homem na história recente, desde o desastre com o ônibus espacial *Columbia*, da Nasa, até o acidente com um Concorde em 2000.

Você não precisa ser o presidente de uma organização multinacional para se beneficiar desta pesquisa. Ela traz descobertas reveladoras para qualquer pessoa que trabalhe. Se você já teve a impressão de que o ambiente de trabalho está entorpecendo sua mente, as descobertas que veremos a seguir ajudarão a explicar suas experiências, além de oferecer dicas para evitar reproduzir, sem pensar, os erros das pessoas ao seu redor.

Antes de avaliar catástrofes em larga escala, vamos tratar de um estudo sobre "estupidez funcional" no ambiente de trabalho. O conceito foi criado por Mats Alvesson, da Universidade de Lund, na Suécia, e por André Spicer, da Cass Business School, em Londres, que cunharam o termo para descrever as razões contraintuitivas pelas quais algumas empresas desestimulam seus funcionários a pensar.

Spicer me contou que seu interesse surgiu quando fazia doutorado na Universidade de Melbourne, ao estudar a tomada de decisões na Australian Broadcasting Corporation (ABC, rede de televisão pública australiana).[5] "Eles introduziam uns programas malucos de gerenciamento de mudanças, que geralmente não resultam em mudança alguma e só servem para criar um ambiente de extrema incerteza."

Muitos funcionários reconheciam as falhas na tomada de decisões da companhia. "Você via várias pessoas muito inteligentes reunidas e muitas delas passavam boa parte do tempo reclamando de como a organização era burra", disse Spicer. O que realmente o surpreendeu, no entanto, foi o número de pessoas que não percebiam a inutilidade do que estavam fazendo. "Vários profissionais superqualificados estavam sendo sugados por loucuras, dizendo 'isso é inteligente, isso é racional', mas em seguida perdiam uma quantidade de tempo inacreditável."*

Anos mais tarde, Spicer discutiria essas falhas organizacionais com Alvesson em um jantar acadêmico formal. Nos estudos que surgiram a partir dali, os pesquisadores examinaram dezenas de outros exemplos de estupidez organizacional – das Forças Armadas aos analistas de TI, de jornais e até de suas respectivas universidades – para avaliar se diferentes instituições de fato aproveitam ao máximo o cérebro de seus funcionários.

As conclusões foram deprimentes. Como Alvesson e Spicer escreveram no livro *The Stupidity Paradox* (O paradoxo da estupidez): "Nossos governos gastam bilhões tentando criar economias do conhecimento, nossas empresas se gabam de sua inteligência superior e indivíduos passam décadas construindo bons currículos. No entanto, todo esse intelecto coletivo não parece se refletir nas muitas organizações que estudamos [...]. Longe de utilizarem bem esse conhecimento, muitas das nossas principais organizações tornaram-se motores da estupidez."[6]

Em paralelo com os tipos de viés e erro por trás da armadilha da inteligência, Spicer e Alvesson definem a "estupidez" como uma forma de pensamento restrito que carece de três qualidades importantes: reflexão sobre suposições básicas implícitas, curiosidade sobre a finalidade de suas ações e reflexão sobre as consequências mais amplas e de longo prazo que

---

* Essa mesma cultura também existe na alta gerência da BBC – fato que a própria emissora satiriza na sua série de pseudodocumentários *W1A*. Tendo trabalhado na BBC enquanto pesquisava para este livro, ocorre-me que decidir criar uma série de comédia sobre as próprias falhas organizacionais – em vez de corrigi-las – talvez seja *a definição* de estupidez funcional.

surgem a partir dos comportamentos.[7] Por motivos variados, os funcionários simplesmente não estão sendo incentivados a *pensar*.

Dizem que essa estupidez é *funcional*, porque ela pode trazer benefícios. Os indivíduos podem preferir seguir o fluxo no local de trabalho para poupar esforço e evitar a ansiedade, sobretudo quando sabem que essa escolha pode gerar incentivos ou até uma promoção mais tarde. Hoje em dia essa "ignorância estratégica" é bem estudada em experimentos psicológicos nos quais os participantes devem competir por dinheiro: geralmente eles optam por não saber como suas decisões afetam os outros jogadores.[8] Ao permanecer no escuro, o jogador ganha um "espaço de manobra moral" que lhe permite agir de maneira mais egoísta.

Também podemos ser persuadidos pela pressão social: afinal, ninguém gosta de encrenqueiros que prolongam as reuniões com perguntas intermináveis. A menos que sejamos ativamente encorajados a compartilhar opiniões, ficar quieto e concordar com as pessoas em volta pode melhorar nossa perspectiva individual – mesmo que isso signifique desligar temporariamente nossa capacidade crítica.

Além de ajudar o indivíduo, esse tipo de abordagem estreita e conformista pode gerar benefícios imediatos para a organização, aumentando a produtividade e a eficiência a curto prazo, sem que os funcionários percam tempo questionando se seus comportamentos foram sábios. O resultado é que algumas empresas podem, acidental ou deliberadamente, acabar incentivando a estupidez funcional entre seus funcionários.

Spicer e Alvesson argumentam que muitas práticas e estruturas de trabalho contribuem para a estupidez funcional de uma empresa, como o excesso de especialização e de divisão de responsabilidades. Um gerente de recursos humanos pode ter a tarefa única e específica de organizar testes de personalidade, por exemplo. Como nos mostra a pesquisa psicológica, a tomada de decisões e a criatividade se beneficiam de ouvir perspectivas externas e traçar paralelos entre diferentes áreas de interesse. Se explorarmos os mesmos veios dia após dia, talvez passemos a prestar menos atenção a nuances e detalhes. A língua alemã, aliás, tem uma palavra para isso: *Fachidiot*, especialista numa área específica que enxerga problemas multifacetados e abrangentes de forma obtusa e inflexível.

Mas talvez as fontes mais dominantes e poderosas de estupidez funcional sejam a demanda pela absoluta lealdade corporativa e um foco excessivo na positividade. Nesses casos, a simples ideia de crítica pode ser considerada uma traição e admitir decepção ou ansiedade é visto como fraqueza. Esse é um problema que deixa Spicer especialmente incomodado. Ele me contou que hoje em dia o otimismo implacável está profundamente enraizado em muitas culturas empresariais, desde start-ups até grandes multinacionais.

Ele descreveu pesquisas sobre empreendedores, por exemplo, que se apegam ao lema "falhar em frente" ("*fail forward*", num trocadilho com "seguir em frente") ou "falhar cedo, falhar com frequência" ("*fail early, fail often*"). Embora esses lemas pareçam exemplos do *mindset* de crescimento – que aumenta suas chances de sucesso no futuro –, Spicer diz que os empreendedores costumam explicar suas falhas com fatores externos ("Minha ideia estava à frente do tempo") em vez de considerar os erros do próprio desempenho e como adaptá-lo no futuro. Eles não estão refletindo de verdade sobre o próprio crescimento pessoal.

Os números são altos: entre 75% e 90% dos empreendedores perdem seus primeiros negócios, mas, num esforço para permanecer incansavelmente otimistas e positivos, não percebem onde erraram.[9] "Em vez de melhorarem – já que é para isso que em tese serviria a ideia de 'falhar em frente' –, eles pioram com o tempo", revelou Spicer. "Por causa do viés de autoconveniência, eles criam um novo empreendimento e cometem exatamente os mesmos erros repetidamente [...] e veem isso como uma virtude."

A mesma atitude reina em empresas maiores e mais consolidadas, em que os chefes dizem aos funcionários para "trazerem apenas boas notícias" e onde você participa de uma sessão de brainstorming e ouve que "nenhuma ideia é ruim". Spicer argumenta que isso é contraproducente. Na verdade, somos mais criativos quando fazemos uma autocrítica antes de trazer uma ideia à baila sem muita reflexão. "Você testa as hipóteses antes de adotá-las em vez de tentar apresentar ideias complementares para cobrir as falhas da ideia apresentada originalmente."

Espero que agora você compreenda a armadilha da inteligência bem o suficiente para enxergar de cara alguns perigos dessa abordagem míope.

A falta de curiosidade e discernimento é especialmente prejudicial em tempos de incerteza. Com base em suas observações em reuniões editoriais, por exemplo, Alvesson argumentou que esse tipo de pensamento muito rígido e antiquestionador impedia os jornais de explorar de que forma alguns fatores, como o clima econômico e o aumento dos impostos, estavam influenciando suas vendas. Os editores estavam tão fixados em avaliar manchetes de primeira página que se esqueciam de levar em conta a necessidade de explorar estratégias novas e mais amplas para contar suas histórias.

A implosão da Nokia no início de 2010, no entanto, é o exemplo mais vívido da maneira como a estupidez funcional pode levar uma empresa de sucesso ao fracasso.

Se você tinha telefone celular no início dos anos 2000, é provável que fosse fabricado pela empresa finlandesa. Em 2007 eles detinham cerca de metade da participação no mercado global. Seis anos depois, no entanto, a maioria de seus clientes tinha se afastado de sua interface confusa e passado a usar smartphones mais sofisticados, principalmente o iPhone, da Apple.

Na época, jornalistas do ramo sugeriram somente que a Nokia era uma empresa inferior, com menos talento e inovação do que a Apple, e que a companhia finlandesa fora incapaz de ver o iPhone chegando ou tinha sido complacente, pressupondo que seus produtos superariam qualquer outro.

Mas, ao investigar a derrocada da empresa, Timo Vuori, da própria Finlândia, e Quy Huy, de Singapura, descobriram que nada disso era verdade.[10] Os engenheiros da Nokia estavam entre os melhores do mundo e tinham plena ciência dos riscos futuros. Até o CEO admitiu, durante uma entrevista, que estava "paranoico com toda a concorrência". Apesar de tudo, eles não conseguiram inverter a situação.

Um dos maiores desafios foi o sistema operacional da Nokia, Symbian, que era inferior ao iOS da Apple e incapaz de executar aplicativos sofisticados de *touchscreen* (tela sensível ao toque). Reformular o software existente levaria anos de desenvolvimento, e a alta gerência queria apresentar seus novos produtos rapidamente, o que os levou a acelerar o desenvolvimento de projetos que precisavam de mais planejamento.

Infelizmente, os funcionários não foram autorizados a expressar dúvidas sobre o andamento da empresa. Os chefes costumavam berrar "a plenos pulmões", caso ouvissem algo que não queriam ouvir. Quem levantasse uma questão corria o risco de perder o emprego. "Se você fosse muito negativo, sua cabeça era posta a prêmio", revelou um gerente intermediário aos pesquisadores. "A mentalidade era: quem criticasse o que estava sendo feito não era considerado um funcionário comprometido", acrescentou outro.

A consequência foi que os funcionários começaram a fingir que tinham conhecimento em vez de admitir ignorância sobre os problemas que estavam enfrentando, e aceitaram prazos que sabiam que seria impossível cumprir. Para causar melhor impressão, eles até filtravam os dados. E quando a empresa perdia funcionários contratava substitutos que se diziam capazes de fazer tudo, gente que concordava com novas demandas em vez de questionar o status quo. A empresa até ignorou os conselhos de consultores externos. Um deles alegara: "A Nokia sempre foi a empresa mais arrogante no trato com os meus colegas." Eles perderam todas as chances de ver uma perspectiva externa.

As medidas originalmente projetadas para focar a atenção do funcionário e incentivar uma perspectiva mais criativa estavam dificultando cada vez mais que a Nokia encarasse a concorrência.

Como resultado, a empresa não conseguiu atualizar o sistema operacional e a qualidade de seus produtos deteriorou lentamente. Quando lançou em 2010 o N8, sua tentativa final de "acabar com o iPhone", a maioria dos funcionários já havia, em segredo, perdido a fé. O produto fracassou e, após mais outras perdas, a empresa de celulares Nokia foi adquirida pela Microsoft em 2013.

O conceito de estupidez funcional é mais inspirado em longos estudos observacionais, incluindo uma análise da derrocada da Nokia, do que em experimentos psicológicos, mas esse tipo de comportamento corporativo mostra paralelos claros com o trabalho dos psicólogos sobre a *dysrationalia*, o raciocínio sábio e o pensamento crítico.

Provavelmente você lembra, por exemplo, que sentimentos de ameaça desencadeiam a chamada cognição "quente" e egoísta, que nos leva a justificar nossas posições em vez de buscar evidências que as desafiam. Isso reduz a pontuação do raciocínio sábio. (É por isso que somos mais sábios ao aconselhar um amigo sobre um problema de relacionamento, mesmo quando temos dificuldade para encontrar soluções para nossos problemas.)

Comandada por uma administração implacável, a Nokia estava começando a agir como um indivíduo cujo ego fora ameaçado por incertezas. Ao mesmo tempo, os sucessos anteriores da Nokia podem ter dado a sensação de "dogmatismo adquirido" – ou seja, os gerentes estavam menos abertos a sugestões de especialistas externos.

Vários experimentos da psicologia social sugerem que esse é um padrão comum: os grupos ameaçados tendem a se tornar mais conformistas, obstinados e introspectivos. Cada vez mais membros começam a adotar as mesmas visões e a dar preferência a discursos simples em vez de ideias complexas e nuançadas. Isso é evidente até em nível nacional: os editoriais de jornais de um país tendem a ser mais simplificados e repetitivos quando a nação está envolvida em conflitos internacionais, por exemplo.[11]

Nenhuma organização pode controlar seu ambiente externo: algumas ameaças serão inevitáveis. Mas elas podem alterar a maneira como traduzem para os funcionários os perigos detectados, incentivando pontos de vista alternativos e buscando informações dissonantes. Não basta supor que contratar as pessoas mais inteligentes do mercado é ter automaticamente o melhor desempenho; é preciso criar um ambiente que permita que elas usem suas habilidades.

Mesmo as empresas que parecem ser exceções à regra talvez incorporem elementos de sabedoria baseada em evidências, embora isso não seja visível pela reputação externa que têm. A Netflix, por exemplo, tem o famoso lema de que o "desempenho adequado gera uma rescisão generosa" – uma atitude estilo "tudo ou nada" que pode estimular a miopia e ganhos a curto prazo em vez da resiliência a longo prazo. No entanto, a empresa parece equilibrar isso com outras medidas alinhadas com pesquisas psicológicas.

Exemplo: uma apresentação muito divulgada descrevendo a visão corporativa da Netflix enfatiza elementos do bom raciocínio que discutimos anteriormente, entre os quais a necessidade de reconhecer ambiguidades e incertezas e a de questionar as opiniões predominantes. Esse é exatamente o tipo de cultura que incentiva a tomada de decisão sábia.[12]

Não sabemos como a Netflix se sairá no futuro, mas seu sucesso até o momento sugere que é possível evitar a estupidez funcional e, ao mesmo tempo, ter uma operação eficiente ou, como diriam outros, implacável.

◆

Os perigos da estupidez funcional não se restringem a esses casos de fracasso corporativo. Além de prejudicar a criatividade e a resolução de problemas, deixar de incentivar a reflexão e o feedback interno também pode levar a tragédias humanas, como mostram os desastres da Nasa.

"Muitas vezes isso leva a empresa a cometer uma série de pequenos erros ou ela se concentra nos problemas errados e ignora um problema que mereceria autópsia", observa Spicer. Assim, uma organização pode parecer bem-sucedida por fora, mas, na verdade, estar caminhando lentamente rumo ao desastre.

Vejamos o caso da tragédia do ônibus espacial *Columbia*, em 2003, quando uma espuma isolante se soltou do tanque externo da nave logo que ela foi lançada e atingiu a asa esquerda do orbitador. Formou-se um buraco que fez o ônibus se desintegrar ao reentrar na atmosfera terrestre, matando os sete membros da tripulação.

O desastre já teria sido trágico o suficiente se tivesse sido um fato pontual, sem sinais de alerta em potencial. Mas os engenheiros da Nasa sabiam havia muito tempo que o isolamento poderia se romper; isso havia acontecido em todos os lançamentos anteriores. No entanto, por diversos motivos, o dano nunca ocorrera no lugar exato para causar um acidente e, por isso, os funcionários da Nasa passaram a ignorar o perigo.

"De um problema para engenheiros e gerentes, o acidente passou a ser classificado como questão de governança", disse Catherine Tinsley, professora de administração da Universidade de Georgetown, em Washington, DC, estudiosa de catástrofes corporativas.

Por incrível que pareça, processos semelhantes haviam causado, em 1986, o acidente do ônibus espacial *Challenger*, que explodiu devido a um defeito na vedação, que tinha se deteriorado ao longo de um inverno frio na Flórida. Relatórios posteriores mostraram que a vedação havia rachado em muitas missões anteriores, mas, em vez de ver isso como um alerta, a equipe passou a supor que tudo sempre daria certo. Como observou Richard Feynman, membro da Comissão Presidencial que investigou o desastre: "Ao jogar roleta-russa, o fato de apertar o gatilho pela primeira vez e não estourar os miolos não traz conforto para o tiro seguinte."[13] No entanto, a Nasa não parecia ter aprendido essas lições.

Tinsley enfatiza que essa não é uma crítica aos engenheiros e gerentes da Nasa. "São pessoas inteligentes, trabalhando com dados e realmente tentando fazer um bom trabalho." Mas os erros da Nasa mostram como é fácil sua percepção de risco mudar radicalmente sem que você note a mudança. A organização estava cega para a possibilidade de um desastre.

O motivo disso parece ser uma forma de avareza cognitiva conhecida como viés de resultado, que nos leva a focar nos resultados de uma decisão sem considerar outros possíveis resultados. Assim como outras falhas cognitivas que afligem pessoas inteligentes, trata-se de falta de imaginação: aceitamos passivamente o detalhe mais proeminente de um evento (o que de fato aconteceu) e não paramos para pensar no que poderia ter ocorrido caso as circunstâncias iniciais tivessem sido ligeiramente diferentes.

Tinsley já conduziu diversos experimentos que confirmam que o viés de resultado é uma tendência muito comum entre diferentes profissionais. Um estudo pediu a estudantes de administração, funcionários da Nasa e empreiteiros da indústria espacial que avaliassem o controlador de missão "Chris", que assumiu o comando de uma espaçonave não tripulada em três cenários diferentes. No primeiro, a espaçonave é lançada de forma perfeita, tal como o planejado. No segundo, apresenta uma falha séria no projeto, mas, por sorte (a espaçonave estava alinhada com o Sol), pôde fazer suas leituras com eficiência. E no terceiro não há sorte e o fracasso é total.

Não é surpresa que o último cenário tenha sido julgado com mais severidade, mas a maioria dos participantes ignorou numa boa a falha de projeto no cenário do "quase acidente", inclusive elogiando as habilidades de liderança de Chris. É importante considerar – em linha com a teoria de Tinsley de que o viés de resultado pode explicar catástrofes como a do ônibus espacial *Columbia* – que a percepção de perigos futuros também diminuiu depois que os participantes leram sobre o quase acidente, o que explica como algumas organizações podem lentamente começar a ignorar a hipótese de fracasso.[14]

Tinsley descobriu que a tendência a ignorar erros foi o fator comum a dezenas de outras catástrofes. "Diversas falhas precederam e prenunciaram todos os desastres e crises corporativas que estudamos", concluiu a equipe de Tinsley num artigo para a *Harvard Business Review* em 2011.[15]

Veja um dos maiores desastres da Toyota, fabricante de automóveis. Em agosto de 2009, uma família californiana de quatro pessoas morreu quando o pedal do acelerador do Lexus emperrou, levando o motorista a perder o controle na estrada e a bater a 200km por hora em uma barragem, onde o carro pegou fogo. A Toyota teve que fazer o recall de mais de seis milhões de carros, um desastre que teria sido evitado se a empresa tivesse prestado atenção em mais de 2 mil relatos de mau funcionamento do acelerador nas décadas anteriores, número cinco vezes maior do que a média de reclamações que uma fabricante de automóveis costuma ter nesse período.[16]

É impressionante que a Toyota tivesse criado uma força-tarefa de alto nível em 2005 para lidar com o controle de qualidade, mas dissolvido o grupo no início de 2009, alegando que a qualidade "fazia parte do DNA da empresa e, portanto, eles não precisavam de um comitê especial para reforçá-la". Focado em fazer a empresa crescer rápido, o alto-comando também não deu ouvidos às advertências de executivos mais jovens.[17] Aparentemente, esse era um sintoma de um modo de operação isolacionista, que não lidava bem com contribuições externas e no qual decisões importantes eram tomadas apenas por quem estava no topo da hierarquia. A gerência da Nokia é um desses casos. Eles simplesmente não queriam ouvir más notícias que pudessem desviá-los dos objetivos mais amplos.

O custo final para a marca da Toyota foi maior do que qualquer uma das economias que eles imaginavam que fariam se não dessem atenção às advertências. Em 2010, 31% dos americanos acreditavam que os carros da

Toyota não eram seguros.[18] E assim caiu em desgraça uma empresa antes reconhecida pela qualidade dos produtos e pela satisfação do cliente.

Vejamos agora o caso do voo 4590 da Air France, de Paris para Nova York. Enquanto se preparava para decolar em 25 de julho de 2000, o Concorde colidiu com alguns detritos afiados na pista, fazendo com que um pedaço de 4,5kg de pneu voasse e batesse na parte de baixo da asa. A onda de choque rompeu um tanque de combustível, levando-o a pegar fogo na decolagem. O avião bateu num hotel próximo, matando 113 pessoas no total. Análises posteriores revelaram 57 casos prévios em que o pneu do Concorde havia estourado na pista e, em um caso, o dano foi quase igual ao do voo 4590, exceto que, por pura sorte, o vazamento de combustível não causou incêndio. No entanto, esses quase acidentes não foram vistos como sérios sinais de alerta que exigiam medidas urgentes.[19]

Essas crises são estudos de caso dramáticos em setores de alto risco, mas Tinsley argumenta que os mesmos processos de pensamento apresentam perigos latentes em muitas outras organizações. Ela cita, por exemplo, pesquisas sobre segurança no local de trabalho que mostram que, para cada mil quase acidentes, haverá um ferimento grave ou uma fatalidade e pelo menos dez ferimentos menores.[20]

Tinsley não enquadra seu trabalho como exemplo de "estupidez funcional", mas o viés de resultado parece surgir da mesma falta de reflexão e curiosidade descrita por Spicer e Alvesson.

Mesmo pequenas alterações no ambiente de uma empresa podem aumentar as chances de que os quase acidentes sejam percebidos. Tanto em experimentos de laboratório quanto em dados coletados durante projetos da Nasa, Tinsley descobriu que é bem mais provável as pessoas notarem e relatarem quase acidentes quando a segurança é destacada como parte da cultura geral da empresa, fazendo parte de suas declarações de missão. Só isso pode multiplicar por cinco o número de relatos de quase acidentes.[21]

Vejamos, por exemplo, um desses cenários, que envolve o gerente da Nasa planejando uma missão espacial não tripulada. Os participantes que disseram que "a Nasa expande as fronteiras do conhecimento e deve operar num ambiente de alto risco e tolerante a riscos" eram muito menos propensos a notar quase acidentes. Por outro lado, os que disseram que "a Nasa é uma organização de muita visibilidade e por isso deve operar em um ambiente de alta segurança e pôr a segurança em primeiro lugar" identificaram com sucesso o perigo latente. O mesmo ocorreu quando os participantes foram informados de que precisariam justificar seu julgamento ao conselho. "Nesse cenário o quase acidente também se parece mais com a condição de fracasso."

Lembre-se de que estamos falando de vieses inconscientes: nenhum participante considerou que valia a pena ignorar o quase acidente, mas, a menos que fosse uma exigência, eles não pensaram a respeito disso. Talvez algumas empresas esperem que o valor da segurança esteja entendido implicitamente, mas o trabalho de Tinsley demonstra que ele precisa ser acentuado. É revelador que o lema da Nasa tenha sido "Mais rápido, melhor, mais barato" durante quase toda a década que antecedeu o desastre do *Columbia*.

Antes de terminarmos nossa conversa, Tinsley enfatizou que alguns riscos serão inevitáveis. Para ela, o perigo é nem termos consciência de que eles existem. Ela lembra um seminário no qual um engenheiro da Nasa levantou a mão, frustrado. "Vocês não querem que a gente corra riscos?", perguntou ele. "As missões espaciais são arriscadas por natureza."

"Minha resposta foi que não estou aqui para dizer qual deve ser sua tolerância a riscos. Estou aqui para dizer que, quando você tiver um quase acidente, sua tolerância a riscos aumentará e você não perceberá." Como mostram os destinos das missões *Challenger* e *Columbia*, nenhuma organização pode arcar com esse ponto cego.

Em retrospectiva, é fácil ver como a *Deepwater Horizon* se tornou um antro de irracionalidade antes do derramamento de petróleo. No momento da explosão, estavam com um atraso de seis semanas no cronograma – o atraso custando 1 milhão de dólares por dia – e alguns funcionários estavam descontentes com a pressão que sofriam. Num e-mail escrito seis dias antes da explosão, o engenheiro Brian Morel rotulou a situação como "um poço de pesadelo em que todo mundo faz tudo errado o tempo todo".

Essas são exatamente as condições de alta pressão hoje conhecidas por reduzir a reflexão e o pensamento analítico. O resultado foi um ponto cego coletivo que impediu muitos funcionários da *Deepwater Horizon* (da BP e de seus parceiros, Halliburton e Transocean) de ver o desastre se aproximando e contribuiu para uma série de erros graves.

Para tentar reduzir os custos acumulados, por exemplo, eles optaram por usar uma mistura mais barata de cimento para fixar o poço, sem averiguar se ela era estável o suficiente para o trabalho em questão. Eles também reduziram o volume total de cimento usado – violando as próprias diretrizes – e economizaram no equipamento necessário para manter o poço no lugar.

No dia do acidente, a equipe se eximiu de concluir o conjunto completo de testes para garantir a segurança da vedação e ignorou resultados anômalos que teriam previsto o acúmulo de pressão dentro do poço.[22] E o pior: quando houve a explosão, descobriu-se que o equipamento necessário para contê-la estava malconservado.

Cada um desses fatores de risco poderia ter sido identificado muito antes do desastre. Como vimos, houve várias explosões menores que deveriam ter servido como alertas importantes dos perigos latentes e levado à criação de novos procedimentos de segurança. Porém, por pura sorte (que incluiu a direção aleatória dos ventos), nenhuma delas havia sido fatal e, portanto, os fatores subjacentes, como cortes de custos e o treinamento de segurança inadequado, não foram reavaliados.[23] Quanto mais eles brincavam com o destino, mais se tornavam complacentes e menos se preocupavam ao pegar atalhos e escolher o caminho mais fácil.[24] Foi um caso clássico do viés de resultado documentado por Tinsley – e, ao que parece, o erro se alastra por todo o setor do petróleo.

Oito meses antes, outra empresa de petróleo e gás, a PTT, havia testemunhado uma explosão e um derramamento de petróleo no mar de Timor, na Austrália. A Halliburton, que tinha trabalhado no poço Macondo, também estava por trás da cimentação lá e, embora um relatório posterior afirmasse que a empresa teve pouca responsabilidade no acidente, esse caso poderia ter sido considerado um lembrete vívido dos perigos. Mas, com a falta de comunicação entre operadores e especialistas, a equipe da *Deepwater Horizon* acabou ignorando essas lições.[25]

Assim, vemos que o desastre não ocorreu devido ao comportamento de algum funcionário individualmente falando, mas a uma falta endêmica de reflexão, engajamento e pensamento crítico que indicava que os tomadores de decisão em todo o projeto não levaram em conta as verdadeiras consequências de suas ações.

"É a 'mente inconsciente' que comanda as ações de uma empresa e de seus colaboradores", concluiu um relatório do Centro de Gerenciamento de Riscos Catastróficos da Universidade da Califórnia em Berkeley.[26] "Essas falhas [...] parecem estar profundamente enraizadas em uma história de várias décadas de miopia e mau funcionamento organizacional." Em particular, a gerência havia ficado tão obcecada com a busca de sucesso que esqueceu que não era infalível e que a tecnologia usada tinha vulnerabilidades. Eles tinham "esquecido de ter medo".

Como Karlene Roberts, diretora do Centro, me disse numa entrevista: "Frequentemente, quando as organizações procuram os erros que causaram algo catastrófico, elas buscam um nome para culpar e depois treinar ou se livrar [...]. Mas raramente o que acontece no local é a causa do acidente. Muitas vezes é o que aconteceu anos antes."

Se essa "mente inconsciente" representa uma armadilha da inteligência organizacional, como uma instituição pode despertar para riscos latentes?

Além de estudar desastres, a equipe de Roberts examinou as estruturas e os comportamentos comuns de "organizações de alta confiabilidade", como usinas nucleares, porta-aviões e sistemas de controle de tráfego aéreo que operam com enorme incerteza e grande potencial de risco, mas de alguma forma têm baixíssimos índices de erro.

Assim como nas teorias da estupidez funcional, as descobertas de Roberts enfatizam a necessidade de refletir, questionar e considerar as consequências a longo prazo, incluindo políticas que deem aos funcionários "licença para pensar".

Refinando essas descobertas num conjunto de características essenciais, Karl Weick e Kathleen Sutcliffe mostraram que todas as organizações de alta confiabilidade revelam:[27]

- **Preocupação com o fracasso:** A organização não se torna complacente com o sucesso e os funcionários partem do princípio de que "cada dia será ruim". A organização recompensa os funcionários por relatarem os próprios erros.

- **Relutância em simplificar interpretações:** Os funcionários são recompensados por questionar suposições e por se mostrarem céticos em relação à sabedoria recebida. Na *Deepwater Horizon*, por exemplo, outros engenheiros e gerentes podem ter revelado suas preocupações sobre a baixa qualidade do cimento e solicitado testes adicionais.

- **Sensibilidade às operações:** Os membros da equipe estão sempre se comunicando e interagindo, para estar sempre a par da compreensão da situação atual e para procurar as principais causas das anomalias. Na *Deepwater Horizon*, a equipe da plataforma deveria ter ficado mais curiosa com o resultado anômalo dos testes de pressão em vez de aceitar a primeira explicação dada.

- **Compromisso com a resiliência:** Construir o conhecimento e os recursos necessários para se recuperar depois de cometer erros, incluindo o "*pre mortem*" (estratégia de sempre buscar o que poderia ter dado errado mesmo em missões bem-sucedidas) e discussões sobre os quase acidentes. Muito antes da explosão da *Deepwater Horizon*, a BP poderia ter avaliado os fatores que causaram acidentes menos graves anteriormente e garantido que todos os membros da equipe estivessem bem preparados para lidar com uma explosão.

- **Respeito à especialização:** Este item se refere à importância da comunicação entre cargos numa hierarquia e à humildade intelectual dos que estão no topo. Os executivos precisam confiar nas pessoas que estão "com a mão na massa". A Toyota e a Nasa, por exemplo, não atenderam às preocupações dos engenheiros. Da mesma forma, após a explosão da *Deepwater Horizon*, a mídia informou que os funcionários da BP tinham medo de ser demitidos por relatar suas preocupações.[28]

O compromisso com a resiliência pode ficar evidente em pequenos gestos que mostrem aos funcionários que a organização valoriza o compromisso deles com a segurança. No porta-aviões *USS Carl Vinson*, um tripulante relatou que havia perdido uma ferramenta no convés que talvez tivesse sido sugada por um motor a jato. Todas as aeronaves foram redirecionadas para o solo. O custo foi alto, mas, em vez de ser punido pelo descuido, o membro da equipe foi elogiado pela honestidade em uma cerimônia formal no dia seguinte. A mensagem era clara: erros seriam tolerados se fossem relatados, e com isso a equipe como um todo era menos propensa a ignorar os erros, por menores que fossem.

Enquanto isso, a Marinha dos Estados Unidos empregou o sistema Subsafe para reduzir acidentes em submarinos nucleares. O sistema foi implementado pela primeira vez após a perda, em 1963, do USS Thresher, que foi inundado devido a um problema numa junta de seu sistema de bombeamento, resultando na morte de 112 militares da Marinha e 17 civis.[29] O Subsafe instrui especificamente os oficiais a sentir a "inquietação crônica", resumida no ditado "Confie, mas verifique". Desde então, mais de cinco décadas depois, eles não perderam um único submarino usando o sistema.[30]

Inspirado no trabalho de Ellen Langer, Weick se refere a essa combinação de características como "atenção coletiva". O princípio é que a organização deve implementar quaisquer medidas que incentivem seus funcionários a ficarem atentos, proativos, abertos a novas ideias, questionando todas as possibilidades e dedicados a descobrir e aprender com os erros em vez de simplesmente repetir os mesmos padrões de comportamento.

Há boas evidências de que a adoção dessa estrutura de trabalho pode resultar em melhorias drásticas. Algumas das mais bem-sucedidas aplicações da atenção coletiva ocorreram na área médica. (Já vimos como os médicos estão mudando a maneira como as pessoas pensam, mas isso diz respeito especificamente à cultura geral e ao raciocínio de grupo.) Entre as medidas estão capacitar os funcionários mais jovens, para que questionem e critiquem evidências apresentadas a eles, e incentivar funcionários antigos a atentar para as opiniões dos subordinados, de modo que todos se responsabilizem por todos. A equipe também participa de reuniões de segurança regulares, relata os erros encontrados de maneira proativa e faz análises detalhadas em busca da "raiz do problema" para avaliar os processos que podem ter causado qualquer erro ou quase acidente.

Usando essas técnicas, o hospital St. Joseph's Healthcare, em Ontário,

Canadá, reduziu os erros no uso de medicamentos inadequados dados aos pacientes. Foram apenas dois erros em mais de 800 mil medicamentos distribuídos no segundo trimestre de 2016. Enquanto isso, o Golden Valley Memorial, no Missouri, reduziu a zero as infecções causadas por *Staphylococcus aureus*, bactéria resistente a medicamentos, usando os mesmos princípios; além disso, as quedas de pacientes (uma causa séria de lesões desnecessárias nos hospitais) diminuíram 41%.[31]

Apesar do aumento no número de responsabilidades, os funcionários das organizações conscientes geralmente lidam bem com a carga extra de trabalho, tendo uma taxa de rotatividade menor do que as instituições que não impõem essas medidas.[32] Ao contrário do que se poderia supor, é mais gratificante sentir que você está ocupando sua mente para o bem maior do que apenas fazendo as mesmas coisas de sempre, de modo burocrático.

―

Dessa maneira, as pesquisas sobre estupidez funcional e organizações conscientes se complementam perfeitamente, revelando como nosso ambiente pode tanto envolver as cabeças do grupo na reflexão e no pensamento profundo quanto restringir perigosamente seu foco, perdendo os benefícios da inteligência combinada. Essas pesquisas estruturam o entendimento da armadilha da inteligência e da sabedoria baseada em evidências em grande escala.

Além desses princípios gerais, as pesquisas revelam ações práticas para qualquer organização que queira reduzir os erros. Como nossos vieses costumam se amplificar pela pressão do tempo, Tinsley sugere que as organizações incentivem os funcionários a reavaliar suas ações e se perguntarem: "Se eu tivesse mais tempo e recursos, tomaria as mesmas decisões?" Ela também acredita que as pessoas que trabalham em projetos de alto risco devem fazer pausas regulares no intuito de "parar e aprender" onde procurar quase acidentes e avaliar os fatores subjacentes a eles. É uma estratégia, segundo ela, que a Nasa já aplicou. Eles pretendem instituir um sistema que torna obrigatório relatar quase acidentes e, "se você não reportá-los, será responsabilizado".

Enquanto isso, Spicer propõe o acréscimo de uma rotina de reflexão às reuniões de equipe, incluindo *pre mortems* e autópsias, e nomear um advogado do diabo cujo papel seja questionar decisões e buscar os furos na lógica. "Existem muitas pesquisas no ramo da psicologia social que dizem que esse tipo de ação deixa as pessoas um pouco insatisfeitas, porém mais capazes de tomar melhores decisões." Spicer também recomenda tirar proveito da perspectiva externa, promovendo contratações de outras empresas ou incentivando a equipe a imitar funcionários de outras organizações e setores, estratégia que pode ajudar a evitar o viés do ponto cego. O objetivo é fazer o possível para abraçar a "inquietação crônica" – a sensação de que sempre pode haver uma maneira melhor de fazer as coisas.

Olhando para pesquisas menos óbvias, as organizações também podem se beneficiar de testes como o quociente de racionalidade de Keith Stanovich, que lhes permitiria mapear os funcionários que trabalham em projetos de alto risco e verificar se eles são mais ou menos suscetíveis a vieses e se precisam de treinamentos adicionais. Elas também podem criar programas internos que estimulem o pensamento crítico.

Além de tudo, as organizações poderiam analisar a mentalidade incorporada à sua cultura: se ela incentiva o desenvolvimento de talentos ou se leva os funcionários a acreditar que suas habilidades não mudam, são fixas. A equipe de pesquisadores de Carol Dweck pediu aos funcionários de sete empresas listadas na *Fortune 1000* (que relaciona as mil maiores empresas dos Estados Unidos) que avaliassem quanto concordavam com uma série de declarações, como: "Quando o assunto é ter sucesso, a empresa em que trabalho acredita que as pessoas têm uma quantidade determinada de talento e não podem fazer quase nada para mudar isso" (refletindo uma mentalidade coletiva fixa) ou "Esta empresa realmente valoriza o desenvolvimento de seus funcionários" (refletindo uma mentalidade de crescimento coletivo).

Como já era de esperar, as empresas que cultivam um *mindset* de crescimento coletivo se mostraram mais inovadoras e produtivas e apresentaram mais colaboração entre as equipes e mais comprometimento dos funcionários. É importante ressaltar que, nessas empresas, os funcionários também eram menos propensos a pular etapas ou trapacear para avançar mais rápido. Eles sabiam que o desenvolvimento seria incentivado e, portanto, eram menos propensos a encobrir as próprias falhas.[33]

Durante o treinamento corporativo, as organizações também poderiam usar os esforços produtivos e as dificuldades desejáveis para garantir que seus funcionários processassem melhor as informações. Como vimos no Capítulo 8, isso não só quer dizer que o material é lembrado mais rapidamente como também aumenta o envolvimento geral com os conceitos implícitos, tornando as lições facilmente transferíveis para novas situações.

Por fim, os segredos da tomada de decisão sábia para a organização são muito semelhantes aos segredos aplicáveis ao indivíduo inteligente. Seja você cientista forense, médico, estudante, professor, bancário ou engenheiro aeronáutico, vale a pena ter a humildade de identificar seus limites e a possibilidade de falhar, levar em conta as ambiguidades e incertezas, se manter curioso e aberto a novas informações, reconhecer o potencial de crescimento advindo dos erros e questionar tudo ativamente.

No relatório condenatório da Comissão Presidencial sobre a explosão da *Deepwater Horizon*, chama a atenção uma recomendação pontual inspirada por uma mudança revolucionária nas usinas nucleares dos Estados Unidos. É um exemplo de como um setor pode lidar com os riscos de modo mais consciente.[34]

Como já era de esperar, o gatilho foi uma crise real. ("Todo mundo espera ser punido antes de agir", disse Karlene Roberts.) Nesse caso, foi o colapso parcial de um núcleo radioativo na usina nuclear Three Mile Island, na Pensilvânia, em 1979. O desastre levou à fundação de um novo órgão regulador, o Instituto de Operações de Energia Nuclear (Inpo, Institute of Nuclear Power Operations), que incorpora uma série de características importantes.

Cada gerador é visto por uma equipe de inspetores a cada dois anos, cada visita com duração de cinco a seis semanas. Embora um terço dos inspetores do Inpo seja de funcionários fixos, a maioria é destacada de outras usinas de energia, levando a um maior compartilhamento de conhecimento entre as organizações e à entrada constante de perspectivas externas em cada empresa. O Inpo também criou grupos de revisão regulares com o intuito de facilitar as discussões entre funcionários de nível inferior e gerentes. Isso garante que os detalhes e os desafios das operações do dia a dia sejam reconhecidos e compreendidos em todos os níveis da hierarquia.

Para aumentar a responsabilidade de todos, os resultados das inspeções são anunciados num jantar anual, o que implica ter "os maiores nomes do setor de serviços públicos focados no mau desempenho", de acordo com um CEO citado no relatório da Comissão Presidencial. Frequentemente os CEOs no salão passam seus conhecimentos para que os geradores dos demais alcancem o nível esperado. O resultado é que todas as empresas estão sempre aprendendo com os erros umas das outras. Desde o início da operação do Inpo, houve uma queda de 90% no número de acidentes de trabalho nos geradores nucleares dos Estados Unidos.[35]

Você não precisa ser fã da energia nuclear para ver como essas estruturas maximizam a inteligência coletiva dos funcionários do setor e aumentam a consciência de cada indivíduo sobre os possíveis riscos, ao mesmo tempo reduzindo o acúmulo de pequenos erros desconhecidos que podem levar a uma catástrofe. O Inpo mostra como os órgãos reguladores podem ajudar culturas conscientes a se espalhar pelas organizações, unindo milhares de funcionários na reflexão e no pensamento crítico.

O setor do petróleo (ainda) não implementou um sistema tão detalhado quanto esse, mas as empresas de energia se uniram para revisar seus padrões, melhorar o treinamento e a formação acadêmica dos trabalhadores, e atualizar sua tecnologia de contenção de possíveis vazamentos. A BP também financiou um enorme programa de pesquisa para lidar com a destruição ambiental no golfo do México. Algumas lições foram aprendidas, mas a que custo?[36]

A armadilha da inteligência geralmente surge da incapacidade de pensar além das nossas expectativas, ou seja, de imaginar uma visão diferente do mundo, onde nossa decisão está errada, e não certa. Isso é o que deve ter acontecido em 20 de abril de 2010; ninguém poderia ter imaginado o real tamanho da catástrofe que estavam permitindo acontecer.

Nos meses seguintes, a mancha de óleo cobriria mais de 112 mil km^2 da superfície do oceano – uma área que corresponde a cerca de 85% do tamanho da Inglaterra.[37] Segundo o Centro para a Diversidade Biológica, o desastre matou pelo menos 80 mil aves, 6 mil tartarugas marinhas e 26 mil mamíferos marinhos: todo um ecossistema destruído por erros evitáveis. Cinco anos depois, os filhotes ainda estavam nascendo com pulmões mal desenvolvidos, devido aos efeitos tóxicos do óleo na água e à saúde precária dos pais. Só 20% dos filhotes de golfinhos nasceram vivos.[38]

Isso sem mencionar o enorme custo humano. Além das onze vidas perdidas na própria plataforma e do trauma inimaginável dos que escaparam da tragédia, o derramamento destruiu os meios de subsistência das comunidades pesqueiras do golfo. Dois anos após o vazamento, Darla Rooks, pescadora que viveu toda a vida em Port Sulphur, Louisiana, relatou ter descoberto caranguejos "com buracos nos cascos, cascos com pontas queimadas e sem garras, cascos deformados e caranguejos vivos mas que, quando você abre, cheiram como se tivessem morrido há uma semana".

O nível de depressão na área aumentou 25% nos meses seguintes e muitas comunidades tiveram dificuldades para se recuperar das perdas. "Imagine perder tudo que faz você feliz... É exatamente isso que acontece quando alguém derrama óleo e usa dispersantes", disse Rooks à Al Jazeera em 2012.[39] "Os moradores daqui sabem que não podem nadar nas nossas águas nem comer o que vem delas."

Esse desastre era totalmente evitável se a BP e seus parceiros tivessem reconhecido que o cérebro humano é falho e pode errar. Ninguém está imune a isso, e a mancha escura no golfo do México deve servir como um lembrete constante do potencial catastrófico da armadilha da inteligência.

EPÍLOGO

Começamos esta jornada com a história de Kary Mullis, o químico brilhante que fez incursões pela astrologia e pelas projeções astrais e chegou a ser um negacionista da aids. A esta altura deve estar evidente que fatores como o raciocínio motivado o levaram a ignorar todos os sinais de alerta.

Mas espero ter deixado claro que este livro é muito mais do que a história dos erros de qualquer indivíduo. Essa armadilha é um fenômeno que diz respeito a todos nós, tendo em conta os tipos de pensamento que nós, como sociedade, aprendemos a valorizar ou a descartar.

Após entrevistar tantos cientistas geniais para este livro, notei que cada um, de alguma forma, incorporava o tipo de inteligência ou pensamento que estava estudando. David Perkins foi excepcionalmente ponderado, fazendo pausas na nossa conversa para refletir antes de falar; Robert Sternberg foi muito pragmático ao transmitir sua mensagem; Igor Grossmann se mostrou extremamente humilde e cuidadoso ao enfatizar os limites de seu conhecimento; e Susan Engel era animada e tinha uma curiosidade infinita.

Talvez eles tenham sido atraídos para essa área porque queriam entender melhor o próprio pensamento; ou talvez sua forma de pensar tenha mudado e passado a se parecer com o assunto estudado. De qualquer modo, para mim, isso serviu para ilustrar a enorme variedade de estilos de pensamento possíveis e os benefícios que eles trazem.

James Flynn descreve o aumento do QI ao longo do século XX como nossa "história cognitiva", mostrando as maneiras como nossas mentes foram moldadas pela sociedade ao redor. Mas me parece que, se cada um desses cientistas tivesse apresentado e divulgado seu trabalho no início do século XIX, antes que o conceito de inteligência geral determinasse o tipo de pensamento considerado "inteligente", nossa história cognitiva poderia ter sido muito diferente. Hoje, o raciocínio abstrato medido por testes de QI, provas conteudistas e vestibulares (como é o caso nos Estados Unidos dos SATs e GREs, testes-padrão de capacidade cognitiva) ainda domina nossa compreensão do que constitui a inteligência.

Não precisamos negar o valor dessas habilidades nem abandonar o conhecimento e a experiência factuais para aceitar que outras formas de raciocínio e aprendizado também merecem nossa atenção. Se aprendi algo com toda esta pesquisa, foi que o cultivo dessas outras características geralmente aprimora as habilidades medidas pelos testes-padrão de capacidade cognitiva, além de nos tornar pensadores mais desenvolvidos e sábios.

Vários estudos mostram que incentivar as pessoas a definir seus problemas, explorar perspectivas diferentes, imaginar desfechos alternativos e identificar argumentos equivocados é uma atitude que pode aumentar a capacidade geral de aprender coisas novas, além de estimular um modo mais sábio de raciocinar.[1]

Pareceu-me alentador que o aprendizado com esses métodos beneficiasse pessoas de todos os níveis de inteligência. Eles reduzem o raciocínio motivado entre os muito inteligentes, por exemplo, mas também aprimoram o aprendizado geral das pessoas com menor capacidade. Um estudo de Bradley Owens, da Universidade Estadual de Nova York em Buffalo, descobriu que a humildade intelectual previa melhor o desempenho acadêmico do que um teste de QI. Quem tinha mais humildade intelectual se saía melhor, mas essa característica beneficiou, acima de tudo, os menos inteligentes, compensando a menor capacidade "natural".[2] Os princípios da sabedoria baseada em evidências podem ajudar qualquer pessoa a maximizar seu potencial.

Esse novo entendimento do pensamento e do raciocínio não poderia ter chegado num momento mais importante.

Como escreveu Robert Sternberg em 2018: "O aumento acentuado do QI trouxe a nós, como sociedade, muito menos do que qualquer um podia imaginar. As pessoas têm mais capacidade de usar telefones celulares complexos e outras inovações tecnológicas do que teriam na virada do século XIX para o XX. Mas, em termos de comportamento como sociedade, você se impressiona com o que alcançamos com esse aumento de 30 pontos de QI?"[3]

Embora tenha havido avanços em áreas como saúde e tecnologia, não estamos mais perto de resolver questões fundamentais como a mudança climática ou a desigualdade social. Além disso, as visões cada vez mais dogmáticas que muitas vezes acompanham a armadilha da inteligência impedem negociações entre pessoas com posições diferentes – negociações essas que poderiam levar a soluções importantes. O Fórum Econômico Mundial listou o aumento da polarização política e a disseminação de informações falsas em "incêndios digitais"[4] como duas das maiores ameaças que enfrentamos hoje, comparáveis ao terrorismo e à guerra cibernética.

O século XXI apresenta problemas complexos que exigem um modo mais sábio de raciocinar, que reconheça nossas limitações atuais, tolere ambiguidades e incertezas, equilibre múltiplas perspectivas e construa pontes entre as diversas áreas de especialização. Está cada vez mais claro que precisamos que mais gente incorpore essas qualidades.

Pode até parecer que estou tentando me iludir, mas lembre-se: os presidentes americanos com melhores pontuações em testes de mente aberta e alteridade se mostraram muito mais propensos a encontrar soluções pacíficas para conflitos. Com base nesta pesquisa, é mais que lógico nos perguntarmos se devemos exigir essas qualidades de nossos líderes, além de medidas mais óbvias de desempenho acadêmico e sucesso profissional.

Se você deseja aplicar esta pesquisa em si mesmo, o primeiro passo é reconhecer o problema. Vimos como a humildade intelectual ajuda a enxergar o viés do ponto cego, a formar opiniões mais racionais, a evitar *fake news*, a aprender com mais eficácia e a trabalhar de maneira mais produtiva com as pessoas ao nosso redor. Como ressalta a filósofa Valerie Tiberius, que atualmente trabalha com psicólogos no Centro de Sabedoria Prática da Universidade de Chicago, gastamos muito tempo tentando aumentar nossa autoestima e nossa confiança, "porém a vida de todos melhoraria muito se mais pessoas se mostrassem mais humildes em relação ao que acham que sabem".

Com essa finalidade, criei um apêndice com um breve glossário, descrevendo os erros mais recorrentes e centrais da armadilha da inteligência e as melhores maneiras de lidar com eles. Às vezes o simples ato de rotular nosso pensamento nos abre a porta para um estado de espírito mais perspicaz. Descobri que questionar a própria inteligência dessa maneira pode ser uma experiência estimulante, pois você rejeita suposições em que sempre acreditou e pode reviver a alegria infantil da descoberta que serviu de motivação a todos, de Benjamin Franklin a Richard Feynman.

Quando somos adultos, é fácil presumir que alcançamos o auge intelectual ao acabarmos de estudar (seja no ensino médio, na faculdade, no doutorado etc.), e muitas vezes ouvimos que devemos esperar um declínio mental logo depois. Mas o trabalho sobre a sabedoria baseada em evidências mostra que todos podemos aprender novas maneiras de pensar. Qualquer que sejam nossa idade ou o tamanho de nossa experiência – sejamos cientistas da Nasa ou estudantes do ensino médio –, todos podemos beneficiar nossas mentes com discernimento, precisão e humildade.[5]

APÊNDICE

Glossário da estupidez e da sabedoria

GLOSSÁRIO DA ESTUPIDEZ

Avareza cognitiva: Tendência a basear as tomadas de decisão na intuição, e não na análise.

Bobagens pseudoprofundas: Afirmações impressionantes que são apresentadas como verdadeiras e importantes, porém uma análise mais aprofundada mostra que, na verdade, são ocas. Assim como a Ilusão de Moisés, acreditamos nesse tipo de mensagem porque não paramos para refletir.

Cognição "quente": Pensamento reativo, emocionalmente carregado, que pode dar aos nossos vieses o controle total da situação. Possível fonte do Paradoxo de Salomão.

Dogmatismo adquirido: Ocorre quando nossas autopercepções da expertise nos levam a fechar a mente e a ignorar pontos de vista diferentes.

Dysrationalia: Incompatibilidade entre inteligência e racionalidade, como vimos na história de vida de Arthur Conan Doyle. A causa pode ser tanto a avareza cognitiva quanto o pensamento contaminado.

Efeito do excesso de talento: O inesperado fracasso de equipes quando a proporção de "estrelas" atinge um certo limite. Exemplo: a seleção de futebol da Inglaterra na Euro 2016.

Entrincheiramento: Processo que torna as ideias de um especialista rígidas e fixas.

Estupidez funcional: A relutância em fazer autorreflexões, questionar nossas suposições e raciocinar sobre as consequências de nossas ações. Embora esse caráter "funcional" possa aumentar a produtividade a curto prazo, reduz a criatividade e o pensamento crítico a longo prazo.

Fachidiot: Idiota profissional. Termo alemão que descreve um especialista bitolado, que conhece tudo da sua área, mas, ao tratar de um problema com mais nuances, adota uma visão estreita.

Ignorância estratégica: Evitar aprender novas informações. O objetivo é não se sentir desconfortável e manter a produtividade alta. No trabalho, por exemplo, pode ser benéfico não questionar as consequências de suas ações a longo prazo se as respostas afetarem suas chances de promoção. Às vezes fazemos tais escolhas de forma inconsciente.

Ilusão de Moisés: Falhas na identificação das contradições de um texto devido a suas fluência e familiaridade. Por exemplo, ao responder à pergunta "Quantos animais de cada espécie Moisés levou na Arca?", a maioria das pessoas responde "Dois", sem parar para raciocinar que a Bíblia diz que foi Noé quem construiu a arca. Disseminadores de *fake news* se aproveitam desse tipo de distração.

Insensatez: Falta de atenção e perspicácia sobre nossas ações e o mundo ao nosso redor. Questão fundamental na forma como educamos as crianças.

Metaesquecimento: Forma de arrogância intelectual. Não conseguimos registrar quanto sabemos e quanto esquecemos. Presumimos que nosso conhecimento atual é o mesmo do nosso auge de conhecimento. Comum entre estudantes com mestrado ou doutorado: anos depois de formados, eles acreditam que entendem as questões tão bem quanto na época em que estudavam.

Mindset fixo: A crença de que inteligência e talento são inatos e de que se esforçar demais é sinal de fraqueza. Além de limitar a capacidade de aprendizado, essa atitude torna nossa mente mais fechada e contribui para a arrogância intelectual.

Paradoxo de Salomão: Descreve nossa incapacidade de raciocinar com sabedoria sobre nossa vida, embora saibamos dar bons conselhos quando confrontados com os problemas de terceiros.

Pensamento contaminado: Padrão de conhecimento incorreto que pode levar a outros comportamentos irracionais. Por exemplo, alguém que foi educado para desconfiar de evidências científicas pode ser mais suscetível a acreditar em charlatões e em paranormalidade.

Princípio de Peter: Também conhecido como Princípio da Incompetência. Segundo ele, somos promovidos com base em nossas aptidões no trabalho atual, e não com base em nosso potencial para desempenhar a próxima função. Assim, as pessoas são promovidas até se encaixarem num cargo em que são incompetentes. Funcionários que são indevidamente promovidos a gerentes não têm a inteligência prática necessária para liderar equipes e apresentam um desempenho ruim. (O termo é em homenagem ao teórico da administração Laurence Peter.)

Raciocínio motivado: Tendência inconsciente a usar a capacidade intelectual só quando as conclusões se adequam a um objetivo que já predeterminamos. Pode incluir o viés de confirmação ou o viés do meu lado (em geral, buscando e lembrando informações que atendam ao nosso objetivo), ou também o viés de desconfirmação (a tendência a se mostrar especialmente cético em relação a evidências que não se encaixam no nosso objetivo). Na política, por exemplo, somos muito mais propensos a criticar provas a respeito de questões como a mudança climática se elas não se encaixarem na nossa visão de mundo.

Viés do ponto cego: Tendência a ver as falhas dos outros e a ignorar preconceitos e erros em nosso raciocínio.

GLOSSÁRIO DA SABEDORIA

Álgebra moral: A estratégia de Benjamin Franklin de ponderar os prós e contras de uma discussão, por vezes ao longo de dias. Ao adotar essa abordagem lenta e sistemática, você pode evitar problemas como o viés de disponibilidade (a tendência de fundamentar julgamentos a partir das primeiras informações que vêm à mente) e se permitir encontrar uma solução mais sábia e de longo prazo para o problema.

Atenção plena: O oposto da insensatez. Pode incluir a prática meditativa, mas, em geral, refere-se a um estado reflexivo que evita respostas reativas e excessivamente emocionais aos acontecimentos e nos permite observar e pensar sobre nossas intuições de maneira mais objetiva. O termo também pode se referir à estratégia de gerenciamento de riscos de uma organização (Capítulo 10).

Bússola emocional: Combinação de interocepção (sensibilidade aos sinais corporais), diferenciação emocional (capacidade de descrever seus sentimentos com precisão de detalhes) e regulação emocional. Juntos, esses elementos nos ajudam a evitar vieses cognitivos e afetivos.

Competência reflexiva: O estágio final da experiência, quando podemos fazer uma pausa e analisar nossos pressentimentos, baseando decisões na intuição e na análise. (Veja também Atenção plena.)

Curiosidade epistêmica: Postura inquisitiva, interessada e questionadora, de quem tem fome de informações. A curiosidade não só aprimora o aprendizado como também, segundo pesquisas recentes, nos protege de raciocínios e vieses motivados.

Dificuldades desejáveis: Conceito poderoso na educação, de que aprendemos melhor se nosso entendimento inicial é mais difícil, e não mais fácil. (Veja também *Mindset* de crescimento.)

Efeito da língua estrangeira: A surpreendente tendência a sermos mais racionais quando falamos uma segunda língua.

Efeito Sócrates: Uma forma de enxergar a situação por outra perspectiva. Imaginamos que precisamos explicar o problema a uma criança pequena. Reduz a cognição "quente", os vieses e o raciocínio motivado.

Humildade intelectual: Capacidade de aceitar os limites do nosso julgamento e tentar compensar nossa falibilidade. Pesquisas científicas revelam que, embora seja negligenciada, essa é uma característica fundamental na tomada de decisões e no aprendizado, sobretudo para os líderes de equipe.

Inoculação cognitiva: Estratégia para reduzir o raciocínio enviesado. Para isso, precisamos nos expor propositalmente a argumentos falhos.

Inteligência coletiva: A capacidade de uma equipe de raciocinar como uma unidade. Embora sejam *bem* pouco conectados ao QI, fatores como a sensibilidade social dos membros da equipe parecem ser mais importantes para a inteligência coletiva.

Mindset **de crescimento:** A crença de que talentos podem ser desenvolvidos e treinados. Embora as primeiras pesquisas científicas sobre o *mindset* tenham se concentrado em seu papel no desempenho acadêmico, sabemos que ele também estimula a tomada de decisões mais sábias quando, por exemplo, contribui para traços como a humildade intelectual.

Pensamento de mente aberta: A busca deliberada de pontos de vista alternativos e evidências que confrontem nossas opiniões.

Pre mortem: Imaginar o pior cenário e todos os fatores que o favorecem antes de tomar uma decisão. Uma das melhores estratégias para evitar vieses.

Precisão epistêmica: Ocorre quando as crenças são apoiadas pela razão e pelas evidências factuais.

Tolerância à ambiguidade: Tendência a abraçar incertezas e nuances em vez de tentar acabar quanto antes com a discussão.

Solução para o teste de Jack, Anne e George (p. 13)

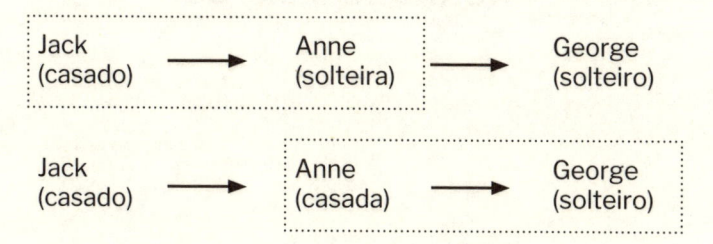

Jack (casado) → Anne (solteira) → George (solteiro)

Jack (casado) → Anne (casada) → George (solteiro)

O truque é pensar, nos dois cenários possíveis, se Anne é casada ou não. Como se vê no diagrama, em ambos os casos uma pessoa casada estará olhando para uma pessoa solteira.

AGRADECIMENTOS

Este livro não existiria sem a generosidade de muitas pessoas. Agradeço principalmente à minha agente, Carrie Plitt, pelo entusiasmo com que acreditou na minha proposta e pelo apoio e pela orientação desde então. Obrigado também ao restante da equipe da Felicity Bryan Associates, a Zoë Pagnamenta, em Nova York, e à equipe da Andrew Nurnberg Associates, por ajudar na divulgação do livro no mundo inteiro.

Tive a sorte de ter sido guiado por meus editores, Drummond Moir, da Hodder & Stoughton, e Matt Weiland, da W. W. Norton. Suas opiniões sábias e sugestões sutis e delicadas melhoraram demais este livro, e aprendi muito com os conselhos de ambos. Agradeço também a Cameron Myers, da Hodder, pelas sugestões e por toda a ajuda para garantir que o processo editorial fluísse da maneira mais tranquila possível.

Sou extremamente grato aos muitos especialistas que compartilharam suas ideias e seus conhecimentos comigo. Entre eles, David Perkins, Robert Sternberg, James Flynn, Keith Stanovich, Wändi Bruine de Bruin, Dan Kahan, Hugo Mercier, Itiel Dror, Rohan Williamson, Igor Grossmann, Ethan Kross, Andrew Hafenbrack, Silvia Mamede, Pat Croskerry, Norbert Schwarz, Eryn Newman, Gordon Pennycook, Michael Shermer, Stephan Lewandowsky, John Cook, Susan Engel, Carol Dweck, Tenelle Porter, James Stigler, Robert e Elizabeth Bjork, Ellen Langer, Anita Williams

Woolley, Angus Hildreth, Bradley Owens, Amy Yi Ou, André Spicer, Catherine Tinsley e Karlene Roberts, além de muitos outros entrevistados que não foram citados, mas cujo conhecimento contribuiu para melhorar meus argumentos.

Agradeço também a Brandon Mayfield, por compartilhar gentilmente suas experiências comigo; a Michael Story, que me deu um vislumbre do que significa ser um superprevisor; e a Jonny Davidson, pela ajuda nos diagramas. Também sou grato aos funcionários e alunos da Intellectual Virtues Academy, em Long Beach, que foram extremamente acolhedores durante a minha visita.

Richard Fisher, da BBC Future, me contratou para escrever um texto sobre as "desvantagens de ser inteligente" em 2015. Obrigado por dar início a tudo e pelos incentivos e conselhos constantes ao longo de minha carreira. E obrigado aos meus amigos e colegas, caso Sally Adee, Eileen e Peter Davies, Kate Douglas, Stephen Dowling, Natasha e Sam Fenwick, Simon Frantz, Melissa Hogenboom, Olivia Howitt, Christian Jarrett, Emma e Sam Partington, Jo Perry, Alex Riley, Matthew Robson, Neil e Lauren Sullivan, Helen Thomson, Richard Webb e Clare Wilson, que me deram um apoio inestimável. Devo muitos drinques a todos vocês. A Marta, Luca, Damiano e Stefania, *grazie infinite*.

Devo mais do que sou capaz de descrever a meus pais, Margaret e Albert, e a Robert Davies, pelo apoio em todas as etapas desta jornada. Eu não teria escrito este livro sem vocês.

NOTAS

INTRODUÇÃO

1. Todas essas citações estão na autobiografia de Mullis, K.: *Dancing Naked in the Mind Field*. Londres: Bloomsbury, 1999. Ele também as disponibiliza em https://www.karymullis.com/pdf/On_AIDS_and_Global_Warming.pdf. Elas aparecem frequentemente em páginas da internet e em fóruns sobre astrologia, mudanças climáticas e teorias da conspiração sobre HIV e aids. Por exemplo, Mullis é citado no site de Peter Duesberg, um conhecido negacionista da aids: http://www.duesberg.com/viewpoints/kintro.html. Além disso, há diversas entrevistas dele no YouTube descrevendo as teorias da conspiração da aids: por exemplo, em https://www.youtube.com/watch?v=IifgAvXU3ts&t=7s e em https://www.youtube.com/watch?v=rycOLjoPbeo.

2. Graber, M. L. "The Incidence of Diagnostic Error in Medicine". *BMJ Quality and Safety*, 22, suplemento 2, 2013, p. 21-27.

3. Vale notar que Edward de Bono descreveu uma "armadilha da inteligência" em seus livros sobre pensamento lateral e criatividade. O psicólogo da Universidade Harvard David Perkins também se refere, de passagem, a "armadilhas da inteligência" em seu livro *Outsmarting IQ*. Nova York: Simon & Schuster, 1995. As ideias de Perkins, em particular, contribuíram para meu argumento e recomendo muito a leitura do seu trabalho.

4. Segundo o classicista Christopher Rowe, esses detalhes da aparência e da vida de Sócrates são muito coerentes em várias fontes. Todas as citações também foram retiradas da tradução de Rowe da *Apologia de Platão*, que está no volume *The Last Days of Socrates*. Londres: Penguin, 2010, edição

Kindle. Os paralelos entre o julgamento de Sócrates e a pesquisa sobre o viés do ponto cego podem não ser o único exemplo em que a filosofia grega se antecipou à economia comportamental e à psicologia. Em artigo para a revista on-line *Aeon*, o jornalista Nick Romeo dá exemplos de enquadramento, viés de confirmação e ancoragem nos ensinamentos de Platão. Ver Romeo, N. "Platonically Irrational". 2017. https://aeon.co/essays/what-plato-knew-about-behavioural-economics-a-lot.

5. Descartes, R. *Discurso sobre o método*. Petrópolis: Vozes, 2011.

CAPÍTULO 1

1. As histórias dessas quatro crianças são contadas com muito mais detalhes junto com as histórias de outras crianças "Termites" em Shurkin, J. *Terman's Kids: The Groundbreaking Study of How the Gifted Grow Up* (Crianças de Terman: um estudo inovador sobre como os superdotados crescem). 1992. "Termites" se refere ao grupo das crianças mais brilhantes das escolas da Califórnia selecionadas para se submeter aos testes de Lewis Terman.

2. Shurkin, J. *Terman's Kids: The Groundbreaking Study of How the Gifted Grow Up*. Boston: Little, Brown, 1992, p. 122.

3. Shurkin, J. *Terman's Kids*, p. 51-53.

4. Shurkin, J. *Terman's Kids*, p. 109-116.

5. Shurkin, J. *Terman's Kids*, p. 54-58.

6. Terman, L. M. "Were We Born That Way?" *World's Work*, 44, 1922, p. 657-659. Citado em White, J. *Intelligence, Destiny and Education: The Ideological Roots of Intelligence Testing*. Londres: Routledge, 2006, p. 24.

7. Terman, L. M. "Trails to Psychology". In: Murchison, C. *History of Psychology in Autobiography*, 2, 1930, p. 297.

8. Terman, L. M. "Trails to Psychology", p. 303.

9. Nicolas, S. *et al.* "Sick or Slow? On the Origins of Intelligence as a Psychological Object". *Intelligence*, 41 (5), 2013, p. 699-711.

10. Para mais informações sobre as ideias de Binet, ver White, S. H. "Conceptual Foundations of IQ Testing". *Psychology, Public Policy and Law*, 6, p. 33-43.

11. Binet, A. *Les Idées modernes sur les enfants*. Paris: Flammarion, 1909.

12. Perkins, D. *Outsmarting IQ: The Emerging Science of Learnable Intelligence*. Nova York: Free Press, p. 44.

13. Terman, L. M. *The Measurement of Intelligence: An Explanation of and a Complete Guide for the Use of the Stanford Revision and Extension of the Binet-Simon Intelligence Scale*. Boston: Houghton Mifflin, 1916, p. 46.

14. Terman, L. M. *The Measurement of Intelligence*, p. 6.

15. Terman, L. M. *The Measurement of Intelligence*, p. 11.

16. Shurkin, J. *Terman's Kids*.

17. Shurkin, J. *Terman's Kids*, p. 196-292.

18. Honan, W. "Shelley Mydans, 86, author and former POW". *The New York Times*, 9 de março de 2002.

19. McGraw, C. "Creator of *Lucy* TV show dies". *Los Angeles Times*, 29 de dezembro de 1988.

20. Oppenheimer, J. e Oppenheimer, G. *Laughs, Luck – and Lucy: How I Came to Create the Most Popular Sitcom of All Time*. Syracuse (NY): Syracuse University Press, 1996, p. 100.

21. Terman, L. M. "Trails to Psychology", p. 297.

22. Na China, por exemplo, a maioria das escolas mantém registros do desempenho de cada criança em testes de raciocínio não verbal. Ver Higgins, L. T. e Xiang, G. "The Development and Use of Intelligence Tests in China". *Psychology and Development Societies*, 21 (2), 2009, p. 257-275.

23. Madhok, D. "Cram Schools Boom Widens India Class Divide". Reuters. https://in.reuters.com/article/india-cramschools-kota/cram-schools-boom-widens-indias-class-divide-idINDEE8890GW20120910. 10 de setembro de 2012.

24. Ritchie. S. J. *et al.* "Beyond a Bigger Brain: Multivariable Structural Brain Imaging and Intelligence". *Intelligence*, 51, 2015, p. 47-56.

25. Gregory, M. D.; Kippenhan, J. S.; Dickinson, D.; Carrasco, J.; Mattay, V. S.; Weinberger, D. R. e Berman, K. F. "Regional Variations in Brain Gyrification and Associated with General Cognitive Ability in Humans". *Current Biology*, 26 (10), 2016, p. 1301-1305.

26. Li, Y.; Liu, Y.; Li, J.; Qin, W.; Li, K.; Yu, C. e Jiang, T. "Brain Anatomical Network and Intelligence". *PLoS Computational Biology*, 5 (5), 2009, e1000395.

27. Para mais informações, ver Kaufman, S. *Ungifted: Intelligence Redefined*. Nova York: Basic Books, 2013, edição Kindle. Ver, em particular, a revisão que ele fez na pesquisa da Posse Foundation (p. 286-288), que selecionou universitários com base numa variedade de medidas além das inteligências tradicional e abstrata, incluindo entrevistas aprofundadas e discussões em grupo que medem habilidades como liderança, comunicação, resolução de problemas e colaborativismo. Embora suas pontuações no SAT estejam bem abaixo das exigidas por suas universidades, o sucesso acadêmico que tiveram foi praticamente igual ao dos demais alunos.

28. O artigo a seguir, escrito por um dos mais importantes pesquisadores de QI, explica o ponto: Neiser, U. *et al.* "Intelligence: Knowns and Unknowns". *American Psychologist*, 51 (2), 1996, p. 77-101. Ver também o artigo a seguir, que vai mais longe na análise dessa ideia, incluindo o seguinte depoimento: "Mais de cem anos de pesquisa em testes de inteligência mostraram que as pontuações nos testes padronizados preveem uma ampla gama de resultados, mas mesmo os maiores defensores desses testes concordam que as pontuações de QI (e seus primos próximos, como os SATs) não explicam grande parte das variáveis quando preveem comportamentos na vida real." Butler, H. A.; Pentoney, C. e Bong, M. P. "Predicting Real-world Outcomes: Critical Thinking Ability Is a Better Predictor of Life Decisions than Intelligence". *Thinking Skills and Creativity*, 25, 2017, p. 38-46.

29. Schmidt, F. L. e Hunter, J. "General Mental Ability in the World of Work: Occupational Attainment and Job Performance". *Journal of Personality and Social Psychology*, 86, 2004, p. 162-173.

30. Neisser, U. *et al.* "Intelligence. Strenze, T. Intelligence and Socioeconomic Success: A Meta-Analytic Review of Longitudinal Research". *Intelligence*, 35, 2007, p. 401-426.

31. Para uma discussão sobre as dificuldades de vincular QI e desempenho no trabalho, ver: Byington, E. e Felps, W. "Why do IQ Scores Predict Job Performance? An Alternative, Sociological Explanation". *Research in Organizational Behavior*, 30, 2010, p. 175-202; Richardson, K. e Norgate, S. H. "Does IQ Really Predict Job Performance?" *Applied Developmental Science*, 19 (3), 2015, p. 153-169; Ericsson, K. A. "Why Expert Performance Is Special and Cannot Be Extrapolated from Studies of Performance in the General Population: A Response to Criticisms". *Intelligence*, 45, 2014, p. 81-103.

32. Feldman, D. "A Follow-Up of Subjects Scoring Above 180 IQ in Terman's Genetic Studies of Genius". *Exceptional Children*, 50 (6), 1984, p. 518-523.

33. Shurkin, J. *Terman's Kids*, p. 183-187.

34. Shurkin, J. *Terman's Kids*, p. 190.

35. Para uma análise recente que, no geral, chega às mesmas conclusões, ver também a análise de Dean Simonton dos estudos de Terman sobre gênios. "As diferenças na inteligência geral não só explicam a pouca variação na eminência alcançada, mas o poder explicativo da inteligência também exige que a inteligência seja definida em termos mais específicos. Resumidamente, a ideia de ser superdotado intelectualmente deve ser reconcebida como o grau de aceleração na aquisição de conhecimentos dentro de um domínio escolhido individualmente. Além disso, as diferenças de personalidade e as primeiras experiências de desenvolvimento têm um papel ainda maior no surgimento da genialidade, embora esses fatores também devam ser adaptados ao domínio específico das conquistas." Simonton, D. K. "Reverse Engineering Genius: Historiometric Studies of Superlative Talent". *Annals of the New York Academy of Sciences*, 1377, p. 3-9.

36. Trechos desta entrevista apareceram primeiramente em um artigo que escrevi para a BBC Future em 2016: http://www.bbc.com/future/story/20160929-our-iqs-have-never-been-higher-but-it-hasnt-made-us-smart.

37. Clark, C. M.; Lawlor-Savage, L. e Goghari, V. M. "The Flynn Effect: A Quantitative Commentary on Modernity and Human Intelligence". *Measurement: Interdisciplinary Research and Perspectives*, 14 (2), 2016, p. 39-53. Alinhadas com a ideia de "óculos científicos", pesquisas recentes mostraram que o Efeito Flynn pode ser explicado pelo tempo que as pessoas levam para responder às perguntas. Gerações mais jovens são mais rápidas nisso, como se o pensamento abstrato tivesse sido automatizado e se tornado instintivo: Must, O. e Must, A. "Speed and the Flynn Effect". *Intelligence*, 68, 2018, p. 37-47.

38. Alguns pesquisadores atuais do QI sugerem que treinar as habilidades do pensamento abstrato poderia ser uma forma de diminuir a divisão social entre indivíduos com QI baixo e QI alto. Mas o Efeito Flynn sugere que esse benefício seria limitado a áreas como o pensamento criativo. Ver, por exemplo: Asbury, K. e Plomin, R. *G is for Genes*. Oxford: Willey Blackwell, 2014, p. 149-187.

39. Há evidências de que a criatividade diminuiu durante esse período, tanto em termos de medidas laboratoriais de resolução de problemas criativos quanto de inovação no mundo real, como se vê pelo número médio de patentes por pessoa. Ver: Kim, K. H. "The Creativity Crisis: The Decrease in Creative Thinking Scores on the Torrance Tests of Creative Thinking". *Creativity Research Journal*, 23 (4), 2011, p. 285-295; Kaufman, J. "Creativity as a Steping Stone toward a Brighter Future". *Journal of Intelligence*, 6 (2), 21, 2018; Huebner, J. "A Possible Declining Trend for Worldwide Innovation". *Technological Forecasting and Social Change*, 72 (8), 2015, p. 980-986.

40. Flynn, J. R. "IQ Gains Over Time: Toward Finding the Causes". *In:* Neisser, U. (org.). *The Rising Curve: Long-Term Changes in IQ and Related Measures*. Washington, D.C.: American Psychological Association, 1998, p. 25-66.

41. Harms, P. D. e Credé, M. "Remaining Issues in Emotional Intelligence Research: Construct Overlap, Method Artifacts, and Lack of Incremental Validity". *Industrial and Organizational Psychology*: Perspectives on Science and Practice, 3 (2), 2010, p. 154-158. Ver também Fiori, M.; Antonietti, J. P.; Mikolajczak, M.; Luminet, O.; Hansenne, M. e Rossier, J. "What Is the Ability Emotional Intelligence Test (MSCEIT) Good For? An Evaluation Using Item Response Theory". *PLOS One*, 9 (6), 2014, e98827.

42. Waterhouse, L. "Multiple Intelligences, the Mozart Effect, and Emotional Intelligence: A Critical Review". *Educational Psychologist*, 41 (4), 2006, p. 207-225. Ver também Waterhouse, L. "Inadequate Evidence for Multiple Intelligences, Mozart Effect, and Emotional Intelligence Theories". *Educational Psychologist*, 41 (4), 2006, p. 247-255.

43. Neste artigo, Robert Sternberg contrapõe suas teorias a vários tipos de inteligência, inclusive a emocional: Sternberg, R. J. "Successful Intelligence: Finding a Balance". *Trends in Cognitive Sciences*, 3 (11), 1999, p. 436-442.

44. Hagbloom, S. J. *et al.* "The 100 Most Eminent Psychologists of the 20th Century". *Review of General Psychology*, 6 (2), 2002, p. 139-152.

45. Sternberg detalha sua jornada no site: https://www.apa.org/monitor/sep02/teachers.

46. Para uma discussão mais aprofundada, ver Sternberg, R. J. e Preiss, D. D. (orgs.). *Innovations in Educational Psychology: Perspectives on Learning, Teaching, and Human Development*. Nova York: Springer, 2010, p. 406-407.

47. Sternberg, "Successful Intelligence".

48. Ver, por exemplo, Hedlund, J.; Wilt, J. M.; Nebel, K. L.; Ashford, S. J. e Sternberg, R. J. "Assessing Practical Intelligence in Business School Admissions: A Supplement to the Graduate Management Admissions Test". *Learning and Individual Differences*, 16 (2), 2006, p. 101-127.

49. Ver entrevista da PBS com Sternberg. https://www.pbs.org/wgbh/pages/frontline/shows/sats/interviews/sternberg.html.

50. Para um resumo dos resultados, ver Sternberg, R. J.; Castejón, J. L.; Prieto, M. D.; Hautamäki, J. e Grigorenko, E. L. "Confirmatory Factor Analysis of the Sternberg Triarchic Abilities Test in Three International Samples: An Empirical Test of the Triarchic Theory of Intelligence". *European Journal of Psychological Assessment*, 17 (1), 2001, p. 1-16; Sternberg, R. J. "Successful Intelligence: A Model for Testing Intelligence Beyond IQ Tests". *European Journal of Education and Psychology*, 8 (2), 2015, p. 76-84; Sternberg, R. J. "Increasing Academic Excellence and Enhancing Diversity Are Compatible Goals". *Educational Policy*, 22 (4), 2008, p. 487-514; Sternberg, R. J.; Grigorenko, E. L. e Zhang, L. F. "Styles of Learning and Thinking Matter in Instruction and Assessment". *Perspectives on Psychological Science*, 3 (6), 2008, p. 486-506.

51. Sternberg, R. J. *Practical Intelligence in Everyday Life*. Cambridge: Cambridge University Press, 2000, p. 144-200. Ver também: Wagner, R. K. e Sternberg, R. J. "Practical Intelligence in Real-world Pursuits: The Role of Tacit Knowledge". *Journal of Personality and Social Psychology*, 49 (2), 1985, p. 436-458. Ver também: Cianciolo, A. T. *et al.* "Tacit Knowledge, Practical Intelligence and Expertise". *In:* Ericsson, K. A. (org.). *Cambridge Handbook of Expertise and Expert Performance*. Cambridge: Cambridge University Press, 2006. Para outra discussão sobre os estudos de Sternberg, ver: Perkins, D. *Outsmarting IQ: The Emerging Science of Learnable Intelligence*. Nova York: Free Press, 1995, p. 83-84. Ver também: Nisbett, R. E.; Aronson, J.; Blair, C.; Dickens, W.; Flynn, J.; Halpern, D. F. e Turkheimer, E. "Intelligence: New Findings and Theoretical Developments". *American Psychologist*, 67 (2), 2012, p. 130. E Mackintosh, N. J. *IQ and Human Intelligence*. Oxford: Oxford University Press, 2011, p. 222-243.

52. Em 1996, o relatório "Intelligence: Known and Unknowns", da American Psychological Association (APA), concluiu que "embora este trabalho seja passível de críticas, os resultados até este ponto tendem a distinguir inteligência analítica e inteligência prática". Neisser, U. *et al.* "Intelligence".

53. Imai, L. e Gelfand, M. J. "The Culturally Intelligent Negotiator: The Impact of Cultural Intelligence (CQ) on Negotiation Sequences and Outcomes". *Organizational Behavior and Human Decision Processes*, 112 (2), 2010, p. 83-98; Alon, I. e Higgins, J. M. "Global Leadership Success through Emotional and Cultural Intelligences". *Business Horizons*, 48 (6), p. 501-512; Rockstuhl, T.; Seiler, S.; Ang, S.; Van Dyne, L. e Annen, H. "Beyond General Intelligence (IQ) and Emotional Intelligence (EQ): The Role of Cultural Intelligence (CQ) on Cross-Border Leadership Effectiveness in a Globalized World". *Journal of Social Issues*, 67 (4), 2011, p. 825-840.

54. Marks, R. "Lewis M. Terman: Individual Differences and the Construction of Social Reality". *Educational Theory*, 24 (4), 2007, p. 336-355.

55. Terman, L. M. *The Measurement of Intelligence: An Explanation of and a Complete Guide for the Use of the Stanford Revision and Extension of the Binet-Simon Intelligence Scale*. Boston: Houghton Mifflin, 1916.

56. Lippmann, W. "The Mental Age of Americans". *New Republic*, 22 de outubro de 1922, p. 213.

57. Terman, L. M. "The Great Conspiracy or the Impulse Imperious of Intelligence Testers, Psychoanalyzed and Exposed by Mr Lippmann". *New Republic*, 27 de dezembro de 1922, p. 116.

58. Shurkin, J. *Terman's Kids*, p. 190.

59. Minton, H. L. *Lewis M. Terman: Pioneer in Psychological Testing*. Nova York: New York University Press, 1988.

CAPÍTULO 2

1. Essas passagens baseiam-se nos seguintes materiais: Ernst, B. M. L. e Carrington, H. *Houdini and Conan Doyle: The Story of a Strange Friendship*. Londres: Hutchinson, 1933; Conan Doyle, A. *The Edge of the Unknown*. Londres: John Murray, 1930; Kalush, W. e Sloman, L. *The Secret Life of Houdini: The Making of America's First Superhero*. Nova York: Atria, 2006; Sandford, C. *Houdini and Conan Doyle*. Londres: Duckworth Overlook, 2011; "Gardner, L. Harry Houdini and Arthur Conan Doyle: A Friendship Split by Spiritualism". *The Guardian*, 10 de agosto de 2015. https://www.theguardian.com/stage/2015/aug/10/houdini-and-conan-doyle-impossible-edinburgh-festival.

2. Wilk, T. "Houdini, Sir Doyle Do AC". *Atlantic City Weekly*, 2 de maio de 2012. https://atlanticcityweekly.com/archive/houdini-sir-doyle-do-ac/article_a16ab3ba-95b9-50e1-a2e0-eca01dd8eaae.html

3. Em *Of Miracles*, o filósofo do século XVIII David Hume diz: "Nenhum testemunho é suficiente para estabelecer um milagre, a menos que a falsidade desse testemunho seja mais milagrosa do que o fato que ele procura estabelecer". Em outras palavras, alegações extraordinárias requerem evidências extraordinárias que eliminem quaisquer explicações físicas.

4. Entrevista no canal Fox com Sir Arthur Conan Doyle, 1927. https://publicdomainreview.org/collections/sir-arthur-conan-doyle-interview-1927.

5. Eby, M. "Hocus Pocus". Blog The Paris Review, 21 de março de 2012. htttps://www.theparisreview.org/blog/2012/03/21/hocus-pocus.

6. Tversky, A. e Kahneman, D. "Judgment under Uncertainty: Heuristics and Biases". *Science*, 1974, 185, p. 1124-1131.

7. Para uma descrição acessível desse argumento, ver: Stanovich, K. E. "Rational and Irrational Thought: The Thinking That IQ Tests Miss". *Scientific American Mind*, 20 (6), 2009, p. 34-39.

8. Há boas evidências, por exemplo, de que as crianças naturalmente rejeitam informações que contradizem as teorias de "senso comum" do mundo e precisam aprender o método científico com as pessoas em quem confiam. Portanto, uma criança que cresce num ambiente que rejeita a ciência adotará naturalmente essas visões, independentemente de sua inteligência. Bloom, P. e Weisberg, D. S. "Childhood Origins of Adult Resistance to Science". *Science*, 2007, 316 (5827), p. 996-997.

9. "A projeção de conhecimento de uma ilha de crenças falsas pode explicar o fenômeno de pessoas inteligentes que ficam presas numa teia específica de informações falsas. Devido às tendências de projeção, elas não conseguem escapar dessa teia e costumam usar seu considerável poder computacional para racionalizar suas crenças e afastar os argumentos dos céticos." Stanovich, K. E.; West, R. F. e Toplak, M. E. *The Rationality Quotient: Toward a Test of Rational Thinking*. Cambridge, MA: MIT Press, 2016, edição Kindle, localização 3.636-3.639.

10. Stanovich, K. "Dysrationalia: A New Specific Learning Difficulty". *Journal of Learning Difficulties*, 1993, 26 (8), p. 501-515.

11. Para uma boa explicação dos princípios, ver: Swinscow, T. D. V. *Statistics at Square One*. 9. ed., 1997. https://www.bmj.com/about-bmj/resources-readers/publications/statistics-square-one.

12. Stanovich, K. E.; West, R. F. e Toplak, M. E. *The Rationality Quotient*, edição Kindle, localizações 2.757, 2.838. Alguns estudos iniciais sugeriram que as correlações eram ainda mais fracas. Ver Stanovich, K. E. e West, R. F. "On the Relative Independence of Thinking Biases and Cognitive Ability". *Journal of Personality and Social Psychology*, 94 (4), 2008, p. 672-695.

13. Stanovich, K. E. e West, R. F. "On the Relative Independence of Thinking Biases and Cognitive Ability".

14. Xue, G.; He, Q.; Lei, X.; Chen, C.; Liu, Y.; Chen, C. *et al*. "The Gambler's Fallacy Is Associated with Weak Affective Decision Making but Strong Cognitive Ability". *PLOS One*, 7 (10): 2012, e47019. https://doi.org/10.1371/journal.pone.0047019.

15. Schwitzgebel, E. e Cushman, F. "Philosophers' Biased Judgments Persist Despite Training, Expertise and Reflection". *Cognition*, 2015, 141, p. 127-137.

16. West, R. F.; Meserve, R. J. e Stanovich, K. E. "Cognitive Sophistication Does Not Attenuate the Bias Blind Spot". *Journal of Personality and Social Psychology*, 103 (3), 2012, p. 506-519.

17. Stanovich, K. E.; West, R. F. e Toplak, M. E. *The Rationality Quotient*.

18. Stanovich, K. E. e West, R. F. "What Intelligence Tests Miss". *Psychologist*, 27, 2014, p. 80-83. https://thepsychologist.bps.org.uk/volume-27/edition-2/what-intelligence-tests-miss.

19. Stanovich, K. E.; West, R. F. e Toplak, M. E. *The Rationality Quotient*, edição Kindle, localização 2.344.

20. Bruine de Bruin, W.; Parker, A. M. e Fischhoff, B. "Individual Differences in Adult Decision Making Competence". *Journal of Personality and Social Psychology*, 92 (5), 2007, p. 938-956.

21. Kanazawa, S. e Hellberg, J. E. E. U. "Intelligence and Substance Use". *Review of General Psychology*, 14 (4), 2010, p. 382-396.

22. Zagorsky, J. "Do You Have To Be Smart To Be Rich? The Impact of IQ on Wealth, Income and Financial Distress". *Intelligence*, 35, 2007, p. 489-501.

23. Swann, M. "The Professor, the Bikini Model, and the Suitcase Full of Trouble". *The New York Times*, 8 de março de 2013. http://www.nytimes.com/2013/03/10/magazine/the-professor-the-bikini-model-and-the-suitcase-full-of-trouble.html.

24. Rice, T. W. "Believe It Or Not: Religious and Other Paranormal Beliefs in the United States". *Journal for the Scientific Study of Religion*, 42 (1), 2003, p. 95-106.

25. Bouvet, R. e Bonnefon, J. F. "Non-reflective Thinkers Are Predisposed to Attribute Supernatural Causation to Uncanny Experiences". *Personality and Social Psychology Bulletin*, 41 (7), 2015, p. 955-961.

26. Cooper, J. *The Case of the Cottingley Fairies*. Londres: Robert Hale, 1990.

27. Conan Doyle, A. *O advento das fadas*. São Paulo: Nova Alexandria, 2019.

28. Cooper, J. "Cottingley: At Last the Truth". *The Unexplained*, 117, 1982, p. 2338-2340.

29. Miller, R. *The Adventures of Arthur Conan Doyle*. Londres: Harvill Secker, 2008, p. 403.

30. Hyman, R. *Why Smart People Can Be So Stupid*. Sternberg, R. (org.). New Haven: Yale University Press, 2002, p. 18-19.

31. Perkins, D. N.; Farady, M. e Bushey, B. "Everyday Reasoning and the Roots of Intelligence". *In:* Perkins, D.N.; Voss, J. F. e Segal, J. W. (orgs.). *Informal Reasoning and Education*. Hillsdale, NJ: Erlbaum, 1991, p. 83-105.

32. Para uma discussão mais aprofundada deste estudo, ver: Perkins, D. N. *Outsmarting IQ*. Nova York: Free Press, 1995, p. 131-135.

33. Perkins, D. N. e Tishman, S. "Dispositional Aspects of Intelligence". *In:* Collis, J. M. e Messick, S. (orgs.). *Intelligence and Personality: Bridging the Gap in Theory and Measurement*. Hillsdale, NJ: Erlbaum, 2001, p. 237-257.

34. Kahan, D. M.; Peters, E.; Dawson, E.C. e Slovic, P. "Motivated Numeracy and Enlightened Self-government". *Behavioural Public Policy*, 1, 2017, p. 54-86.

35. Para uma discussão mais aprofundada sobre como ter mais conhecimento pode ser um tiro no pé, ver Flynn, D. J.; Nyhan, B. e Reifler, J. "The Nature and Origins of Misperceptions: Understanding False and Unsupported Beliefs about Politics". *Advances in Political Psychology*, 38 (S1), 2017, p. 127-150. Ver também Taber, C. S. e Lodge, M. "Motivated Skepticism in

the Evaluation of Political Beliefs". *American Journal of Political Science*, 50, 2006, p. 755-769.

36. Kahan, D. M. *et al.* "The Polarizing Impact of Science Literacy and Numeracy on Perceived Climate Change Risks". *Nature Climate Change*, 2 (10), 2012, p. 732-735; Kahan, D. M.; Wittlin, M.; Peters, E.; Slovic, P.; Ouellette, L. L.; Braman, D. e Mandel, G. N. "The Tragedy of the Risk-perception Commons: Culture Conflict, Rationality Conflict, and Climate Change". 2011. https://papers.ssrn.com/sol3/papers.cfm?abstract_id=1871503; Bolsen, T.; Druckman, J. N. e Cook, F. L. "Citizens', Scientists', and Policy Advisors' Beliefs about Global Warming". *Annals of the American Academy of Political and Social Science*, 658 (1), 2015, p. 271-295.

37. Hamilton, L. C.; Hartter, J. e Saito, K. "Trust in Scientists on Climate Change and Vaccines". *SAGE Open*, 2015, 5 (3). https://doi.org/10.1177/2158244015602752.

38. Kahan, D. M.; Landrum, A.; Carpenter, K.; Helft, L. e Hall Jamieson, K. "Science Curiosity and Political Information Processing". *Political Psychology*, 38 (S1), 2017, p. 179-199.

39. Kahan, D. M. "Ordinary Science Intelligence: A Science-Comprehension Measure for Study of Risk and Science". *Journal of Risk Research*, 20 (8), 2017, p. 995-1016.

40. Nyhan, B.; Reifler, J. e Ubel, P. A. "The Hazards of Correcting Myths about Health Care Reform". *Medical Care*, 51 (2), 2013, p. 127-132. Para uma discussão sobre as percepções equivocadas sobre o ObamaCare, consulte *Politifact's* Lie of the Year, 18 de dezembro de 2009. http://www.politifact.com/truth-ometer/article/2009/dec/18/politifact-lie-year-death-panels.

41. Koehler, J. J. "The Influence of Prior Beliefs on Scientific Judgments of Evidence Quality". *Organizational Behavior and Human Decision Processes*, 56 (1), 1993, p. 28-55. Ver também a discussão de Dan Kahan sobre o artigo, à luz de pesquisas recentes sobre raciocínio motivado: Kahan, D. M. "The Politically Motivated Reasoning Paradigm, Part 2: What Politically Motivated Reasoning Is and How to Measure It". *Emerging Trends in the Social and Behavioral Sciences*, 2016. Doi: 10.1002/9781118900772.

42. Incluindo, aparentemente, US$ 25 mil em sua turnê americana de lançamento de livros em 1922. Ernst, B. M. L. e Carrington, H. *Houdini and Conan Doyle: The Story of a Strange Friendship*. Nova York: Benjamin Blom, 1971, p. 147.

43. Nesta gravação da British Library, Conan Doyle explica os muitos benefícios que a crença no espiritualismo lhe trouxe: https://britishlibrary.typepad.co.uk/files/listen-to-sir-arthur-conan-doyle-on-spiritualism.mp3.

44. Entrevista de Arthur Conan Doyle para o canal Fox, 1927. https://publicdomainreview.org/collections/sir-arthur-conan-doyle-interview-1927.

45. Como seu biógrafo, Russell Miller, o descreve: "Quando Conan Doyle se decidia, ele era imparável, impermeável à argumentação, cego a evidências contraditórias, imperturbável pela dúvida." Miller, R. *The Adventures of Arthur Conan Doyle*, capítulo 20.

46. Bechtel, S. e Stains, L. R. *Through a Glass Darkly: Sir Arthur Conan Doyle and the Quest to Solve the Greatest Mystery of All*. Nova York: St. Martin's Press, 2017, p. 147.

47. Panek, R. "The Year of Albert Einstein". *Smithsonian Magazine*, 2015. https://www.smithsonianmag.com/science-nature/the-year-of-albert-einstein-75841381.

48. Outros exemplos podem ser encontrados na entrevista a seguir com o físico John Moffat, incluindo o fato de Einstein negar fortes evidências da existência de buracos negros: Folger, T. "Einstein's Grand Quest for a Unified Theory". *Discover*, setembro de 2004. https://www.discovermagazine.com/the-sciences/einsteins-grand-quest-for-a-unified-theory. Ver também Mackie, G. "Einstein's Folly: How the Search for a Unified Theory Stumped Him until His Dying Day". *The Conversation*. http://theconversation.com/einsteins-folly-how-the-search-for-a-unified-theory-stumpedhim-to-his-dying-day-49646.

49. Isaacson, W. *Einstein: sua vida, seu universo*. São Paulo: Companhia das Letras, 2007.

50. Schweber, S. S. *Einstein and Oppenheimer: The Meaning of Genius*. Cambridge, MA: Harvard University Press, 2008, p. 282. Ver também: Oppenheimer, R. "On Albert Einstein". *New York Review of Books*, 17 de março de 1966. http://www.nybooks.com/articles/1966/03/17/on-albert-einstein.

51. Hook, S. *Out of Step: An Unquiet Life in the 20th Century*. Londres: Harper & Row, 1987. Ver também: Riniolo, T. e Nisbet, L. "The Myth of Consistent Skepticism: The Cautionary Case of Albert Einstein". *Skeptical Inquirer*, 31 (1), 2007. https://skepticalinquirer.org/2007/05/the-myth-of-consistent-skepticism-the-cautionary-case-of-albert-einstein.

52. Eysenck, H. *Sense and Nonsense in Psychology*. Harmondsworth: Penguin, 1957, p. 108.

53. Estes são casos excepcionais. Mas a questão do viés no trabalho cotidiano da ciência ganhou destaque nos últimos anos, com preocupações de que muitos cientistas possam ter esse mesmo pensamento otimista e distorcido que atormentava Conan Doyle. Na década de 1990 e no início da década de 2000, o psicólogo Kevin Dunbar passou anos estudando o pensamento de cientistas em oito diferentes laboratórios, participando de suas reuniões semanais e discutindo suas últimas descobertas. Descobriu que o viés do meu lado era predominante, com muitos cientistas inconscientemente distorcendo a interpretação de seus resultados experimentais para se ajustarem às suas hipóteses ou procurando razões novas e mais complicadas para fazer suas hipóteses se encaixarem nos dados. Os pesquisadores médicos parecem especialmente propensos a se apegar a resultados que podem chamar a atenção da imprensa, mesmo ignorando graves falhas metodológicas. Ver, por exemplo, Dunbar, K. "How Scientists Think in the Real World". *Journal of Applied Developmental Psychology*, 21 (1), 2000, p. 49-58; Wilson, T. D.; DePaulo, B. M.; Mook, D. G. e Klaaren, K. J. "Scientists' Evaluation of Research: The Biasing Effects of the Importance of the Topic". *Psychological Science*, 4 (5), 1993, p. 322-325.

54. Offit, P. "The Vitamin Myth: Why We Think We Need Supplements". *The Atlantic*, 19 de julho de 2013. https://www.theatlantic.com/health/archive/2013/07/the-vitamin-myth-why-we-thinkwe-need-supplements/277947.

55. Enserink, M. "French Nobelist Escapes 'Intellectual Terror' to Pursue Radical Ideas in China". *Science*, 330 (6012), 2010, p. 1732. Para uma discussão mais aprofundada sobre essas controvérsias, consulte Butler, D. "Nobel fight over African HIV centre". *Nature*, 486 (7403), 2012, p. 301-302. https://www.nature.com/news/nobel-fight-over-africanhiv-centre-1.10847.

56. King, G. "Edison vs. Westinghouse: A Shocking Rivalry". *Smithsonian Magazine*, 2011. http://www.smithsonianmag.com/history/edison-vs-westinghouse-a-shocking-rivalry-102146036.

57. Essig, M. *Edison and the Electric Chair*. Stroud, Gloucestershire: Sutton, 2003.

58. Essig, M. *Edison and the Electric Chair*, p. 289.

59. Essig, M. *Edison and the Electric Chair*, p. 289.

60. Isaacson, W. *Steve Jobs*. São Paulo: Companhia das Letras, 2011; Swaine, J. "Steve Jobs 'Regretted Trying to Beat Cancer with Alternative Medicine for So Long'". *Daily Telegraph*, 21 de outubro de 2011. https://www.telegraph.co.uk/technology/apple/8841347/Steve-Jobs-regretted-trying-to-beat--cancer-with-alternative-medicine-for-so-long.html.

61. Shultz, S.; Nelson, E. e Dunbar, R. I. M. "Hominin Cognitive Evolution: Identifying Patterns and Processes in the Fossil and Archaeological Record". *Philosophical Transactions of the Royal Society B: Biological Sciences*, 367 (1599), 2012, p. 2130-2140.

62. Mercier, H. "The Argumentative Theory: Predictions and Empirical Evidence". *Trends in Cognitive Sciences*, 20 (9), 2016, p. 689-700.

CAPÍTULO 3

1. Os detalhes das experiências de Brandon Mayfield foram extraídos de entrevistas que fiz, bem como de entrevistas suas à imprensa, incluindo uma em vídeo para o *Open Democracy* em 30 de novembro de 2006. https://www.democracynow.org/2006/11/30/exclusive_falsely_jailed_attorney_brandon_mayfield. Também devo a Mayfield, S. e Mayfield, B. *Improbable Cause: The War on Terror's Assault on the Bill of Rights*. Salem, NH: Divertir, 2015. Verifiquei muitos dos detalhes no relatório do escritório do inspetor geral sobre a forma como o FBI tratou o caso de Mayfield.

2. Jennifer Mnookin da UCLA, em *Fingerprints on Trial*. BBC World Service, 29 de março de 2011. https://www.bbc.co.uk/programmes/b00z5zyc.

3. Office of the Inspector General. "A Review of the FBI's Handling of the Brandon Mayfield Case". 2006, p. 80. https://oig.justice.gov/sites/default/files/archive/special/s0601/final.pdf.

4. Office of the Inspector General, "A Review of the FBI's Handling of the Brandon Mayfield Case". 2006, p. 80.

5. Kassin, S. M.; Dror, I. E. e Kukucka, J. "The Forensic Confirmation Bias: Problems, Perspectives, and Proposed Solutions". *Journal of Applied Research in Memory and Cognition*, 2 (1), 2013, p. 42-52.

6. Fisher, R. "Erudition Be Damned, Ignorance Really Is Bliss". *New Scientist*, 211 (2823), 2011, p. 39-41.

7. Kruger, J. e Dunning, D. "Unskilled and Unaware of It: How Difficulties in Recognizing One's Own Incompetence Lead to Inflated Self-assessments". *Journal of Personality and Social Psychology*, 77 (6), 1999, p. 1121-1134.

8. Dunning, D. "The Dunning-Kruger Effect: On Being Ignorant of One's Own Ignorance". *Advances in Experimental Social Psychology*, 44. Cambridge, MA, 2011: Academic Press, p. 247-296.

9. Chiu, M. M. e Klassen, R. M. "Relations of Mathematics Self-Concept and Its Calibration with Mathematics Achievement: Cultural Differences among Fifteen-Year-Olds in 34 Countries". *Learning and Instruction*, 20 (1), 2010, p. 2-17.

10. Consulte, por exemplo, "Why Losers Have Delusions of Grandeur". *New York Post*, 23 de maio de 2010. https://nypost.com/2010/05/23/why-losers-have-delusions-of-grandeur; Lee, C. "Revisiting Why Incompetents Think They Are Awesome". *Ars Technica*, 4 de novembro de 2016. https://arstechnica.com/science/2016/11/revisiting-why-incompetents-think-theyre-awesome; Flam, F. "Trump's 'Dangerous Disability'? The Dunning-Kruger Effect". *Bloomberg*, 12 de maio de 2017. https://www.bloomberg.com/view/articles/2017-05-12/trump-s-dangerous-disability-it-s-the-dunning-kruger-effect.

11. Fisher, M. e Keil, F. C. "The Curse of Expertise: When More Knowledge Leads to Miscalibrated Explanatory Insight". *Cognitive Science*, 40 (5), 2016, p. 1251-1269.

12. Son, L. K. e Kornell, N. "The Virtues of Ignorance". *Behavioural Processes*, 83 (2), 2010, p. 207-212.

13. Fisher e Keil, "The Curse of Expertise".

14. Ottati, V.; Price, E.; Wilson, C. e Sumaktoyo, N. "When Self-Perceptions of Expertise Increase Closed-Minded Cognition: The Earned Dogmatism Effect". *Journal of Experimental Social Psychology*, 61, 2015, p. 131-138.

15. Citação de Hammond, A. L. *A Passion to Know: Twenty Profiles in Science*. Nova York: Scribner, 1984, p. 5. Esse ponto de vista também é discutido em Roberts, R. C. e Wood, W. J. *Intellectual Virtues: An Essay in Regulative Epistemology*. Oxford: Oxford University Press, 2007, p. 253.

16. Muitas informações sobre a vida de De Groot eu tirei do obituário do *Observer*, da Sociedade Americana de Psicologia, de 1 de novembro de 2006. http://www.psychologicalscience.org/observer/in-memoriam-adriaan-dingeman-de-groot-1914-2006#.WUpLDIrTUdV.

17. Mellenbergh, G. J. e Hofstee, W. K. B. "Commemoration Adriaan Dingeman de Groot". *In:* Royal Netherlands Academy of Sciences (org.). *Life and Memorials*. Amsterdã: Royal Netherlands Academy of Sciences, 2006, p. 27-30.

18. Busato, V. "In Memoriam: Adriaan de Groot (1914-2006)". *Netherlands Journal of Psychology*, 62, 2006, p. 2-4.

19. de Groot, A. (org.). *Thought and Choice in Chess*. Amsterdã: Amsterdam University Press, 2008, p. 288. Ver também o experimento clássico de follow-up de William Chase e Herbert Simon, que fornece mais evidências sobre o papel do *chunking* no desempenho de especialistas: Chase, W. G. e Simon, H. A. "Perception in Chess". *Cognitive Psychology*, 4 (1), 1973, p. 55-81.

20. Hodges, N. J.; Starkes, J. L. e MacMahon, C. "Expert Performance in Sport: A Cognitive Perspective". *In:* Ericsson, K. A.; Charness, N.; Feltovich, P. J. et al. (orgs.). *Cambridge Handbook of Expertise and Expert Performance*. Cambridge: Cambridge University Press, 2006.

21. Dobbs, D. "How to Be a Genius". *New Scientist*, 191 (2569), 2006, p. 40-43.

22. Kalakoski, V. e Saariluoma, P. "Taxi Drivers' Exceptional Memory of Street Names". *Memory and Cognition*, 29 (4), 2001, p. 634-638.

23. Nee, C. e Ward, T. "Review of Expertise and Its General Implications for Correctional Psychology and Criminology". *Aggression and Violent Behavior*, 20, 2015, p. 1-9.

24. Nee, C. e Meenaghan, A. "Expert Decision Making in Burglars". *British Journal of Criminology*, 46 (5), 2006, p. 935-949.

25. Para uma revisão abrangente das evidências, ver Dane, E. "Reconsidering the Trade-Off between Expertise and Flexibility: A Cognitive Entrenchment Perspective". *Academy of Management Review*, 35 (4), 2010, p. 579-603.

26. Woollett, K. e Maguire, E. A. "The Effect of Navigational Expertise on Wayfinding in New Environments". *Journal of Environmental Psychology*, 30 (4), 2010, p. 565-573.

27. Harley, E. M.; Pope, W. B.; Villablanca, J. P.; Mumford, J.; Suh, R.; Mazziotta, J. C.; Enzmann, D. e Engel, S. A. "Engagement of Fusiform Cortex and Disengagement of Lateral Occipital Cortex in The Acquisition of Radiological Expertise". *Cerebral Cortex*, 19 (11), 2009, p. 2746-2754.

28. Ver, por exemplo: Corbin, J. C.; Reyna, V. F.; Weldon, R. B. e Brainerd, C. J. "How Reasoning, Judgment, and Decision Making Are Colored by Gist-Based Intuition: A Fuzzy-Trace Theory Approach". *Journal of Applied Research in Memory and Cognition*, 4 (4), 2015, p. 344-355. O capítulo seguinte também oferece uma descrição mais completa das diversas descobertas nos parágrafos anteriores: Dror, I. E. "The Paradox of Human Expertise: Why Experts Get It Wrong". *In:* Kapur, N. (org.). *The Paradoxical Brain.* Cambridge: Cambridge University Press, 2011.

29. Northcraft, G. B. e Neale, M. A. "Experts, Amateurs, and Real Estate: An Anchoring-and-Adjustment Perspective on Property Pricing Decisions". *Organizational Behavior and Human Decision Processes*, 39 (1), 1987, p. 84-97.

30. Busey, T. A. e Parada, F. J. "The Nature of Expertise in Fingerprint Examiners". *Psychonomic Bulletin and Review*, 17 (2), 2010, p. 155-160.

31. Busey, T. A. e Vanderkolk, J. R. "Behavioral and Electrophysiological Evidence for Configural Processing in Fingerprint Experts". *Vision Research*, 45 (4), 2005, p. 431-448.

32. Dror, I. E. e Charlton, D. "Why Experts Make Errors". *Journal of Forensic Identification*, 56 (4), 2006, p. 600-616.

33. Dror, I. E.; Péron, A. E.; Hind, S.-L. e Charlton, D. "When Emotions Get the Better of Us: The Effect of Contextual Top-Down Processing on Matching Fingerprints". *Applied Cognitive Psychology*, 19 (6), 2005, p. 799-809.

34. Office of Inspector General. "A Review of the FBI's Handling of the Brandon Mayfield Case", p. 192.

35. Office of Inspector General. "A Review of the FBI's Handling of the Brandon Mayfield Case", p. 164.

36. Dror, I. E.; Morgan, R.; Rando, C. e Nakhaeizadeh, S. "The Bias Snowball and the Bias Cascade Effects: Two Distinct Biases That May Impact Forensic Decision Making". *Journal of Forensic Science*, 62 (3), 2017, p. 832-833.

37. Office of Inspector General. "A Review of the FBI's Handling of the Brandon Mayfield Case", p. 179.

38. Kershaw, S. "Spain at Odds on Mistaken Terror Arrest". *The New York Times*, 5 de junho de 2004. https://www.nytimes.com/2004/06/05/us/spain-and-us-at-odds-on-mistaken-terror-arrest.html.

39. Office of the Inspector General. "A Review of the FBI's Handling of the Brandon Mayfield Case", p. 52.

40. Dismukes, K.; Berman, B. A. e Loukopoulos, L. D. *The Limits of Expertise: Rethinking Pilot Error and the Causes of Airline Accidents*. Aldershot: Ashgate, 2007, p. 76-81.

41. National Transport Safety Board (NTSB). "Attempted Takeoff From Wrong Runway Comair Flight 5191, 27 August 2006". 2008. Relatório de acidente NTSB/AAR-07/05. Esse relatório cita o viés de confirmação explorado por Stephen Walmsley e Andrew Gilbey como uma das principais fontes do erro. Walmsley e Gilbey se inspiram nesse ponto em seu artigo.

42. Walmsley, S. e Gilbey, A. "Cognitive Biases in Visual Pilots' Weather-Related Decision Making". *Applied Cognitive Psychology*, 30 (4), 2016, p. 532-543.

43. Levinthal, D. e Rerup, C. "Crossing an Apparent Chasm: Bridging Mindful and Less-Mindful Perspectives on Organizational Learning". *Organization Science*, 17 (4), 2006, p. 502-513.

44. Kirkpatrick, G. "The Corporate Governance Lessons from the Financial Crisis". *OECD Journal: Financial Market Trends*, 2009 (1), 2009, p. 61-87.

45. Minton, B. A.; Taillard, J. P. e Williamson, R. "Financial Expertise of the Board, Risk Taking, and Performance: Evidence from Bank Holding Companies". *Journal of Financial and Quantitative Analysis*, 49 (2), 2014, p. 351-380. Juan Almandoz, na IESE Business School de Barcelona, e András Tilcsik, na Universidade de Toronto, identificaram os mesmos padrões nos membros do conselho e nos presidentes de bancos locais nos Estados Unidos. Assim como Williamson, eles perceberam que quanto mais especialistas o banco tinha no conselho, mais provável era que falhassem em momentos de incerteza, graças ao seu caráter defensivo, ao excesso de confiança e à falta de ideias alternativas. Almandoz, J. e Tilcsik, A. "When Experts Become Liabilities: Domain Experts on Boards and Organizational Failure". *Academy of Management Journal*, 59 (4), 2016, p. 1124-1149. Monika Czerwonka, da Warsaw School of Economics, constatou que investidores especialistas no mercado de ações são mais suscetíveis à falácia dos custos irrecuperáveis. Novamente, quanto maior a experiência, maior a vulnerabilidade. Rzeszutek, M.; Szyszka, A. e Czerwonka, M. "Investors' Expertise, Personality Traits and Susceptibility to Behavioral Biases in the Decision Making Process". *Contemporary Economics*, 9, 2015, p. 337-352.

46. Jennifer Mnookin, da UCLA, em *Fingerprints on Trial*, BBC World Service, 29 de março de 2011. https://www.bbc.co.uk/programmes/b00z5zyc.

47. Dror, I. E.; Thompson, W. C.; Meissner, C. A.; Kornfield, I.; Krane, D.; Saks, M. e Risinger, M. "Letter to the Editor – Context Management Toolbox: A Linear Sequential Unmasking (LSU) Approach for Minimizing Cognitive Bias in Forensic Decision Making". *Journal of Forensic Sciences*, 60 (4), 2015, p. 1111-1112.

CAPÍTULO 4

1. Brown, B. "Hot, Hot, Hot: The Summer of 1787". National Constitution Center blog, 2012. https://www.yahoo.com/news/hot-hot-hot-summer-1787-101008791.html.

2. Grande parte dos detalhes históricos da Constituição dos Estados Unidos devo a Isaacson, W. *Benjamin Franklin: An American Life*. Nova York: Simon & Schuster, 2003.

3. Franklin, B. "Carta a Thomas Jefferson, Filadélfia". Recuperada dos arquivos on-line de Franklin, cortesia da American Philosophical Society e da Universidade Yale, 19 de abril de 1787. https://franklinpapers.org/framedVolumes.jsp?vol=44&page=613.

4. Madison Debates. No projeto Avalon da Faculdade de Direito de Yale, 30 de junho de 1787. http://avalon.law.yale.edu/18th_century/debates_630.asp.

5. Madison Debates. No projeto Avalon da Faculdade de Direito de Yale, 17 de setembro de 1787. http://avalon.law.yale.edu/18th_century/debates_917.asp.

6. Isaacson, W. *Benjamin Franklin: An American Life*. Nova York: Simon & Schuster, 2003, p. 149.

7. Lynch, T. J.; Boyer, P. S.; Nichols, C. e Milne, D. *The Oxford Encyclopedia of American Military and Diplomatic History*. Nova York: Oxford University Press, 2003, p. 398.

8. A ata do clube de debates de Benjamin Franklin define a sabedoria como "o Conhecimento do que será melhor para nós em todas as Ocasiões e das melhores Maneiras de alcançar o que será melhor". Na ata também consta que nenhum homem é "sábio o Tempo todo e em relação a Tudo", embora

"alguns sejam sábios com muito mais frequência que outros" (*Proposals and Queries to Be Asked the Junto*, 1732).

9. Conversations on Wisdom: UnCut Interview with Valerie Tiberius, do Chicago Center for Practical Wisdom. https://www.youtube.com/watch?v=oFuT0yY2otw. Ver também Tiberius, V. Wisdom and Humility. *Annals of the New York Academy of Sciences*, 1384, 2016, p. 113-116.

10. Birren, J. E. e Svensson, C. M. *In:* Sternberg, R. e Jordan, J. (orgs.). *A Handbook of Wisdom: Psychological Perspectives*. Cambridge: Cambridge University Press, p. 12-13, 2005. Como apontam Birren e Svensson, no início os psicólogos preferiam enxergar a "psicofísica" – explorando, por exemplo, os elementos básicos da percepção – e teriam considerado a sabedoria complexa demais para ficar restrita a um laboratório. Assim, o tema foi evitado até o século XX, ausente em muitos livros importantes, entre os quais *An Intellectual History of Psychology* (Daniel Robinson, 1976) e *Handbook of General Psychology* (Benjamin Wolman, 1973).

11. Sternberg, R. J.; Bonney, C. R.; Gabora, L. e Merrifield, M. "WICS: A Model for College and University Admissions". *Educational Psychologist*, 47 (1), 2012, p. 30-41.

12. Grossmann, I. "Wisdom in Context". *Perspectives on Psychological Science*, 12 (2), 2017, p. 233-257.

13. Grossmann, I.; Na, J.; Varnum, M. E. W.; Kitayama, S. e Nisbett, R. E. "A Route to Well-Being: Intelligence vs. Wise Reasoning". *Journal of Experimental Psychology. General*, 142 (3), 2013, p. 944-953.

14. Bruine de Bruin, W.; Parker A. M. e Fischhoff B. "Individual Differences in Adult Decision-Making Competence". *Journal of Personality and Social Psychology*, 92 (5), 2007, p. 938-956.

15. Stanovich, K. E. E.; West, R. F. e Toplak, M. E. *The Rationality Quotient*. Cambridge, MA: MIT Press, 2016. Na mesma linha, vários estudos mostraram que o raciocínio de mente aberta – um componente importante da definição de sabedoria de Grossmann – traz mais bem-estar e felicidade. Também parece tornar as pessoas mais inquisitivas sobre riscos potenciais à saúde. Lambie, J. *How to Be Critically Open-Minded: A Psychological and Historical Analysis*. Basingstoke: Palgrave Macmillan, 2014, p. 89-90.

16. Ver http://wici.ca/new/wp-content/uploads/2016/06/curriculumvitae_grossmann.pdf.

17. Santos, H. C. e Grossmann, I. "Relationship of Wisdom-Related Attitudes and Subjective Well-Being over Twenty Years: Application of the Train-Preregister-Test (TPT) Cross-Validation Approach to Longitudinal Data". 2018. https://psyarxiv.com/f4thj.

18. Grossmann, I.; Gerlach, T. M. e Denissen, J. J. A. "Wise Reasoning in the Face of Everyday Life Challenges". *Social Psychological and Personality Science*, 7 (7), 2016, p. 611-622.

19. Franklin, B. *Autobiografia*. Campinas: Auster, 2019.

20. Carta de Benjamin Franklin a John Lining, 18 de março de 1775. Obtida no site dos US National Archives. https://founders.archives.gov/documents/Franklin/01-05-02-0149.

21. Lord, C. G.; Ross, L. e Lepper, M. R. "Biased Assimilation and Attitude Polarization: The Effects of Prior Theories on Subsequently Considered Evidence". *Journal of Personality and Social Psychology*, 37 (11), 1979, p. 2098-2109. Agradeço a Tom Stafford me indicar esse artigo e me oferecer sua interpretação dele, em texto para a BBC Future: Stafford, T. "How to Get People to Overcome Their Bias". 2017. http://www.bbc.com/future/story/20170131-why-wont-some-people-listen-to-reason.

22. Isaacson, W. *A Benjamin Franklin Reader*. Nova York: Simon & Schuster, 2003, p. 236.

23. Carta de Benjamin Franklin a Jonathan Williams Jr., 8 de abril de 1779. Obtida nos arquivos on-line de Franklin, cortesia da American Philosophical Society e da Universidade Yale. https://franklinpapers.org/framedVolumes.jsp?vol=24&page=391c.

24. Jonas, E.; Schulz-Hardt, S.; Frey, D. e Thelen, N. "Confirmation Bias in Sequential Information Search after Preliminary Decisions: An Expansion of Dissonance Theoretical Research on Selective Exposure to Information". *Journal of Personality and Social Psychology*, 80 (4), 2001, p. 557-571. Há também uma discussão sobre esse artigo e suas implicações na tomada de decisões em Church, I. *Intellectual Humility: An Introduction to the Philosophy and Science*. Bloomsbury, 2016, edição Kindle, localização 5.817-5.820.

25. Baron, J.; Gürçay, B. e Metz, S. E. "Reflection, Intuition, and Actively Open-Minded Thinking". *In:* Weller, J. e Toplak, M. E. (orgs.). *Individual Differences in Judgment and Decision Making from a Developmental Context*. Londres: Psychology Press, 2016.

26. Adame, B. J. "Training in the Mitigation of Anchoring Bias: A Test of the Consider-the-Opposite Strategy". *Learning and Motivation*, 53, 2016, p. 36-48.

27. Hirt, E. R.; Kardes, F. R. e Markman, K. D. "Activating a Mental Simulation Mind-Set Through Generation of Alternatives: Implications for Debiasing in Related and Unrelated Domains". *Journal of Experimental Social Psychology*, 40 (3), 2004, p. 374-383.

28. Chandon, P. e Wansink, B. "The Biasing Health Halos of Fast-Food Restaurant Health Claims: Lower Calorie Estimates and Higher Side-Dish Consumption Intentions". *Journal of Consumer Research*, 34 (3), 2007, p. 301-314.

29. Miller, A. K.; Markman, K. D.; Wagner, M. M. e Hunt, A. N. "Mental Simulation and Sexual Prejudice Reduction: The Debiasing Role of Counterfactual Thinking". *Journal of Applied Social Psychology*, 43 (1), 2013, p. 190-194.

30. Para uma avaliação minuciosa sobre a "consideração da estratégia oposta" e de seus benefícios psicológicos, ver Lambie, J. *How to Be Critically Open-Minded: A Psychological and Historical Analysis*. Basingstoke: Palgrave Macmillan, 2014, p. 82-86.

31. Herzog, S. M. e Hertwig, R. "The Wisdom of Many in One Mind: Improving Individual Judgments with Dialectical Bootstrapping". *Psychological Science*, 20 (2), 2009, p. 231-237.

32. O artigo a seguir examina mais a técnica: Fisher, M. e Keil, F. C. "The Illusion of Argument Justification". *Journal of Experimental Psychology: General*, 143 (1), 2014, p. 425-433.

33. Ver o artigo a seguir para uma revisão dessa pesquisa: Samuelson, P. L. e Church, I. M. "When Cognition Turns Vicious: Heuristics and Biases in Light of Virtue Epistemology". *Philosophical Psychology*, 28 (8), 2015, p. 1095-1113. O artigo a seguir explica os motivos pelos quais a responsabilização pode falhar se não nos sentirmos confortáveis o suficiente para compartilhar honestamente as fontes de nosso raciocínio: Mercier, H.; Boudry, M.; Paglieri, F. e Trouche, E. "Natural-born Arguers: Teaching How to Make the Best of Our Reasoning Abilities". *Educational Psychologist*, 52 (1), 2017, p. 1-16.

34. Middlekauf, R. *Benjamin Franklin and His Enemies*. Berkeley, CA: University of California Press, 1996, p. 57.

35. Suedfeld, P.; Tetlock, P. E. e Ramirez, C. "War, Peace, and Integrative Complexity: UN Speeches on the Middle East Problem, 1947-1976". *Journal of Conflict Resolution*, 21 (3), 1977, p. 427-442.

36. O psicólogo John Lambie faz uma análise detalhada desses estudos políticos e militares em Lambie, J. *How to Be Critically Open-minded*, p. 193-197.

37. Ver o seguinte artigo de Patricia Hogwood, estudiosa de políticas europeias na Universidade de Westminster: Hogwood, P. "The Angela Merkel Model – or How to Succeed in German Politics". *The Conversation*, 21 de setembro de 2017. https://theconversation.com/the-angela-merkel-model-or-how-to-succeed-in-german-politics-84442.

38. Packer, G. "The Quiet German: The Astonishing Rise of Angela Merkel, the Most Powerful Woman in the World". *New Yorker*, 1 de dezembro de 2014. https://www.newyorker.com/magazine/2014/12/01/quiet-german.

39. Parker, K. I. "Solomon as Philosopher King? The Nexus of Law and Wisdom in 1 Kings 1-11". *Journal for the Study of the Old Testament*, 17 (53), 1992, p. 75-91. Mais detalhes em: Hirsch, E. G. *et al. Solomon – Jewish Encyclopedia*, 1906. http://www.jewishencyclopedia.com/articles/13842-solomon.

40. Grossmann, I. e Kross, E. "Exploring Solomon's Paradox: Self-Distancing Eliminates the Self-Other Asymmetry in Wise Reasoning about Close Relationships in Younger and Older Adults". *Psychological Science*, 25 (8), 2014, p. 1571-1580.

41. Kross, E.; Ayduk, O. e Mischel, W. "When Asking 'Why' Does Not Hurt: Distinguishing Rumination from Reflective Processing of Negative Emotions". *Psychological Science*, 16 (9), 2005, p. 7009-7015.

42. Para uma ampla revisão dessa pesquisa, consulte Kross, E. e Ayduk, O. "Self--distancing". *Advances in Experimental Social Psychology*, 55, 2017, p. 81-136.

43. Streamer, L.; Seery, M. D.; Kondrak, C. L.; Lamarche V. M. e Saltsman, T. L. "Not I, But She: The Beneficial Effects of Self-Distancing on Challenge/Threat Cardiovascular Responses". *Journal of Experimental Social Psychology*, 70, 2017, p. 235-241.

44. Grossmann e Kross. "Exploring Solomon's Paradox".

45. Finkel, E. J.; Slotter, E. B.; Luchies, L. B.; Walton, G. M. e Gross, J. J. "A Brief Intervention to Promote Conflict Reappraisal Preserves Marital Quality Over Time". *Psychological Science*, 24 (8), 2013, p. 1595-1601.

46. Kross, E. e Grossmann, I. "Boosting Wisdom: Distance from the Self Enhances Wise Reasoning, Attitudes, and Behavior". *Journal of Experimental Psychology: General*, 141 (1), 2012, p. 43-48.

47. Grossmann, I. "Wisdom and How to Cultivate It: Review of Emerging Evidence for a Constructivist Model of Wise Thinking". *European Psychologist*, 22 (4), 2017, p. 233-246.

48. Reyna, V. F.; Chick, C. F.; Corbin, J. C. e Hsia, A. N. "Developmental Reversals in Risky Decision Making: Intelligence Agents Show Larger Decision Biases than College Students". *Psychological Science*, 25 (1), 2013, p. 76-84.

49. Consulte, por exemplo, Maddux, W. W.; Bivolaru, E.; Hafenbrack, A. C.; Tadmor, C. T. e Galinsky, A. D. "Expanding Opportunities by Opening Your Mind: Multicultural Engagement Predicts Job Market Success through Longitudinal Increases in Integrative Complexity". *Social Psychological and Personality Science*, 5 (5), 2014, p. 608-615.

50. Tetlock, P. e Gardner, D. *Superprevisões: a arte e a ciência de antecipar o futuro*. Rio de Janeiro: Objetiva, 2016.

51. Grossmann, I.; Karasawa, M.; Izumi, S.; Na, J.; Varnum, M. E. W.; Kitayama, S. e Nisbett, R. "Aging and Wisdom: Culture Matters". *Psychological Science*, 23 (10), 2012, p. 1059-1066.

52. Manuelo, E.; Kusumi, T.; Koyasu, M.; Michita, Y. e Tanaka, Y. *In*: Davies, M. e Barnett, R. (orgs.). *The Palgrave Handbook of Critical Thinking in Higher Education*. Nova York: Palgrave Macmillan, 2015, p. 299-315.

53. Consulte resenha crítica sobre o tema: Nisbett, R. E.; Peng, K.; Choi, I. e Norenzayan, A. "Culture and Systems of Thought: Holistic Versus Analytic Cognition". *Psychological Review*, 108 (2), 2001, p. 291-310; Markus, H. R. e Kitayama, S. "Culture and the Self: Implications for Cognition, Emotion, and Motivation". *Psychological Review*, 98 (2), 1991, p. 224-253; Henrich, J.; Heine, S. J. e Norenzayan, A. "Beyond WEIRD: Towards a Broad-based Behavioral Science". *Behavioral and Brain Sciences*, 33 (2-3), 2010, p. 111-135.

54. Para mais informações sobre a questão da individualidade no Japão (e, em particular, sobre o modo como ela é codificada na linguagem e na educação), ver Cave, P. *Primary School in Japan: Self, Individuality, and Learning in Elementary Education*. Abingdon, Inglaterra: Routledge, 2007, p. 31-43. E também: Smith, R. *Japanese Society: Tradition, Self, and the Social Order*. Cambridge: Cambridge University Press, 1983, p. 68-105.

55. Ver, por exemplo, Talhelm, T.; Zhang, X.; Oishi, S.; Shimin, C.; Duan, D.; Lan, X. e Kitayama, S. "Large-scale Psychological Differences Within China Explained by Rice Versus Wheat Agriculture". *Science*, 344 (6184), 2014, p. 603-608.

56. Henrich, Heine e Norenzayan, Beyond WEIRD.

57. Ver, por exemplo, Grossmann, I. e Kross, E. "The Impact of Culture on Adaptive Versus Maladaptive Self-reflection". *Psychological Science*, 21 (8), 2010, p. 1150-1157; Wu, S. e Keysar, B. "The Effect of Culture on Perspective Taking". *Psychological Science*, 18 (7), 2007, p. 600-606; Spencer-Rodgers, J.; Williams, M. J. e Peng, K. "Cultural Differences in Expectations of Change and Tolerance for Contradiction: A Decade of Empirical Research". *Personality and Social Psychology Review*, 14 (3), 2010, p. 296-312.

58. Reason, J. T.; Manstead, A. S. R. e Stradling, S. G. "Errors and Violation on the Roads: A Real Distinction?" *Ergonomics*, 33 (10-11), 1990, p. 1315-1332.

59. Heine, S. J. e Hamamura, T. "In Search of East Asian Self-enhancement". *Personality and Social Psychology Review*, 11 (1), 2007, p. 4-27.

60. Santos, H. C.; Varnum, M. E. e Grossmann, I. "Global Increases in Individualism". *Psychological Science*, 28 (9), 2017, p. 1228-1239. Ver também https://www.psychologicalscience.org/news/releases/individualistic-practices-and-values-increasing-around-the-world.html.

61. Franklin, B. "Carta a John Wright, 4 de novembro de 1789". Inédita, obtida em: https://franklinpapers.org/framedVolumes.jsp?vol=46&page=104.

62. Franklin, B. "Para Ezra Stiles, com declaração a respeito de sua crença religiosa, 9 de março de 1790". Obtida em: http://www.bartleby.com/400/prose/366.html.

CAPÍTULO 5

1. Kroc, R. e Anderson, R. *Fome de poder*. Barueri: Figurati, 2018.

2. Citado em Hastie, R. e Dawes, R. M. *Rational Choice in an Uncertain World: The Psychology of Judgment and Decision Making*. Thousand Oaks, CA: Sage, 2010, p. 66.

3. Damásio, A. *O erro de Descartes*. São Paulo: Companhia das Letras, 1996.

4. Isso também ocorria quando os participantes observavam fotografias com conteúdo pesado. Ao contrário da maioria, as pessoas com danos no lobo frontal não mostraram alteração na condutância da pele. Ver em Damásio, *O erro de Descartes*.

5. Kandasamy, N.; Garfinkel, S. N.; Page, L.; Hardy, B.; Critchley, H. D.; Gurnell, M. e Coates, J. M. "Interoceptive Ability Predicts Survival on a London Trading Floor". *Scientific Reports*, 6, 2016, 32986.

6. Werner, N. S.; Jung, K.; Duschek, S. e Schandry, R. "Enhanced Cardiac Perception Is Associated with Benefits in Decision-making". *Psychophysiology*, 46 (6), 2009, p. 1123-1129.

7. Kandasamy *et al.* "Interoceptive Ability Predicts Survival on a London Trading Floor".

8. Ernst, J.; Northoff, G.; Böker, H.; Seifritz, E. e Grimm, S. "Interoceptive Awareness Enhances Neural Activity during Empathy". *Human Brain Mapping*, 34 (7), 2013, p. 1615-1624; Terasawa, Y.; Moriguchi, Y.; Tochizawa, S. e Umeda, S. "Interoceptive Sensitivity Predicts Sensitivity to the Emotions of Others". *Cognition and Emotion*, 28 (8), 2014, p. 1435-1448.

9. Chua, E. F. e Bliss-Moreau, E. "Knowing Your Heart and Your Mind: The Relationships between Metamemory and Interoception". *Consciousness and Cognition*, 45, 2016, p. 146-158.

10. Umeda, S.; Tochizawa, S.; Shibata, M. e Terasawa, Y. "Prospective Memory Mediated by Interoceptive Accuracy: A Psychophysiological Approach". *Philosophical Transactions of the Royal Society B*, 371 (1708), 2016, 20160005.

11. Kroc e Anderson. *Fome de poder*. Barueri: Figurati, 2018. Ver também "Schupack v. McDonald's System, Inc.", em que Kroc é citado sobre presságios que sente na pele: https://law.justia.com/cases/nebraska/supreme-court/1978/41114-1.html.

12. Hayashi, A. M. "When to Trust Your Gut". *Harvard Business Review*, 79 (2), 2001, p. 59-65. Ver também a fascinante discussão sobre criatividade e intuição de Eugene Sadler-Smith em Sadler-Smith, E. *Mente intuitiva: o poder do sexto sentido no dia a dia e nos negócios*. São Paulo: Évora, 2013.

13. Feldman Barrett relata essa história em seu ótimo livro *How Emotions Are Made*. Londres: Pan Macmillan, 2017, p. 30-31. E escrevi sobre essa obra na

BBC Future: http://www.bbc.com/future/story/20171012-how-emotions-can-trick-your-mind-and-body.

14. Redelmeier, D. A. e Baxter, S. D. "Rainy Weather and Medical School Admission Interviews". *Canadian Medical Association Journal*, 181 (12), 2009, p. 933.

15. Schnall, S.; Haidt, J.; Clore, G. L. e Jordan, A. H. "Disgust as Embodied Moral Judgment". *Personality and Social Psychology Bulletin*, 34 (8), 2008, p. 1096-1109.

16. Lerner, J. S.; Li, Y.; Valdesolo, P. e Kassam, K. S. "Emotion and Decision Making". *Annual Review of Psychology*, 2015, p. 66.

17. Esta citação foi extraída do TED Talk de Lisa Feldman Barrett em Cambridge, 2018. https://www.youtube.com/watch?v=ZYAEh3T5a80.

18. Seo, M. G. e Barrett, L. F. "Being Emotional During Decision Making – Good or Bad? An Empirical Investigation". *Academy of Management Journal*, 50 (4), 2007, p. 923-940.

19. Cameron, C. D.; Payne, B. K. e Doris, J. M. "Morality in High Definition: Emotion Differentiation Calibrates the Influence of Incidental Disgust on Moral Judgments". *Journal of Experimental Social Psychology*, 49 (4), 2013, p. 719-725. Ver também Fenton-O'Creevy, M.; Soane, E.; Nicholson, N. e Willman, P. "Thinking, Feeling and Deciding: The Influence of Emotions on the Decision Making and Performance of Traders". *Journal of Organizational Behavior*, 32 (8), 2011, p. 1044-1061.

20. Ver Füstös, J.; Gramann, K.; Herbert, B. M. e Pollatos, O. "On the Embodiment of Emotion Regulation: Interoceptive Awareness Facilitates Reappraisal". *Social Cognitive and Affective Neuroscience*, 8 (8), 2012, p. 911-917. Ver também Kashdan, T. B.; Barrett, L. F. e McKnight, P. E. "Unpacking Emotion Differentiation: Transforming Unpleasant Experience by Perceiving Distinctions in Negativity". *Current Directions in Psychological Science*, 21 (1), 2015, p. 10-16.

21. Ver também Alkozei, A.; Smith, R.; Demers, L. A.; Weber, M.; Berryhill, S. M. e Killgore, W. D. "Increases in Emotional Intelligence after an Online Training Program Are Associated with Better Decision-Making on the Iowa Gambling Task". *Psychological Reports*, 2018, 0033294118771705.

22. Bruine de Bruin, W.; Strough, J. e Parker, A. M. "Getting Older Isn't All That Bad: Better Decisions and Coping When Facing 'Sunk Costs'". *Psychology and Aging*, 29 (3), 2014, p. 642.

23. Miu, A. C. e Crişan, L. G. "Cognitive Reappraisel Reduces the Susceptibility to the Framing Effect in Economic Decision Making". *Personality and Individual Differences*, 51 (4), 2011, p. 478-482.

24. Halperin, E.; Porat, R.; Tamir, M. e Gross, J. J. "Can Emotion Regulation Change Political Attitudes in Intractable Conflicts? From the Laboratory to the Field". *Psychological Science*, 24 (1), 2013, p. 106-111.

25. Grossmann, I. e Oakes, H. "Wisdom of Yoda and Mr. Spock: The Role of Emotions and the Self". 2017. https://psyarxiv.com/jy5em.

26. Ver, por exemplo: Hill, C. L. e Updegraff, J. A. "Mindfulness and Its Relationship to Emotional Regulation". *Emotion*, 12 (1), 2012, p. 81; Daubenmier, J.; Sze, J.; Kerr, C. E.; Kemeny, M. E. e Mehling, W. "Follow Your Breath: Respiratory Interoceptive Accuracy in Experienced Meditators". *Psychophysiology*, 50 (8), 2013, p. 777-789; Fischer, D.; Messner, M. e Pollatos, O. "Improvement of Interoceptive Processes after an 8-Week Body Scan Intervention". *Frontiers in Human Neuroscience*, 11, 2017, p. 452; Farb, N. A.; Segal, Z. V. e Anderson, A. K. "Mindfulness Meditation Training Alters Cortical Representations of Interoceptive Attention". *Social Cognitive and Affective Neuroscience*, 8 (1), 2012, p. 15-26.

27. Hafenbrack, A. C.; Kinias, Z. e Barsade, S. G. "Debiasing the Mind through Meditation: Mindfulness and the Sunk-Cost Bias". *Psychological Science*, 25 (2), 2014, p. 369-376.

28. Para um estudo aprofundado dos benefícios da *mindfulness* na tomada de decisões, ver: Karelaia, N. e Reb, J. "Improving Decision Making through Mindfulness". *In:* Reb, J. e Atkins, P. (orgs.). *Mindfulness in Organizations*. Cambridge: Cambridge University Press, 2014; Hafenbrack, A. C. "Mindfulness Meditation as an On-the-Spot Workplace Intervention". *Journal of Business Research*, 75, 2017, p. 118-129.

29. Lakey, C. E.; Kernis, M.H.; Heppner, W. L. e Lance, C. E. "Individual Differences in Authenticity and Mindfulness as Predictors of Verbal Defensiveness". *Journal of Research in Personality*, 42 (1), 2008, p. 230-238.

30. Reitz, M.; Chaskalson, M.; Olivier, S. e Waller, L. *The Mindful Leader*. Hult Research, 2016. Retirado do link: https://mbsr.co.uk/userfiles/Publications/Mindful-Leader-Report-2016-updated.pdf.

31. Kirk, U.; Downar, J. e Montague, P. R. "Interoception Drives Increased

Rational Decision-Making in Meditators Playing the Ultimatum Game". *Frontiers in Neuroscience*, 5, 2011, 49.

32. Yurtsever, G. "'Negotiators' Profit Predicted by Cognitive Reappraisal, Suppression of Emotions, Misrepresentation of Information, and Tolerance of Ambiguity". *Perceptual and Motor Skills*, 106 (2), 2008, p. 590-608.

33. Schirmer-Mokwa, K. L.; Fard, P. R.; Zamorano, A. M.; Finkel, S.; Birbaumer, N. e Kleber, B. A. "Evidence for Enhanced Interoceptive Accuracy in Professional Musicians". *Frontiers in Behavioral Neuroscience*, 9, 2015, p. 349; Christensen, J. F.; Gaigg, S. B. e Calvo-Merino, B. "I Can Feel My Heartbeat: Dancers Have Increased Interoceptive Accuracy". *Psychophysiology*, 55 (4), 2018, e13008.

34. Cameron, C. D.; Payne, B. K. e Doris, J. M. "Morality in High Definition: Emotion Differentiation Calibrates the Influence of Incidental Disgust on Moral Judgments". *Journal of Experimental Social Psychology*, 49 (4), 2013, p. 719-725.

35. Kircanski, K.; Lieberman, M. D. e Craske, M. G. "Feelings into Words: Contributions of Language to Exposure Therapy". *Psychological Science*, 23 (10), 2012, p. 1086-1091.

36. De acordo com o dicionário Merriam-Webster's, a primeira vez que a palavra apareceu escrita em inglês foi em 1992, na *London Magazine*, mas só recentemente passou a ser mais usada: https://www.merriamwebster.com/words-at-play/hangry.

37. Zadie Smith nos oferece outra lição sobre diferenciação emocional neste ensaio sobre a alegria – uma "estranha mistura de terror, dor e prazer" – e as razões pelas quais ela não deve ser confundida com o prazer. Além de ser uma leitura surpreendente, o ensaio ilustra perfeitamente as maneiras como podemos analisar com cuidado nossos sentimentos e seus efeitos sobre nós. Smith, Z. Joy. *New York Review of Books*, 60 (1), 2013, p. 4.

38. Di Stefano, G.; Gino, F.; Pisano, G. P. e Staats, B. R. "Making Experience Count: The Role of Reflection in Individual Learning". 2016. http://dx.doi.org/10.2139/ssrn.2414478.

39. Citado em Pavlenko, A. *The Bilingual Mind*. Cambridge: Cambridge University Press, 2014, p. 282.

40. Keysar, B.; Hayakawa, S. L. e An, S. G. "The Foreign-language Effect: Thinking in a Foreign Tongue Reduces Decision Biases". *Psychological Science*, 23 (6), 2012, p. 661-668.

41. Costa, A.; Foucart, A.; Arnon, I.; Aparici, M. e Apesteguia, J. "'Piensa' Twice: On the Foreign Language Effect in Decision Making". *Cognition*, 130 (2), 2014, p. 236-254. Ver também Gao, S.; Zika, O.; Rogers, R. D. e Thierry, G. "Second Language Feedback Abolishes the 'Hot Hand' Effect during Even--Probability Gambling". *Journal of Neuroscience*, 35 (15), 2015, p. 5983-5989.

42. Caldwell-Harris, C. L. "Emotionality Differences between a Native and Foreign Language: Implications for Everyday Life". *Current Directions in Psychological Science*, 24 (3), 2015, p. 214-219.

43. Leia mais sobre esses benefícios no artigo de Amy Thompson, professora de linguística aplicada na Universidade do Sul da Flórida: Thompson, A. "How Learning a New Language Improves Tolerance". *The Conversation*, 12 de dezembro de 2016. https://theconversation.com/how-learning-a--new-language-improves-tolerance-68472.

44. Newman-Toker, D. E. e Pronovost, P. J. "Diagnostic Errors – The Next Frontier for Patient Safety". *Journal of the American Medical Association*, 301 (10), 2009, p. 1060-1062.

45. Andrade, J. "What Does Doodling Do?" *Applied Cognitive Psychology*, 24 (1), 2010, p. 100-106.

46. Ver a interpretação de Silvia Mamede desses resultados (e de similares) em Mamede, S. e Schmidt, H. G. "Reflection in Medical Diagnosis: A Literature Review". *Health Professions Education*, 3 (1), 2017, p. 15-25.

47. Schmidt, H. G.; Van Gog, T.; Schuit, S. C.; Van den Berge, K.; Van Daele, P. L.; Bueving, H.; Van der Zee, T.; Van der Broek, W. W.; Van Saase, J. L. e Mamede, S. "Do Patients' Disruptive Behaviours Influence the Accuracy of a Doctor's Diagnosis? A Randomised Experiment". *BMJ Quality & Safety*, 26 (1), 2017, p. 19-23.

48. Schmidt, H. G.; Mamede, S.; Van den Berge, K.; Van Gog, T.; Van Saase, J. L. e Rikers R.M. "Exposure to Media Information about a Disease Can Cause Doctors to Misdiagnose Similar-Looking Clinical Cases". *Academic Medicine*, 89 (2), 2014, p. 285-291.

49. Para uma discussão mais aprofundada sobre esse novo entendimento sobre a expertise e a necessidade de os médicos pensarem mais devagar, ver Moulton, C. A.; Regehr G.; Mylopoulos M. e MacRae, H. M. "Slowing Down When You Should: A New Model of Expert Judgment". *Academic Medicine*, 89 (suplemento 10), 2007, p. S109-116.

50. Casey, P.; Burke, K. e Leben, S. "Minding the Court: Enhancing the Decision-Making Process". *International Journal for Court Administration*, 5(1), 2013. http://aja.ncsc.dni.us/pdfs/Minding-the-Court.pdf.

51. Os quatro primeiros estágios desse modelo são geralmente atribuídos a Noel Burch, da Gordon Training International.

52. A ideia de "competência reflexiva" foi proposta originalmente por David Baume, pesquisador em educação da Open University, Inglaterra, que descreveu como os especialistas precisam ser capazes de analisar e articular seus métodos para transmiti-los a outros. Mas o médico Pat Croskerry também usa o termo para descrever o quinto estágio da expertise, no qual os especialistas podem finalmente reconhecer as origens dos próprios vieses.

CAPÍTULO 6

1. "Bananas and Flesh-eating Disease". Snopes.com. http://www.snopes.com/medical/disease/bananas.asp.

2. Forster, K. "Revealed: How Dangerous Fake News Conquered Facebook". *The Independent*, 7 de janeiro de 2017. https://www.independent.co.uk/life-style/health-and-families/health-news/fake-news-health-facebook--cruel-damaging-social-media-mike-adams-natural-health-ranger-conspiracy-a7498201.html.

3. Binding, L. "India Asks WhatsApp to Curb Fake News Following Spate of Lynchings". Sky News Online, 24 de julho de 2018. https://news.sky.com/story/india-asks-whatsapp-to-curb-fake-news-following-spate-of--lynchings-11425849.

4. Dewey, J. *How We Think*. Mineola, NY: Dover Publications, 1910, p. 101.

5. Galliford, N. e Furnham, A. "Individual Difference Factors and Beliefs in Medical and Political Conspiracy Theories". *Scandinavian Journal of Psychology*, 58 (5), 2017, p. 422-428.

6. Ver, por exemplo: Kitai, E.; Vinker, S.; Sandiuk, A.; Hornik, O.; Zeltcer, C. e Gaver, A. "Use of Complementary and Alternative Medicine among Primary Care Patients". *Family Practice*, 15 (5), 1998, p. 411-414; Molassiotis, A. *et al.* "Use of Complementary and Alternative Medicine in Cancer Patients: A European Survey". *Annals of Oncology*, 16 (4), 2005, p. 655-663.

7. "Yes, We Have No Infected Bananas". CBC News, 6 de março de 2000. http://www.cbc.ca/news/canada/yes-we-have-no-infected-bananas-1.230298.

8. Rabin, N. "Interview with Stephen Colbert". *The Onion*, 2006. https://tv.avclub.com/stephen-colbert-1798208958.

9. Song, H. e Schwarz, N. "Fluency and the Detection of Misleading Questions: Low Processing Fluency Attenuates the Moses Illusion". *Social Cognition*, 26 (6), 2008, p. 791-799.

10. Essa pesquisa está resumida nos seguintes artigos: Schwarz, N. e Newman, E. J. "How Does the Gut Know Truth? The Psychology of 'Truthiness'". *APA Science Brief*, 2017. http://www.apa.org/science/about/psa/2017/08/gut-truth.aspx; Schwarz, N.; Newman, E. e Leach, W. "Making the Truth Stick & the Myths Fade: Lessons from Cognitive Psychology". *Behavioral Science & Policy*, 2 (1), 2016, p. 85-95. Ver também Silva, R. R.; Chrobot, N.; Newman, E.; Schwarz, N. e Topolinski, S. "Make It Short and Easy: Username Complexity Determines Trustworthiness Above and Beyond Objective Reputation". *Frontiers in Psychology*, 8, 2017, p. 2200.

11. Wu, W.; Moreno, A. M.; Tangen, J. M. e Reinhard, J. "Honeybees can discriminate between Monet and Picasso paintings". *Journal of Comparative Physiology A*, 199 (1), 2013, p. 45-55; Carlström, M. e Larsson, S. C. "Coffee consumption and reduced risk of developing type 2 diabetes: a systematic review with meta-analysis". *Nutrition Reviews*, 76 (6), 2018, p. 395-417; Olszewski, M. e Ortolano, R. "Knuckle cracking and hand osteoarthritis". *The Journal of the American Board of Family Medicine*, 24 (2), 2011, p. 169-174.

12. Newman, E. J.; Garry, M.; Bernstein, D. M. *et al*. "Nonprobative Words (or Photographs) Inflate Truthiness". *Psychonomic Bulletin and Review*, 19 (5), 2012, p. 969-974.

13. Weaver, K.; Garcia, S. M.; Schwarz, N. e Miller, D. T. "Inferring the Popularity of an Opinion from Its Familiarity: A Repetitive Voice Can Sound Like a Chorus". *Journal of Personality and Social Psychology*, 92 (5), 2007, p. 821-833.

14. Weisbuch, M. e Mackie, D. "False Fame, Perceptual Clarity, or Persuasion? Flexible Fluency Attribution in Spokesperson Familiarity Effects". *Journal of Consumer Psychology*, 19 (1), 2009, p. 62-72.

15. Fernandez-Duque, D.; Evans, J.; Christian, C. e Hodges, S. D. "Superfluous Neuroscience Information Makes Explanations of Psychological Phenomena More Appealing". *Journal of Cognitive Neuroscience*, 27 (5), 2015, p. 926-944.

16. Proctor, R. *Golden Holocaust: Origins of the Cigarette Catastrophe and the Case for Abolition*. Berkeley, CA: University of California Press, 2011, p. 292.

17. Ver o artigo a seguir para uma discussão mais aprofundada sobre esse efeito: Schwarz, N.; Sanna, L. J.; Skurnik, I. e Yoon, C. "Metacognitive Experiences and the Intricacies of Setting People Straight: Implications for Debiasing and Public Information Campaigns". *Advances in Experimental Social Psychology*, 39, 2007, p. 127-161. Ver também: Pluviano, S.; Watt, C. e Della Sala, S. "Misinformation Lingers in Memory: Failure of Three Pro-Vaccination Strategies". *PLOS One*, 12 (7), 2017, e0181640.

18. Glum, J. "Some Republicans Still Think Obama Was Born in Kenya as Trump Resurrects Birther Conspiracy Theory". *Newsweek*, 11 de novembro de 2017. http://www.newsweek.com/trump-birther-obama-poll-republicans-kenya-744195.

19. Lewandowsky, S.; Ecker, U. K.; Seifert, C. M.; Schwarz, N. e Cook, J. "Misinformation and its Correction: Continued Influence and Successful Debiasing". *Psychological Science in the Public Interest*, 13 (3), 2012, p. 106-131.

20. Cook, J. e Lewandowsky, S. *The Debunking Handbook*. https://www.climatechangecommunication.org/wp-content/uploads/2021/01/DebunkingHandbook2020-Portuguese.pdf.

21. NHS Choices. "10 Myths about the Flu and Flu Vaccine". https://www.nhs.uk/Livewell/winterhealth/Pages/Flu-myths.aspx.

22. Smith, I. M. e MacDonald, N. E. "Countering Evidence Denial and the Promotion of Pseudoscience in Autism Spectrum Disorder". *Autism Research*, 10 (8), 2017, p. 1334-1337.

23. Pennycook, G.; Cheyne, J. A.; Koehler, D. J. *et al*. "Is the Cognitive Reflection Test a Measure of Both Reflection and Intuition?". *Behavior Research Methods*, 48 (1), 2016, p. 341-348.

24. Pennycook, G. "Evidence That Analytic Cognitive Style Influences Religious Belief: Comment on Razmyar and Reeve". *Intelligence*, 43, 2014, p. 21-26.

25. Boa parte do trabalho sobre o Teste de Reflexão Cognitiva foi resumido no seguinte artigo: Pennycook, G.; Fugelsang, J. A. e Koehler, D. J. "Everyday Consequences of Analytic Thinking". *Current Directions in Psychological Science*, 24 (6), 2015, p. 425-432.

26. Pennycook, G.; Cheyne, J. A.; Barr, N.; Koehler, D. J. e Fugelsang, J. A. "On the Reception and Detection of Pseudo-Profound Bullshit". *Judgment and Decision Making*, 10 (6), 2015, p. 549-563.

27. Pennycook, G. e Rand, D. G. "Lazy, Not Biased: Susceptibility to Partisan Fake News Is Better Explained by Lack of Reasoning than By Motivated Reasoning". *Cognition*, 2018. https://doi.org.10.1016/j.cognition.2018.06.011. Consulte também Pennycook, G. e Rand, D. G. "Who Falls for Fake News? The Roles of Bullshit Receptivity, Overclaiming, Familiarity, and Analytic Thinking". *Cognition*, 188, 2019, p. 39-50. https://dx.doi.org/10.2139/ssrn.3023545.

28. Swami, V.; Voracek, M.; Stieger, S.; Tran, U. S. e Furnham, A. "Analytic Thinking Reduces Belief in Conspiracy Theories". *Cognition*, 133 (3), 2014, p. 572-585. Esse método de formação do pensamento analítico também pode reduzir as crenças religiosas e o pensamento paranormal: Gervais, W. M. e Norenzayan, A. "Analytic Thinking Promotes Religious Disbelief". *Science*, 336 (6080), 2012, p. 493-496.

29. Muito antes de a forma moderna do Teste de Reflexão Cognitiva ter sido inventada, psicólogos tinham notado que talvez fosse possível levar as pessoas a serem mais críticas sobre as informações que recebiam. Em 1987 os participantes receberam perguntas só aparentemente triviais, com respostas enganosas e tentadoras. O processo eliminou o excesso de confiança num teste subsequente, ajudando-os a calibrar a confiança com base em seu conhecimento verdadeiro. Arkes, H. R.; Christensen, C.; Lai, C. e Blumer, C. "Two Methods of Reducing Overconfidence". *Organizational Behavior and Human Decision Processes*, 39 (1), 1987, p. 133-144.

30. Fitzgerald, C. J. e Lueke, A. K. "Mindfulness Increases Analytical Thought and Decreases Just World Beliefs". *Current Research in Social Psychology*, 24 (8), 2017, p. 80-85.

31. Robinson admitiu que os nomes não tinham sido verificados. Hebert, H. J. "Odd Names Added to Greenhouse Plea". Associated Press, 1 de maio de 1998. https://apnews.com/aec8beea85d7fe76fc9cc77b8392d79e.

32. Cook, J.; Lewandowsky, S. e Ecker, U. K. "Neutralizing Misinformation through Inoculation: Exposing Misleading Argumentation Techniques Reduces Their Influence". *PLOS One*, 12 (5), 2017, e0175799.

33. Mais evidências em Roozenbeek, J. e Van der Linden, S. "The Fake News Game: Actively Inoculating against the Risk of Misinformation". *Journal of Risk Research*, 2018. DOI: 10.1080/13669877.2018.1443491.

34. McLaughlin, A. C. e McGill, A. E. "Explicitly Teaching Critical Thinking Skills in a History Course". *Science and Education*, 26 (1-2), 2017, p. 93-105. Para uma discussão mais aprofundada sobre os benefícios da inoculação na educação, ver Schmaltz, R. e Lilienfeld, S. O. "Hauntings, Homeopathy, and the Hopkinsville Goblins: Using Pseudoscience to Teach Scientific Thinking". *Frontiers in Psychology*, 5, 2014, p. 336.

35. Rowe, M. P.; Gillespie, B. M.; Harris, K. R.; Koether, S.D.; Shannon, L. J. Y. e Rose, L. A. "Redesigning a General Education Science Course to Promote Critical Thinking". *CBE-Life Sciences Education*, 14 (3), 2015, ar30.

36. Ver, por exemplo: Butler, H. A. "Halpern Critical Thinking Assessment Predicts Real-World Outcomes of Critical Thinking". *Applied Cognitive Psychology*, 26 (5), 2012, p. 721-729; Butler, H. A.; Pentoney, C. e Bong, M. P. "Predicting Real-World Outcomes: Critical Thinking Ability Is a Better Predictor of Life Decisions than Intelligence". *Thinking Skills and Creativity*, 25, 2017, p. 38-46.

37. Ver Arum, R. e Roksa, J. *Academically Adrift: Limited Learning on College Campuses*. Chicago, IL: University of Chicago Press, 2011.

38. "Louisiana's Latest Assault on Darwin". Editorial. *The New York Times*, 21 de junho de 2008. https://www.nytimes.com/2008/06/21/opinion/21sat4.html.

39. Kahan, D. M. "The Politically Motivated Reasoning Paradigm, Part 1: What Politically Motivated Reasoning Is and How to Measure It". *Emerging Trends in the Social and Behavioral Sciences: An Interdisciplinary, Searchable, and Linkable Resource*, 2016. Doi: 10.1002/97811189000772.

40. Hope, C. "Campaigning Against GM Crops Is 'Morally Unacceptable', Says Former Greenpeace Chief". *Daily Telegraph*, 8 de junho de 2015. https://www.telegraph.co.uk/news/earth/agriculture/crops/11661016/Campaigning-against-GM-crops-is-morally-unacceptable-says-former-Greenpeace-chief.html.

41. Shermer, M. *Por que as pessoas acreditam em coisas estranhas*. São Paulo: JSN, 2011.

42. Exemplo: https://www.skeptic.com/eskeptic/05-05-03.

43. "Curso básico de Ceticismo – recomendações curriculares". https://www.skeptic.com/downloads/Skepticism101-How-to-Think-Like-a-Scientist.pdf.

44. Para mais informações, ver Shermer, M. *Cérebro e crença*. São Paulo: JSN, 2012.

CAPÍTULO 7

1. Feynman, R. *Só pode ser brincadeira, Sr. Feynman! As excêntricas aventuras de um físico*. Rio de Janeiro: Intrínseca, 2019.

2. Essa interpretação vem de uma entrevista com um ex-aluno de Feynman: Wai, J. "A Polymath Physicist on Richard Feynman's 'Low' IQ and Finding another Einstein". *Psychology Today*, 2001. https://www.psychologytoday.com/blog/finding-the-next-einstein/201112/polymath-physicist-richard-feynmans-low-iq-and-finding-another.

3. Gleick, J. *Genius: Richard Feynman and Modern Physics*. Londres: Abacus, 1992, p. 30-35, edição Kindle.

4. Gleick, J. "Richard Feynman Dead at 69: Leading Theoretical Physicist". *The New York Times*, 17 de fevereiro de 1988. http://www.nytimes.com/1988/02/17/obituaries/richard-feynman-dead-at-69-leading-theoretical-physicist.html?pagewanted=all.

5. Prêmio Nobel de Física de 1965: https://www.nobelprize.org/nobel_prizes/physics/laureates/1965.

6. Kac, M. *Enigmas of Chance: An Autobiography*. Berkeley: University of California Press, 1987, p. xxv.

7. Gleick, J. "Richard Feynman Dead at 69".

8. Feynman, R. P. *The Pleasure of Finding Things Out*. Nova York: Perseus Books, 1999, p. 3.

9. Feynman, R. P. (org.). *Don't You Have Time to Think*. Londres: Penguin, 2006, p. 414.

10. Darwin, C. *Life and Letters of Charles Darwin (Vol. I)*. Krill Press via PublishDrive. https://charles-darwin.classic-literature.co.uk/the-life-and-letters-of-charles-darwin-volume-i/ebook-page-42.asp.

11. Darwin, C. (org.). *Selected Letters on Evolution and Natural Selection*. Nova York: Dover Publications, 1958, p. 9.

12. Engel, S. "Children's Need to Know: Curiosity in Schools". *Harvard Educational Review*, 81 (4), 2011, p. 625-645.

13. Engel, S. *The Hungry Mind*. Cambridge: Harvard University Press, 2015, p. 3.

14. Von Stumm, S.; Hell, B. e Chamorro-Premuzic, T. "The Hungry Mind: Intellectual Curiosity Is the Third Pillar of Academic Performance". *Perspectives on Psychological Science*, 6 (6), 2011, p. 574-588.

15. Engel. S. "Children's Need to Know".

16. Gruber, M. J.; Gelman, B. D. e Ranganath, C. "States of Curiosity Modulate Hippocampus-Dependant Learning via the Dopaminergic Circuit". *Neuron*, 84 (2), 2014, p. 486-496. Um estudo anterior a esse, menos detalhado, chegara às mesmas conclusões: Kang, M. J.; Hsu, M.; Krajbich, I. M.; Loewenstein, G.; McClure, S. M.; Wang, J. T. Y. e Camerer, C. F. "The Wick in the Candle of Learning: Epistemic Curiosity Activates Reward Circuitry and Enhances Memory". *Psychological Science*, 20 (8), 2009, p. 963-973.

17. Hardy III, J. H.; Ness, A. M. e Mecca, J. "Outside the Box: Epistemic Curiosity as a Predictor of Creative Problem Solving and Creative Performance". *Personality and Individual Differences*, 104, 2017, p. 230-237.

18. Leonard, N. H. e Harvey, M. "The Trait of Curiosity as a Predictor of Emotional Intelligence". *Journal of Applied Social Psychology*, 37 (8), 2007, p. 1914-1929.

19. Sheldon, K. M.; Jose, P. E.; Kashdan, T. B. e Jarden, A. "Personality, Effective Goal-Striving, and Enhanced Well-Being: Comparing 10 Candidate Personality Strengths". *Personality and Social Psychology Bulletin*, 41 (4), 2015, p. 575-585.

20. Kashdan, T. B.; Gallagher, M. W.; Silvia, P. J.; Winterstein, B. P.; Breen, W. E.; Terhar, D. e Steger, M. F. "The Curiosity and Exploration Inventory-II: Development, Factor Structure, and Psychometrics". *Journal of Research in Personality*, 43 (6), 2009, p. 987-998.

21. Krakovsky, M. "The Effort Effect". *Stanford Alumni*: https://alumni.stanford.edu/get/page/magazine/article/?article_id=32124.

22. Trei, L. "New Study Yields Instructive Results on How Mindset Affects Learning". Stanford News. https://news.stanford.edu/news/2007/february7/dweck-020707.html.

23. Publicado pela equipe da *Harvard Business Review* em 2014. "How Companies Can Profit From a 'Growth Mindset'". *Harvard Business Review*: https://hbr.org/2014/11/how-companies-can-profit-from-a-growth-mindset.

24. Nesse sentido, um estudo recente descobriu que estudantes talentosos correm mais risco de ter uma mentalidade fixa: Esparza, J.; Shumow, L.

e Schmidt, J. A. "Growth Mindset of Gifted Seventh Grade Students in Science". *NCSSSMST Journal*, 19 (1), 2014, p. 6-13.

25. Dweck, C. *Mindset: Changing the Way You Think to Fulfill Your Potential*. Londres: Robinson, 2012, p. 17-18; p. 234-239.

26. Mangels, J. A.; Butterfield, B.; Lamb, J.; Good, C. e Dweck, C. S. "Why Do Beliefs about Intelligence Influence Learning Success? A Social Cognitive Neuroscience Model". *Social Cognitive and Affective Neuroscience*, 1 (2), 2006, p. 75-86.

27. Claro, S.; Paunesku, D. e Dweck, C. S. "Growth Mindset Tempers the Effects of Poverty on Academic Achievement". *Proceedings of the National Academy of Sciences*, 113 (31), 2016, p. 8664-8668.

28. Para verificar evidências concretas dos benefícios dos *mindsets*, ver a metanálise a seguir, que avaliou 113 estudos sobre o tema: Burnette, J. L.; O'Boyle, E. H.; VanEpps, E. M.; Pollack, J. M. e Finkel, E. J. "Mind-sets Matter: A Meta-Analytic Review of Implicit Theories and Self-regulation". *Psychological Bulletin*, 139 (3), 2013, p. 655-701.

29. A citação vem de Roberts, R. e Kreuz, R. *Becoming Fluent: How Cognitive Science Can Help Adults Learn a Foreign Language*. Cambridge: MIT Press, 2015, p. 26-27.

30. Ver, por exemplo, Rustin, S. "New Test for 'Growth Mindset', the Theory That Anyone Who Tries Can Succeed". 10 de maio de 2016, *The Guardian*. https://www.theguardian.com/education/2016/may/10/growth-mindset-research-uk-schools-sats.

31. Brummelman, E.; Thomaes, S.; Orobio de Castro, B.; Overbeek, G. e Bushman, B. J. "'That's Not Just Beautiful – That's Incredibly Beautiful!' The Adverse Impact of Inflated Praise on Children with Low Self-esteem". *Psychological Science*, 25 (3), 2014, p. 728-735.

32. Dweck, C. *Mindset*. Londres: Robinson, 2012, p. 180-186; p. 234-239. Ver também: Haimovitz, K. e Dweck, C. S. "The Origins of Children's Growth and Fixed Mindsets: New Research and a New Proposal". *Child Development*, 88 (6), 2017, p. 1849-1859.

33. Frank, R. "Billionare Sara Blakely Says Secret to Success Is Failure". Entrevista à CNBC em 16 de outubro de 2013: https://www.cnbc.com/2013/10/16/billionaire-sara-blakely-says-secret-to-success-is-failure.html.

34. Ver, por exemplo, Paunesku, D.; Walton, G. M.; Romero, C.; Smith, E. N.; Yeager, D. S. e Dweck, C. S. "Mind-set Interventions Are a Scalable Treatment for Academic Underachievement". *Psychological Science*, 26 (6), 2015, p. 784-793. Para mais evidências da eficácia das intervenções, ver a metanálise em: Lazowski, R. A. e Hulleman, C. S. "Motivation Interventions in Education: A Meta-Analytic Review". *Review of Educational Research*, 86 (2), 2016, p. 602-640.

35. Consultar, por exemplo, o estudo a seguir, que encontrou um efeito pequeno, porém significativo: Sisk, V. F.; Burgoyne, A. P.; Sun, J.; Butler, J. L.; Macnamara, B. N. "To What Extent and Under Which Circumstances Are Growth Mind-Sets Important to Academic Achievement? Two Meta-Analyses". *Psychological Science*, 2018. https://doi.org/10.1177/0956797617739704. A interpretação dos resultados ainda é discutida. De modo geral, parece que o *mindset* de crescimento é mais relevante quando os estudantes se sentem vulneráveis ou ameaçados – o que indica que as intervenções seriam mais eficazes em crianças vindas de lares menos favorecidos, por exemplo. Por mais que as intervenções únicas possam gerar benefícios, tudo indica que um programa mais regular de intervenções seria necessário para assegurar efeitos prolongados. Sobre este ponto, ver Orosz, G.; Péter-Szarka, S.; Bőthe, B.; Tóth-Király, I. e Berger, R. "How Not to Do a Mindset Intervention: Learning From a Mindset Intervention among Students with Good Grades". *Frontiers in Psychology*, 8, 2017, p. 311. Uma análise independente pode ser encontrada no blog da British Psychological Society: https://digest.bps.org.uk/2018/03/23/this-cheap-brief-growth-mindset-intervention-shifted-struggling-students-onto-a-more-successful-trajectory/.

36. Feynman, R. P. e Feynman, M. *Don't You Have Time to Think?* Londres: Penguin, 2006.

37. Esse episódio é narrado com mais detalhes no livro de memórias de Feynman. *Só pode ser brincadeira, Sr. Feynman!* Rio de Janeiro: Intrínseca, 2019.

38. Feynman e Feynman. *Don't You Have Time to Think?*, p. xxi.

39. Feynman, R. *Nobel Lectures, Physics 1963-1970*. Amsterdã: Elsevier, 1972. https://www.nobelprize.org/nobel_prizes/physics/laureates/1965/feynman-lecture.html.

40. Kahan, D. M.; Landrum, A.; Carpenter, K.; Helft, L. e Hall Jamieson, K. "Science Curiosity and Political Information Processing". *Political Psychology*, 38 (S1), 2017, p. 179-199.

41. Kahan, D. "Science Curiosity and Identity-Protective Cognition... A Glimpse

at a Possible (Negative) Relationship". Publicado em 2016 no blog Cultural Cognition Project: http://www.culturalcognition.net/blog/2016/2/25/science-curiosity-and-identity-protective-cognition-a-glimps.html.

42. Porter, T. e Schumann, K. "Intellectual Humility and Openness to the Opposing View". *Self and Identity*, 17 (2), 2017, p. 1-24. Curiosamente, Igor Grossmann encontrou resultados semelhantes em um de seus estudos mais recentes: Brienza, J. P.; Kung, F. Y. H.; Santos, H. C.; Bobocel, D. R. e Grossmann, I. "Wisdom, Bias, and Balance: Toward a Process-Sensitive Measurement of Wisdom-Related Cognition". *Journal of Personality and Social Psychology*, 2017. http://dx.doi.org/10.1037/pspp0000171.

43. Brienza; Kung; Santos; Bobocel e Grossmann. "Wisdom, Bias, and Balance".

44. Feynman, R. P. *The Quotable Feynman*. Princeton: Princeton University Press, 2015, p. 283.

45. Morgan, E. S. *Benjamin Franklin*. New Haven: Yale University Press, 2003, p. 6.

46. Friend, T. "Getting On". *New Yorker,* 13 de novembro de 2017. https://www.newyorker.com/magazine/2017/11/20/why-ageism-never-gets-old/amp.

47. Friedman, T. L. "How to Get a Job at Google". *The New York Times,* 22 de fevereiro de 2014. https://www.nytimes.com/2014/02/23/opinion/sunday/friedman-how-to-get-a-job-at-google.html.

CAPÍTULO 8

1. Outros detalhes do relato podem ser encontrados nos primeiros trabalhos de Stigler, como: Stevenson, H. W. e Stigler, J. W. *The Learning Gap*. Nova York: Summit Books, 1992, p. 16.

2. Waldow, F.; Takayama, K. e Sung, Y. K. "Rethinking the Pattern of External Policy Referencing: Media Discourses Over the 'Asian Tigers' PISA Success in Australia, Germany and South Korea". *Comparative Education*, 50 (3), 2014, p. 302-321.

3. Baddeley, A. D. e Longman, D. J. A. "The Influence of Length and Frequency of Training Session on the Rate of Learning to Type". *Ergonomics*, 21 (8), 1978, p. 627-635.

4. Rohrer, D. "Interleaving Helps Students Distinguish Among Similar Concepts". *Educational Psychology Review*, 24 (3), 2012, p. 355-367.

5. Ver, por exemplo: Kornell, N.; Hays, M.J. e Bjork, R. A. "Unsuccessful Retrieval Attempts Enhance Subsequent Learning". *Journal of Experimental Psychology: Learning, Memory, and Cognition*, 35 (4), 2012, p. 989; DeCaro, M. S. "Reverse the Routine: Problem Solving Before Instruction Improves Conceptual Knowledge in Undergraduate Physics". *Contemporary Educational Psychology*, 52, 2018, p. 36-47; Clark, C. M. e Bjork, R. A. "When and Why Introducing Difficulties and Errors Can Enhance Instruction". *In:* Benassi, V. A.; Overson, C. E. e Hakala, C. M. (orgs.). *Applying Science of Learning in Education: Infusing Psychological Science into the Curriculum.* Washington: Society for the Teaching of Psychology, 2014, p. 20-30.

6. Ver, por exemplo: Kapur, M. "Productive Failure in Mathematical Problem Solving". *Instructional Science*, 38 (6), 2010, p. 523-550; Overoye, A. L. e Storm, B. C. "Harnessing the Power of Uncertainty to Enhance Learning". *Translational Issues in Psychological Science*, 1 (2), 2015, p. 140.

7. Ver a discussão proposta por Susan Engel sobre o trabalho de Ruth Graner e Rachel Brown em Engel, S. *The Hungry Mind.* Cambridge: Harvard University Press, 2015, p. 118.

8. Para uma análise detalhada dessas ilusões metacognitivas, consultar os seguintes artigos: Bjork, R. A.; Dunlosky, J. e Kornell, N. "Self-regulated Learning: Beliefs, Techniques, and Illusions". *Annual Review of Psychology*, 64, 2013, p. 417-444; Yan, V. X.; Bjork, E. L. e Bjork, R. A. "On the Difficulty of Mending Metacognitive Illusions: A Priori Theories, Fluency Effects, and Misattributions of the Interleaving Benefit". *Journal of Experimental Psychology: General*, 145 (87), 2016, p. 918-933.

9. Para saber mais sobre os resultados, consultar pesquisas de Stigler, como: Hiebert, J. e Stigler, J. W. "The Culture of Teaching: A Global Perspective". *In: International Handbook of Teacher Quality and Policy.* Abingdon, Inglaterra: Routledge, 2017, p. 62-75; Stigler, J. W. e Hiebert, J. *The Teaching Gap: Best Ideas from the World's Teachers for Improving Education in the Classroom.* Nova York: Simon & Schuster, 2009.

10. Park, H. "Japanese and Korean High Schools and Students in Comparative Perspective". *In: Quality and Inequality of Education.* Amsterdã: Springer, 2010, p. 255-273.

11. Hiebert e Stigler. "The Culture of Teaching".

12. Para uma discussão mais aprofundada sobre essas ideias, ver Byrnes, J. P. e Dunbar, K. N. "The Nature and Development of Critical-analytic Thinking". *Educational Psychology Review*, 26 (4), 2014, p. 477-493.

13. Para mais dados sobre as comparações interculturais, ver Davies, M. e Barnett, R. (orgs.). *The Palgrave Handbook of Critical Thinking in Higher Education*. Amsterdã: Springer, 2015.

14. Uma análise detalhada sobre esse trabalho pode ser encontrada em: Spencer-Rodgers, J.; Williams, M. J. e Peng, K. "Cultural Differences in Expectations of Change and Tolerance for Contradiction: A Decade of Empirical Research". *Personality and Social Psychology Review*, 14 (3), 2010, p. 296-312.

15. Rowe, M. B. "Wait Time: Slowing Down May Be a Way of Speeding Up!". *Journal of Teacher Education*, 37 (1), 1986, p. 43-50.

16. Langer, E. *The Power of Mindful Learning*. Massachusetts: Addison-Wesley, 1997, p. 18.

17. Ritchhart, R. e Perkins, D. N. "Life in the Mindful Classroom: Nurturing the Disposition of Mindfulness". *Journal of Social Issues*, 56 (1), 2000, p. 27-47.

18. Ainda que Langer tenha sido o primeiro a identificar os benefícios da ambiguidade no ambiente educacional, outros cientistas também apresentaram resultados significativos. Robert S. Siegler e Xiaodong Lin, por exemplo, descobriram que as crianças conseguem aprender melhor temas como matemática e física quando instruídas a pensar sobre as respostas *certas* e as respostas *erradas* para os problemas, já que isso as ajuda a elaborar alternativas estratégicas e identificar modelos que podem ser descartados. Sobre o tema, ver Siegler, R. S. e Lin, X. "Self-explanations Promote Children's Learning". *In:* Borkowski, J. G.; Waters, H. S. e Schneider, W. (orgs.) *Metacognition, Strategy Use, and Instruction*. Nova York: Guilford, 2010, p. 86-113.

19. Langer, E. *The Power of Mindful Learning*, p. 29. Ver também Overoye, A. L. e Storm, B. C. "Harnessing the Power of Uncertainty to Enhance Learning". *Translational Issues in Psychological Science*, 1 (2), 2015, p. 140. Por último, Engel, S. "Children's Need to Know: Curiosity in Schools". *Harvard Educational Review*, 81 (4), 2011, p. 625-645.

20. Brackett, M. A.; Rivers, S. E.; Reyes, M. R. e Salovey, P. "Enhancing Academic Performance and Social and Emotional Competence with the RULER Feeling Words Curriculum". *Learning and Individual Differences*, 22 (2),

2012, p. 218-224. Ver também Jacobson, D.; Parker, A.; Spetzler, C.; De Bruin, W. B.; Hollenbeck, K.; Heckerman, D. e Fischhoff, B. "Improved Learning in US History and Decision Competence with Decision-focused Curriculum". *PLOS One*, 7 (9), 2012, e45775.

21. Um estudo indica que níveis mais altos de humildade intelectual podem erradicar por completo diferenças de desempenho acadêmico entre alunos: Hu, J.; Erdogan, B.; Jiang, K.; Bauer, T. N. e Liu, S. "Leader Humility and Team Creativity: The Role of Team Information Sharing, Psychological Safety, and Power Distance". *Journal of Applied Psychology*, 103 (3), 2018, p. 313.

22. Para consultar as fontes dessas sugestões, ver: Bjork, Dunlosky e Kornell. "Self-regulated Learning". Ver também Soderstrom, N. C. e Bjork, R. A. "Learning Versus Performance: An Integrative Review". *Perspectives on Psychological Science*, 10 (2), 2015, p. 176-199. Por último, Benassi, V. A.; Overson, C. E. e Hakala, C. M. (orgs.). *Applying Science of Learning in Education: Infusing Psychological Science into the Curriculum.* American Psychological Association.

23. Para uma análise mais detalhada, consultar o post da psicóloga e musicista Christine Carter: https://bulletproofmusician.com/why-the-progress-in-the-practice-room-seems-to-disappear-overnight.

24. Langer, E.; Russel, T. e Eisenkraft, N. "Orchestral Performance and the Footprint of Mindfulness". *Psychology of Music*, 37 (2), 2009, p. 125-136.

25. Esses dados estão publicados no site da IVA: http://www.ivalongbeach.org/academics/curriculum/61-academics/test-scores-smarter-balanced.

CAPÍTULO 9

1. Taylor, D. "England Humiliated as Iceland Knock Them Out of Euro 2016". *The Guardian*, 27 de junho de 2016. https://www.theguardian.com/football/2016/jun/27/england-iceland-euro-2016-match-report.

2. Ver, por exemplo. http://www.independent.co.uk/sport/football/international/england-vs-iceland-steve-mcclaren-reaction-goal-euro-2016-a7106896.html.

3. Taylor, D. "England Humiliated as Iceland Knock Them Out of Euro 2016".

4. Wall, K. "Iceland Wins Hearts at Euro 2016 as Soccer's Global Underdog". *Time*, 27 de junho de 2016. https://time.com/4383403/iceland-soccer-euro-2016-england.

5. Zeileis, A.; Leitner, C. e Hornik, K. "Predictive Bookmaker Consensus Model for the UEFA Euro 2016". *Working Papers in Economics and Statistics*. 2016-15. https://www.econstor.eu/bitstream/10419/146132/1/859777529.pdf.

6. Woolley, A. W.; Aggarwal, I. e Malone, T. W. "Collective Intelligence and Group Performance". *Current Directions in Psychological Science*, 24 (6), 2015, p. 420-424.

7. Wuchty, S.; Jones, B. F. e Uzzi, B. "The Increasing Dominance of Teams in Production of Knowledge". *Science*, 316 (5827), 2007, p. 1036-1039.

8. Woolley, A. W.; Chabris, C. F.; Pentland, A.; Hashmi, N. e Malone, T. W. "Evidence for a Collective Intelligence Factor in the Performance of Human Groups". *Science*, 330 (6004), 2010, p. 686-688.

9. Engel, D.; Woolley, A. W.; Jing, L. X.; Chabris, C. F. e Malone, T. W. "Reading the Mind in the Eyes or Reading between the Lines? Theory of Mind Predicts Collective Intelligence Equally Well Online and Face-to-face". *PLOS One*, 9 (12), 2014, ee115212.

10. Mayo, A. T. e Woolley, A. W. "Teamwork in Health Care: Maximizing Collective Intelligence via Inclusive Collaboration and Open Communication". *AMA Journal of Ethics*, 18 (9), 2016, p. 933-940.

11. Woolley, Aggarwal e Malone. "Collective Intelligence and Group Performance". 2015.

12. Kim, Y. J.; Engel, D.; Woolley, A.W.; Lin, J. Y. T.; McArthur, N. e Malone, T. W. "What Makes a Strong Team? Using Collective Intelligence to Predict Team Performance in League of Legends". *Proceedings of the 2017 ACM Conference on Computer Supported Cooperative Work and Social Computing*. Nova York: ACM, 2017, p. 2316-2329.

13. Ver, por exemplo, Ready, D. A. e Conger, J. A. "Make Your Company a Talent Factory". *Harvard Business Review*, 85(6), 2007, p. 68-77. O artigo a seguir também oferece pesquisas originais, além de uma discussão mais ampla sobre nossa preferência por "talento" em detrimento do trabalho em equipe: Swaab, R. I.; Schaerer, M.; Anicich, E. M.; Ronay, R. e Galinsky, A. D. "The Too-much-talent Effect: Team Interdependence Determines

When More Talent Is Too Much or Not Enough". *Psychological Science*, 25(8), 2014, p. 1581-1591. Consulte também Alvesson, M. e Spicer, A. *The Stupidity Paradox: The Power and Pitfalls of Functional Stupidity at Work*. Londres: Profile, 2016, edição Kindle, localização 1.492-1.504.

14. Trabalho feito em colaboração com Cameron Anderson, na Universidade da Califórnia, Berkeley: Hildreth, J. A. D. e Anderson, C. "Failure at the Top: How Power Undermines Collaborative Performance". *Journal of Personality and Social Psychology*, 110 (2), 2016, p. 261-286.

15. Greer, L. L.; Caruso, H. M. e Jehn, K. A. "The Bigger They Are, The Harder They Fall: Linking Team Power, Team Conflict, and Performance". *Organizational Behavior and Human Decision Processes*, 116 (1), 2011, p. 116-128.

16. Groysberg, B.; Polzer, J. T. e Elfenbein, H. A. "Too Many Cooks Spoil the Broth: How High-Status Individuals Decrease Group Effectiveness". *Organization Science*, 22 (3), 2011, p. 722-737.

17. Kishida, K. T.; Yang, D.; Quartz, K. H.; Quartz, S. R. e Montague, P. R. "Implicit Signals in Small Group Settings and Their Impact on the Expression of Cognitive Capacity and Associated Brain Responses". *Philosophical Transactions of the Royal Society B*. 367 (1589), 2012, p. 704-716.

18. "Group Settings Can Diminish Expressions of Intelligence, Especially among Women". Virginia Tech Carilion Research Institute. https://www.sciencedaily.com/releases/2012/01/120122201215.htm.

19. Galinsky, A. e Schweitzer, M. "The Problem of Too Much Talent". *The Atlantic*, 2015. https://www.theatlantic.com/business/archive/2015/09/hierarchy-friend-foe-too-much-talent/401150.

20. Swaab, R. I.; Schaerer, M.; Anicich, E. M.; Ronay, R. e Galinsky, A. D. "The Too-much-talent Effect". 2014.

21. Herbert, I. "England vs Iceland: Too Wealthy, Too Famous, Too Much Ego – Joe Hart Epitomises Everything That's Wrong". *The Independent*, 27 de junho de 2016. http://www.independent.co.uk/sport/football/international/england-vs-iceland-reaction-too-rich-toofamous-too-much-ego-joe-hart-epitomises-everything-that-is-a7106591.html.

22. Roberto, M. A. "Lessons From Everest: The Interaction of Cognitive Bias, Psychological Safety, and System Complexity". *California Management Review*, 45 (1), 2002, p. 136-158.

23. https://www.pbs.org/wgbh/pages/frontline/everest/stories/leadership.html.

24. Schwartz, S. "The 7 Schwartz Cultural Value Orientation Scores for 80 Countries". 2008. doi: 10.13140/RG.2.1.3313.3040.

25. Anicich, E. M.; Swaab, R. I. e Galinsky, A. D. "Hierarchical cultural values predict success and mortality in high-stakes teams". *Proceedings of the National Academy of Sciences*, 112 (5), 2015, p. 1338-1343.

26. Jang, S. "Cultural Brokerage and Creative Performance in Multicultural Teams". *Organization Science*, 28 (6), 2017, p. 993-1009.

27. Ou, A. Y.; Waldman, D. A. e Peterson, S. J. "Do Humble CEOs Matter? An Examination of CEO Humility and Firm Outcomes". *Journal of Management*, 44 (3), 2015, p. 1147-1173. Para uma discussão mais aprofundada sobre os benefícios dos líderes humildes e as razões pelas quais geralmente não valorizamos a humildade deles, ver: Mayo, M. "If Humble People Make the Best Leaders, Why Do We Fall for Charismatic Narcissists?". *Harvard Business Review*, 2017. https://hbr.org/2017/04/if-humble-people-make-the-best-leaders-why-do-we-fall-for-charismatic-narcissists; Heyden, M. L. M. e Hayward, M. "It's Hard to Find a Humble CEO: Here's Why". *The Conversation*, 2017. https://theconversation.com/its-hard-to-find-a-humble-ceo-heres-why-81951; Rego, A.; Owens, B.; Leal, S.; Melo, A. I.; Cunha, M. P.; Gonçalves, L. e Ribeiro, P. "How Leader Humility Helps Teams to Be Humbler, Psychologically Stronger, and More Effective: A Moderated Mediation Model". *The Leadership Quarterly*, 28 (5), 2017, p. 639-658.

28. Cable, D. "How Humble Leadership Really Works". *Harvard Business Review*, 23 de abril de 2018. https://hbr.org/2018/04/how-humble-leadership-really-works.

29. Rieke, M.; Hammermeister, J. e Chase, M. "Servant Leadership in Sport: A New Paradigm for Effective Coach Behavior". *International Journal of Sports Science & Coaching*, 3 (2), 2008, p. 227-239.

30. Abdul-Jabbar, K. *Coach Wooden and Me: Our 50-YearFriendship On and Off the Court*. Nova York: Grand Central, 2017. O artigo a seguir traz uma discussão mais aprofundada sobre o estilo de treinamento de Wooden e as lições que ele pode ensinar aos líderes empresariais: Riggio, R. E. "The Leadership of John Wooden". Blog da *Psychology Today*, 2010. https://www.psychologytoday.com/us/blog/cutting-edge-leadership/201006/the-leadership-john-wooden.

31. Ames, N. "Meet Heimir Hallgrimsson, Iceland's Co-manager and Practicing Dentist". Blog da ESPN, 13 de junho de 2016. http://www.espn.com/soccer/club/iceland/470/blog/post/2879337/meet-heimir-hallgrimsson-icelands-co-manager-and-practicing-dentist.

CAPÍTULO 10

1. Ver, por exemplo: Izon, D.; Danenberger, E. P. e Mayes, M. "Absence of Fatalities in Blowouts Encouraging in MMS Study of OCS Incidents 1992-2006". *Drilling Contractor*, 63 (4), 2007, p. 84-89; Gold, R. e Casselman, B. "Drilling Process Attracts Scrutiny in Rig Explosion". *Wall Street Journal*, 30, 30 de abril de 2010.

2. https://www.theguardian.com/environment/2010/dec/07/transocean-oil-rig-north-sea-deepwater-horizon.

3. Vaughan, A. "BP's Deepwater Horizon Bill Tops $65bn". *The Guardian*, 16 de janeiro de 2018. https://www.theguardian.com/business/2018/jan/16/bps-deepwater-horizon-bill-tops-65bn.

4. Barstow, D.; Rohde, D. e Saul, S. "Deepwater Horizon's Final Hours". *The New York Times*, 25 de dezembro de 2010. http://www.nytimes.com/2010/12/26/us/26spill.html; Goldenberg, S. "BP Had Little Defence against a Disaster, Federal Investigation Says". *The Guardian*, 8 de novembro de 2010. https://www.theguardian.com/environment/2010/nov/08/bp-little-defence-deepwater-disaster.

5. Spicer, A. *Making a World View? Globalisation Discourse in a Public Broadcaster*. Tese de mestrado. Department of Management, Universidade de Melbourne, 2004. https://minerva-access.unimelb.edu.au/handle/11343/35838.

6. Alvesson, M. e Spicer, A. *The Stupidity Paradox: The Power and Pitfalls of Functional Stupidity at Work*. Londres: Profile, 2016, edição Kindle, localização 61-67.

7. Alvesson e Spicer, *The Stupidity Paradox*, 2016, edição Kindle, localização 192-198.

8. Grossman, Z. "Strategic Ignorance and the Robustness of Social Preferences". *Management Science*, 60 (11), 2014, p. 2659-2665.

9. Spicer escreveu mais sobre essa pesquisa no *The Conversation*: Spicer, A. "'Fail Early, Fail Often' Mantra Forgets Entrepreneurs Fail to Learn". 2015. https://theconversation.com/fail-early-fail-often-mantra-forgets-entrepreneurs-fail-to-learn-51998.

10. Huy, Q. e Vuori, T. "Who Killed Nokia? Nokia Did". *INSEAD Knowledge*, 2015. https://knowledge.insead.edu/strategy/who-killed-nokia-nokia-did-4268; Vuori, T. O. e Huy, Q. N. "Distributed Attention and Shared Emotions in the Innovation Process: How Nokia Lost the Smartphone Battle". *Administrative Science Quarterly*, 2016, 61 (1), p. 9-51.

11. Grossmann, I. "Wisdom in Context". *Perspectives on Psychological Science*, 12 (2), 2017, p. 233-257; Staw, B. M.; Sandelands, L. E. e Dutton, J. E. "Threat Rigidity Effects in Organizational Behavior: A Multilevel Analysis". *Administrative Science Quarterly*, 26 (4), 1981, p. 501-524.

12. Apresentação de slides disponível em: https://www.slideshare.net/reed2001/culture-1798664.

13. Feynman, R. "Report of the Presidential Commission on the Space Shuttle Challenger Accident". 1986, volume 2, apêndice F. https://engineering.purdue.edu/~aae519/columbialoss/feynman-rogersrpt-app-f.pdf.

14. Dillon, R. L. e Tinsley, C. H. "How Near-misses Influence Decision Making under Risk: A Missed Opportunity for Learning". *Management Science*, 54(8), 2008, p. 1425-1440.

15. Tinsley, C. H.; Dillon, R. L. e Madsen, P. M. "How to Avoid Catastrophe". *Harvard Business Review*, 89 (4), 2011, p. 90-97.

16. Accord, H. e Camry, T. "Near-misses and Failure (Part 1)". *Harvard Business Review*, 89 (4), 2013, p. 90-97.

17. Cole, R. E. "What Really Happened to Toyota?" *MIT Sloan Management Review*, 2011, 52 (4).

18. Cole, "What Really Happened to Toyota?"

19. Dillon, R. L.; Tinsley, C. H.; Madsen, P. M. e Rogers, E. W. "Organizational Correctives for Improving Recognition of Near-miss Events". *Journal of Management*, 42 (3), 2016, p. 671-697.

20. Tinsley, Dillon e Madsen, "How to Avoid Catastrophe".

21. Dillon, Tinsley, Madsen e Rogers, "Organizational Correctives for Improving Recognition of Near-miss Events".

22. Reader, T. W. e O'Connor, P. "The Deepwater Horizon Explosion: Non-Technical Skills, Safety Culture, and System Complexity". *Journal of Risk Research*, 17 (3), 2014, p. 405-424. Ver também: House of Representatives Committee on Energy and Commerce, Subcommittee on Oversight and Investigations, 25 de maio de 2010, Memorandum "Key Questions Arising From Inquiry into the Deepwater Horizon Gulf of Mexico Oil Spill". http://www.washingtonpost.com/wp-srv/photo/homepage/memo_bp_waxman.pdf.

23. Tinsley, C. H.; Dillon, R. L. e Cronin, M. A. "How Near-Miss Events Amplify or Attenuate Risky Decision Making". *Management Science*, 58 (9), 2012, p. 1596-1613.

24. Tinsley, Dillon e Madsen, "How to Avoid Catastrophe".

25. Comissão Nacional sobre vazamento de óleo da BP Deepwater Horizon. *Deep Water: The Gulf Oil Disaster and the Future of Offshore Drilling*. 2011, p. 224. https://www.gpo.gov/fdsys/pkg/GPO-OILCOMMISSION/pdf/GPO-OILCOMMISSION.pdf.

26. Deepwater Horizon Study Group. "Final Report on the Investigation of the Macondo Well Blowout". Center for Catastrophic Risk Management, University of California at Berkeley, 2011. https://higherlogicdownload.s3.amazonaws.com/SPE/a6c2d780-4741-4804-b4e0-010e4812ddc0/UploadedImages/2016/DHSGFinalReport-March2011-tag.pdf .

27. Weick, K. E.; Sutcliffe, K. M. e Obstfeld, D. "Organizing for High Reliability: Processes of Collective Mindfulness". *Crisis Management*, 3(1), 2008, p. 31-66. "Explicações em linguagem clara das características das organizações conscientes também foram inspiradas no artigo a seguir: Sutcliffe, K. M. High Reliability Organizations (HROs). *Best Practice and Research Clinical Anaesthesiology*, 25 (2), 2011, p. 133-144.

28. Bronstein, S. e Drash, W. "Rig Survivors: BP Ordered Shortcut on Day of Blast". CNN, 2010. http://edition.cnn.com/2010/US/06/08/oil.rig.warning.signs/index.html.

29. "The Loss of USS Thresher (SSN-593)". 2014. http://ussnautilus.org/blog/the-loss-of-uss-thresher-ssn-593.

30. Comissão Nacional sobre vazamento de óleo da BP Deepwater Horizon. *Deep Water: The Gulf Oil Disaster and the Future of Offshore Drilling.* 2011, p. 229. https://www.gpo.gov/fdsys/pkg/GPO-OILCOMMISSION/pdf/GPO-OILCOMMISSION.pdf.

31. Cochrane, B. S.; Hagins Jr.; M.; Picciano, G.; King, J. A.; Marshall, D. A.; Nelson, B. e Deao, C. "High Reliability in Healthcare: Creating the Culture and Mindset for Patient Safety". *Healthcare Management Forum*, 30 (2), 2017, p. 61-68.

32. Ver um exemplo no artigo a seguir: Roberts, K. H.; Madsen, P.; Desai, V. e Van Stralen, D. "A Case of the Birth and Death of a High Reliability Healthcare Organisation". *BMJ Quality & Safety*, 14 (3), 2005, p. 216-220. Outra discussão sobre o tema em: Sutcliffe, K. M.; Vogus, T. J. e Dane, E. "Mindfulness in Organizations: A Cross-level Review". *Annual Review of Organizational Psychology and Organizational Behavior*, 3, 2016, p. 55-81.

33. Dweck, C. "Talent: How Companies Can Profit From a 'Growth Mindset'". *Harvard Business Review*, 92 (11), 2014, p. 7.

34. Comissão Nacional sobre Vazamento de Óleo da BP Deepwater Horizon. *Deep Water*, p. 237.

35. Carter, J. P. "The Transformation of the Nuclear Power Industry". *IEEE Power and Energy Magazine*, 4 (6), 2006, p. 25-33.

36. Koch, W. "Is Deepwater Drilling Safer, 5 Years after Worst Oil Spill?". *National Geographic*, 20 de abril de 2015. https://www.nationalgeographic.com/science/article/150420-bp-gulf-oil-spill-safety-five-years-later. Ver também o seguinte artigo para uma discussão sobre a autorregulação do setor de petróleo e os motivos pelos quais ela não é comparável à INPO: "An Update on Self-Regulation in the Oil Drilling Industry". *George Washington Journal of Energy and Environmental Law*, 2012. https://gwjeel.com/2012/02/08/an-update-on-self-regulation-in-the-oil-drilling-industry.

37. Beyer, J.; Trannum, H. C.; Bakke, T.; Hodson, P. V. e Collier, T. K. "Environmental Effects of the Deepwater Horizon Oil Spill: A Review". *Marine Pollution Bulletin*, 110 (1), 2016, p. 28-51.

38. Lane, S. M. *et al.* "Reproductive Outcome and Survival of Common Bottlenose Dolphins Sampled in Barataria Bay, Louisiana, USA, Following the Deepwater Horizon Oil Spill". *Proceedings of the Royal Society B*, 282 (1818), novembro de 2015, 20151944.

39. Jamail, D. "Gulf Seafood Deformities Alarm Scientists". Al Jazeera.com, 20 de abril de 2012. https://www.aljazeera.com/indepth/features/2012/04/201241682318260912.html.

EPÍLOGO

1. Além do material abordado nos capítulos 1, 7 e 8, consulte: Jacobson, D.; Parker, A.; Spetzler, C.; De Bruin, W. B.; Hollenbeck, K.; Heckerman, D. e Fischhoff, B. "Improved Learning in US History and Decision Competence with Decision-focused Curriculum". *PLOS One*, 7 (9), 2012, e45775.

2. Owens, B. P.; Johnson, M. D. e Mitchell, T. R. "Expressed Humility in Organizations: Implications for Performance, Teams, and Leadership". *Organization Science*, 24 (5), 2013, p. 1517-1538.

3. Sternberg, R. J. "Race to Samarra: The Critical Importance of Wisdom in the World Today". *In:* Sternberg, R. J. e Glueck, J. (orgs.). *Cambridge Handbook of Wisdom*. Nova York: Cambridge University Press, 2019. 2. ed.

4. Howell, L. "Digital Wildfires in a Hyperconnected World". *WEF Report*, 3, 2013, p. 15-94.

5. Wang, H. e Li, J. "How Trait Curiosity Influences Psychological Well-Being and Emotional Exhaustion: The Mediating Role of Personal Initiative". *Personality and Individual Differences*, 75, 2015, p. 135-140.

CONHEÇA ALGUNS DESTAQUES DE NOSSO CATÁLOGO

- Augusto Cury: Você é insubstituível (2,8 milhões de livros vendidos), Nunca desista de seus sonhos (2,7 milhões de livros vendidos) e O médico da emoção
- Dale Carnegie: Como fazer amigos e influenciar pessoas (16 milhões de livros vendidos) e Como evitar preocupações e começar a viver
- Brené Brown: A coragem de ser imperfeito – Como aceitar a própria vulnerabilidade e vencer a vergonha (900 mil livros vendidos)
- T. Harv Eker: Os segredos da mente milionária (3 milhões de livros vendidos)
- Gustavo Cerbasi: Casais inteligentes enriquecem juntos (1,2 milhão de livros vendidos) e Como organizar sua vida financeira
- Greg McKeown: Essencialismo – A disciplinada busca por menos (700 mil livros vendidos) e Sem esforço – Torne mais fácil o que é mais importante
- Haemin Sunim: As coisas que você só vê quando desacelera (700 mil livros vendidos) e Amor pelas coisas imperfeitas
- Ana Claudia Quintana Arantes: A morte é um dia que vale a pena viver (650 mil livros vendidos) e Pra vida toda valer a pena viver
- Ichiro Kishimi e Fumitake Koga: A coragem de não agradar – Como se libertar da opinião dos outros (350 mil livros vendidos)
- Simon Sinek: Comece pelo porquê (350 mil livros vendidos) e O jogo infinito
- Robert B. Cialdini: As armas da persuasão (500 mil livros vendidos)
- Eckhart Tolle: O poder do agora (1,2 milhão de livros vendidos)
- Edith Eva Eger: A bailarina de Auschwitz (600 mil livros vendidos)
- Cristina Núñez Pereira e Rafael R. Valcárcel: Emocionário – Um guia lúdico para lidar com as emoções (800 mil livros vendidos)
- Nizan Guanaes e Arthur Guerra: Você aguenta ser feliz? – Como cuidar da saúde mental e física para ter qualidade de vida
- Suhas Kshirsagar: Mude seus horários, mude sua vida – Como usar o relógio biológico para perder peso, reduzir o estresse e ter mais saúde e energia

sextante.com.br